职业教育机电类专业系列教材

NX 三维造型与装配项目教程

主　编　张方阳　陈　兵
副主编　胡银芬　吴仁君　侯柏林

电子工业出版社
Publishing House of Electronics Industry
北京·BEIJING

内 容 简 介

NX 12.0 中文版以参数化特征建模为基础，具有功能强大、易学易用等特点，是一款优秀的三维 CAD 软件。本书共 4 个项目，从实用、可行的角度出发，针对 NX 12.0 中文版的基础知识、草图绘制、特征建模、装配体设计等知识点进行了循序渐进的讲解；以 NX 12.0 中文版为蓝本，介绍自动滑移切削机构的三维建模与装配，以及曲面三维建模设计；操作步骤以单击图标为主，结合菜单命令，应用大量插图，以详细的操作步骤介绍 NX 产品造型设计的操作方法和使用技巧。书中选用的实例具有很强的实用性、指导性和良好的可操作性，内容涵盖 NX 常用的产品造型功能，以实际例子全面展示产品的三维建模与装配的具体过程。

本书适用于 NX 的初、中级用户，可以作为职业院校和应用型本科院校相关专业学生的辅导用书和 CAD 相关专业课程的实训教材，也可以作为广大科研人员的参考用书。

未经许可，不得以任何方式复制或抄袭本书之部分或全部内容。
版权所有，侵权必究。

图书在版编目（CIP）数据

NX 三维造型与装配项目教程 / 张方阳，陈兵主编. —北京：电子工业出版社，2024.2
ISBN 978-7-121-46206-1

Ⅰ．①N… Ⅱ．①张… ②陈… Ⅲ．①机械元件－计算机辅助设计－应用软件－教材 Ⅳ．①TH13-39
中国国家版本馆 CIP 数据核字（2023）第 158340 号

责任编辑：李　静
印　　刷：三河市兴达印务有限公司
装　　订：三河市兴达印务有限公司
出版发行：电子工业出版社
　　　　　北京市海淀区万寿路 173 信箱　　邮编：100036
开　　本：787×1092　1/16　印张：12.75　字数：319 千字
版　　次：2024 年 2 月第 1 版
印　　次：2024 年 2 月第 1 次印刷
定　　价：39.80 元

凡所购买电子工业出版社图书有缺损问题，请向购买书店调换。若书店售缺，请与本社发行部联系，联系及邮购电话：(010) 88254888，88258888。
质量投诉请发邮件至 zlts@phei.com.cn，盗版侵权举报请发邮件至 dbqq@phei.com.cn。
本书咨询联系方式：(010) 88254604，lijing@phei.com.cn。

前　言

　　Siemens NX（旧称为 Unigraphics NX，本书简称 NX）是 Siemens PLM Software 公司出品的一个产品工程解决方案，为用户进行产品设计及加工提供数字化造型和验证手段。NX 针对用户的虚拟产品设计和工艺设计的需求，提供经过实践验证的解决方案。NX 是一个交互式 CAD/CAM（计算机辅助设计/计算机辅助制造）系统，功能强大，可以轻松实现各种复杂实体及造型的建构，广泛应用于制造行业，如机械、模具、航天、家电、玩具等。

　　全书共 4 个项目，具体项目内容如下。

　　项目 1 主要介绍 NX 的基本界面及基本操作，通过 2 个实例来介绍 NX 草图绘制的基本方法。通过学习本项目中的内容，读者应重点掌握 NX 的基本操作及草图的绘制方法。

　　项目 2 以自动滑移切削机构中的 8 个主要零件为例，介绍不同零件三维建模的方法及步骤。通过学习本项目中的内容，读者应重点掌握运用 NX 的各种建模功能，完成不同零件的三维建模。

　　项目 3 以咖啡壶、果盘、工作帽为例，重点介绍 NX 的曲面三维建模功能。通过学习本项目中的内容，读者应重点掌握 NX 的曲面三维建模的方法和技巧。

　　项目 4 主要以自动滑移切削机构的三维装配为例，介绍 NX 的装配功能与技巧。通过学习本项目中的内容，读者应重点掌握 NX 的装配功能。

　　本书由惠州城市职业学院的陈兵负责统稿，其中项目 1 由胡银芬编写，项目 2 由陈兵编写，项目 3 由张方阳编写，项目 4 由吴仁君、侯柏林编写。

　　由于编者水平有限，书中难免存在疏漏与不足之处，恳请广大读者批评指正。

编　者

2023 年 12 月

目　　录

项目 1　NX 的简介、界面、基本设置及草图绘制 1

　　任务 1.1　NX 的简介、界面及基本设置 1

　　任务 1.2　NX 的草图绘制 8

　　　　子任务 1.2.1　卡板轮廓的草图绘制 8

　　　　子任务 1.2.2　对称图形的草图绘制 20

项目 2　自动滑移切削机构的三维建模 30

　　任务 2.1　导杆的三维建模 30

　　任务 2.2　输入齿轮轴的三维建模 39

　　任务 2.3　输出齿轮轴的三维建模 52

　　任务 2.4　端盖的三维建模 66

　　任务 2.5　移动滑块的三维建模 74

　　任务 2.6　支撑座的三维建模 88

　　任务 2.7　箱盖的三维建模 96

　　任务 2.8　箱体的三维建模 106

项目 3　曲面三维建模设计 125

　　任务 3.1　咖啡壶的曲面三维建模 125

　　任务 3.2　果盘的曲面三维建模 137

　　任务 3.3　工作帽的曲面三维建模 145

项目 4　装配设计 164

　　任务 4.1　NX 装配功能的概述 165

　　任务 4.2　自动滑移切削机构的三维装配 169

项目 1

NX 的简介、界面、基本设置及草图绘制

项目简介

刚刚参加工作的李明,在学校学习的是模具设计与制造专业。虽然李明在学校学习过相关的三维软件,但是工作的公司使用的是 NX,所以李明到达岗位接到的工作任务就是先学习 NX 的使用,并在短时间内熟练掌握 NX 的草图绘制及三维建模与装配。

NX 是一个交互式 CAD/CAM(计算机辅助设计/计算机辅助制造)系统,功能强大,可以轻松实现各种复杂实体及造型的建构。Siemens PLM Software 的 NX 使企业通过新一代数字化产品开发系统实现向产品全生命周期管理转型的目标。NX 包含了企业中应用较广泛的集成应用套件,用于产品设计、工程和制造全范围的开发过程。李明需要在本项目中基本掌握 NX 的界面、基本设置及完成草图的绘制。

项目内容

(1)熟悉 NX 12.0 的用户界面及定制操作。
(2)掌握 NX 文件操作。
(3)掌握 NX 的草图绘制功能。

任务 1.1 NX 的简介、界面及基本设置

任务简介

NX 12.0 在原有软件功能的基础上增加了同步建模技术增强功能,使修改模型和处理更多的几何建模问题变得更加轻松简便,还增加了建模、钣金、图形定制、自由设计、线路系统和可视化等新功能。在本任务中,需要掌握 NX 的基本界面布局、绘图基本设置,掌握定制工具和命令,熟悉鼠标及键盘操作等。

任务内容

本任务要求掌握启动 NX 12.0 并进入 NX 12.0 建模模块界面的方法,熟悉 NX 12.0 的

工作环境和用户界面，掌握新建文件、保存文件、退出 NX 12.0 的方法等，掌握基本的鼠标及键盘操作，掌握根据个人习惯定制角色及工具条的方法。

任务实施过程

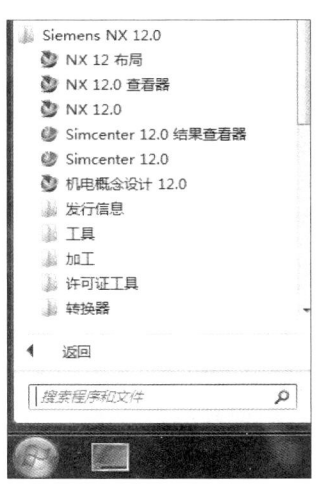

图 1-1-1　打开 NX 12.0 路径

步骤 1：启动 NX 12.0

开启计算机，在计算机的操作系统（Windows 7 及以上版本）下，选择"开始"→"所有程序"→"Siemens NX 12.0"→"NX 12.0"命令，如图 1-1-1 所示，启动 NX 12.0 中文版（或双击桌面上的"NX 12.0" 快捷图标，启动 NX 12.0 中文版）。

步骤 2：新建文件

启动 NX 12.0 后，打开 NX 12.0 的初始界面，如图 1-1-2 所示。

单击"新建"按钮，弹出"新建"对话框，如图 1-1-3 所示。选择"模型"选项卡，在"单位"下拉列表中选择"毫米"选项，在"模板"选区中选择"模型"选项；在"名称"文本框中输入相应的模型文件名，在"文件夹"文本框中选择相应的存放目录。全部设置完成后，单击"确定"按钮，进入 NX 12.0 的建模模块界面。

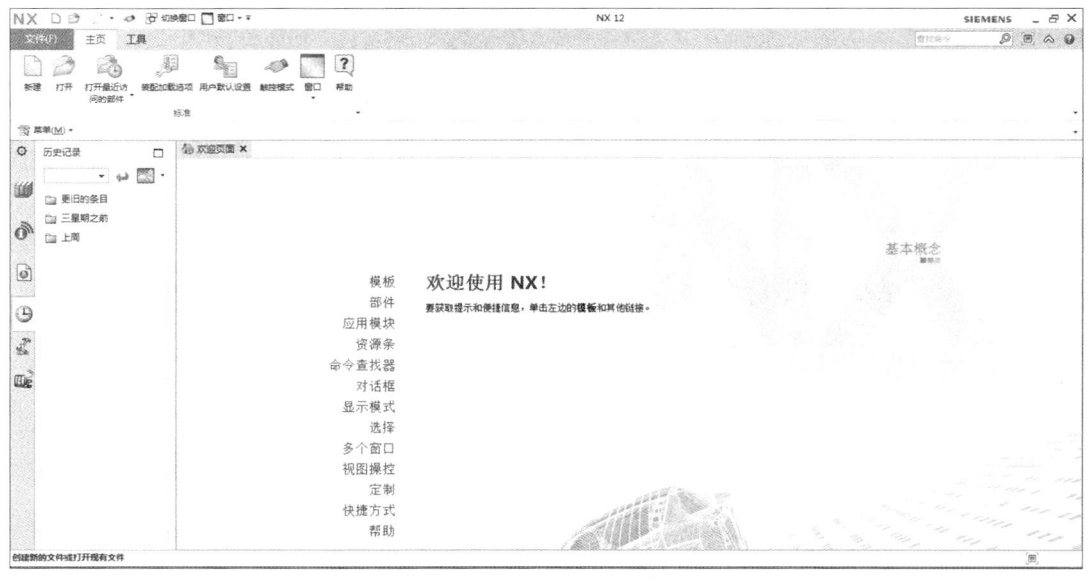

图 1-1-2　NX 12.0 的初始界面

项目 1

NX 的简介、界面、基本设置及草图绘制

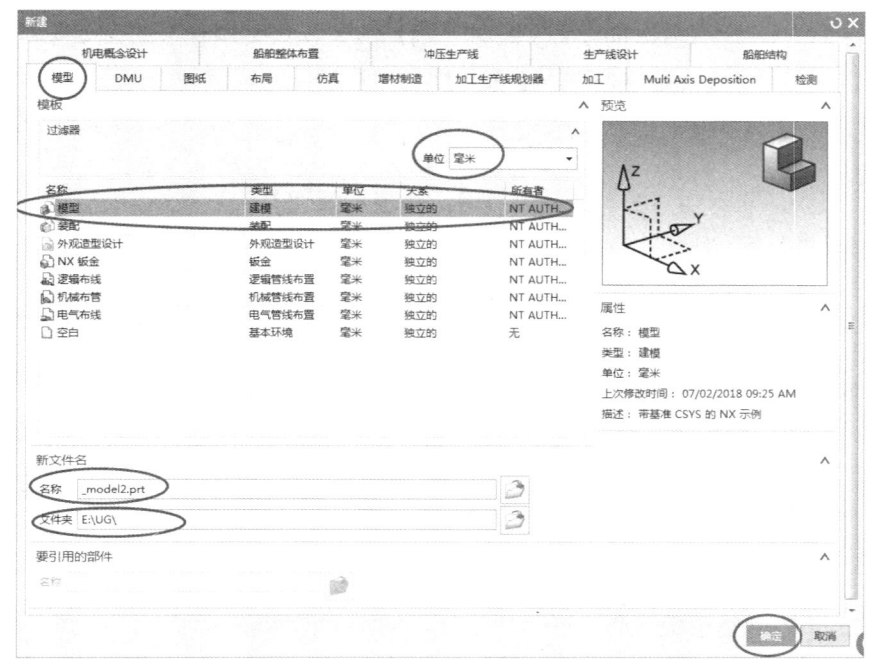

图 1-1-3　"新建"对话框

步骤 3：熟悉 NX 12.0 的建模模块界面

NX 12.0 的建模模块界面主要包括标题栏、菜单、绘图区、导航区、状态栏、功能区 6 个部分，如图 1-1-4 所示。

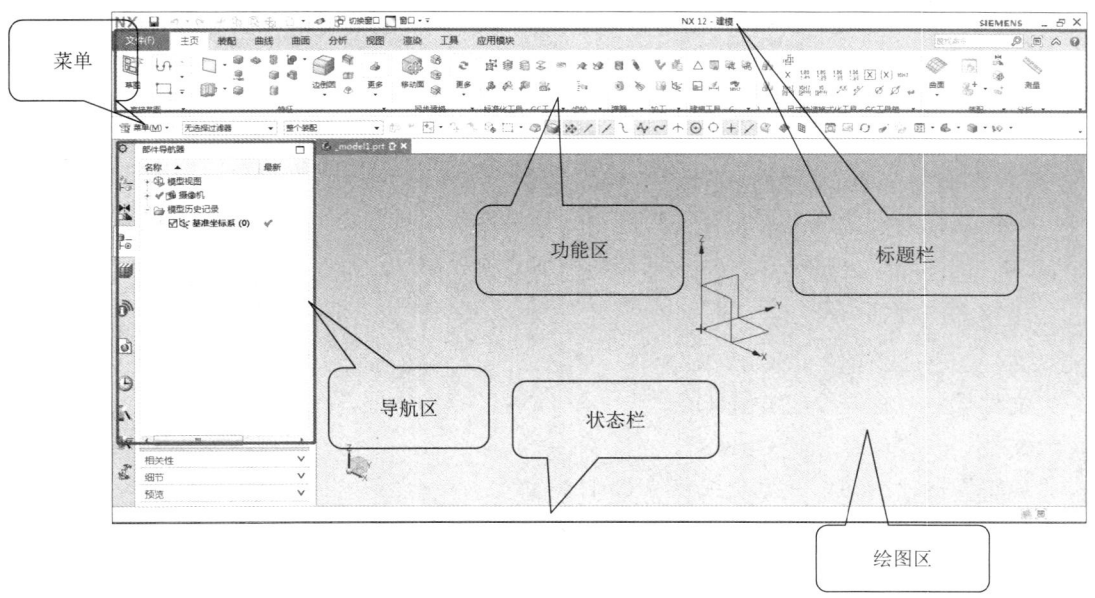

图 1-1-4　建模模块界面

（1）标题栏：显示文件名称、当前的应用模块、文件读写状态、文件是否保存等。

3

（2）菜单：NX 所有命令的集合，根据当前的应用模块提供相应的命令操作。

（3）绘图区：创建、显示、修改模型的图形窗口。

（4）导航区：包括部件导航器、装配导航器、约束导航器、历史记录、角色设置等功能。

（5）状态栏：显示当前的操作状态或最近完成的操作。

（6）功能区：NX 模块不同功能的显示。

在功能区的"应用模块"选项卡中，可以切换 NX 12.0 的其他应用模块，包括建模、钣金、外观造型设计、制图、装配、加工等，如图 1-1-5 所示。

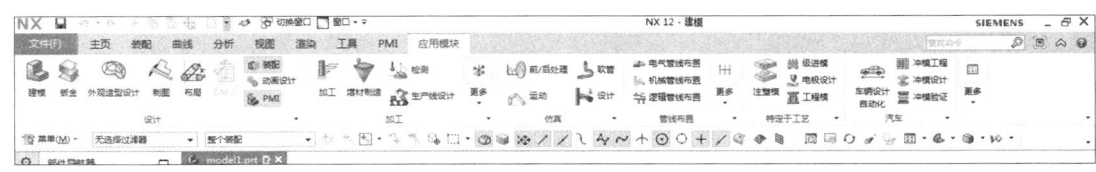

图 1-1-5　"应用模块"选项卡

步骤 4：NX 12.0 的鼠标及键盘操作

在设计过程中，经常需要调整模型的大小、位置和方向，可以使用功能区的图标，也可使用鼠标和键盘来完成操作。

1）鼠标的操作

单击鼠标左键：选择特征或命令。

单击鼠标右键：（a）若在工具按钮区域，则单击鼠标右键调出工具栏；（b）若在绘图区空白处，则显示常用显示、筛选命令；（c）若在几何特征上，则显示常用特征操作命令。

长按鼠标右键：显示渲染命令。

单击鼠标中键：相当于"确定"命令。

转动鼠标中键：相当于视图"缩放"命令。

按住中键并拖动：相当于视图"旋转"命令。

中键+鼠标右键并拖动：相当于视图"平移"命令。

中键+鼠标左键并拖动：相当于视图"缩放"命令。

2）键盘的操作

"文件"→"新建"/"Ctrl+N"。

"文件"→"打开"/"Ctrl+O"。

"文件"→"保存"/"Ctrl+S"。

"编辑"→"选择"→"全选"/"Ctrl+A"。

"编辑"→"显示和隐藏"→"隐藏"/"Ctrl+B"。

"编辑"→"显示和隐藏"→"反转显示和隐藏"/"Ctrl+Shift+B"。

"编辑"→"显示和隐藏"→"全部显示"/"Ctrl+Shift+U"。

"编辑"→"移动对象"/"Ctrl+T"。

"编辑"→"对象显示"/"Ctrl+J"。

项目 1
NX 的简介、界面、基本设置及草图绘制

"刷新"/"F5"。

"适合窗口"/"Ctrl+F"。

步骤 5：定制角色及工具条

在日常使用中，我们可以把经常用到的工具内容及工具条放在最明显和最方便的位置，这样可以方便使用，节省时间，提高工作效率。

（1）定制角色：在 NX 12.0 左侧导航区中单击"角色"按钮，弹出如图 1-1-6 所示的工具条，单击"内容"按钮，展开"用户角色定制"工具栏，在这里可以根据个人习惯选择不同的"角色"。

（2）定制工具条：在 NX 12.0 的初始界面中，很多常用的命令按钮并没有在工具条中显示出来，需要设计者自己定制。

在工具条的空白处右击，弹出如图 1-1-7 所示的工具栏，选择"定制"命令，弹出如图 1-1-8 所示的"定制"对话框，选择"选项卡/条"选项卡，就可以根据个人习惯定制工具条了。

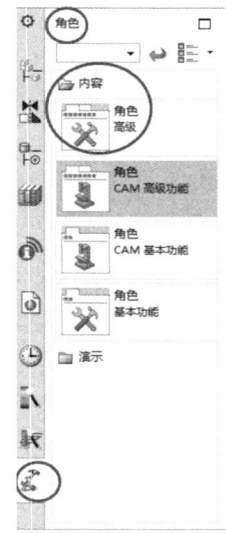

图 1-1-6　定制角色

图 1-1-7　工具栏

图 1-1-8　"定制"对话框

在"定制"对话框中选择"命令"选项卡，可以找到 NX 12.0 的所有命令。先勾选需要的命令，按住鼠标左键将其拖动到合适的位置，然后松开鼠标左键，即可把常用的一些命令（如长方体、圆柱、孔、抽壳、阵列特征等）放置在方便使用的位置，如图 1-1-9 所示。

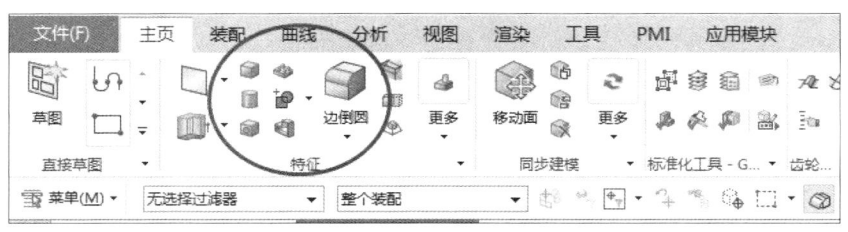

图 1-1-9　定制工具条

步骤 6：模型定向视图及模型渲染

NX 12.0 提供了 8 种定向视图样式及 8 种模型渲染样式。如图 1-1-10 所示为定向视图样式，如图 1-1-11 所示为模型渲染样式。

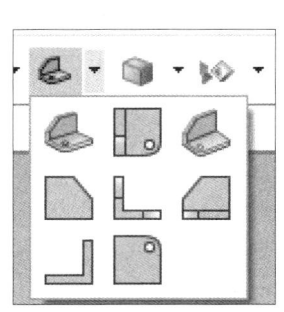
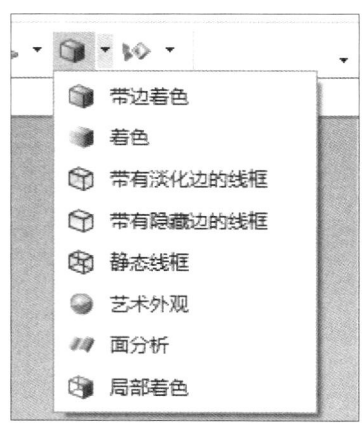

图 1-1-10　定向视图样式　　　　图 1-1-11　模型渲染样式

步骤 7：保存文件

选择"文件"→"保存"→"保存"或"全部保存"命令，如图 1-1-12 所示。（温馨提示：若需要存为与上一个模型不一样的模型，则可以选择"另存为"命令。NX 12.0 提供了多种保存方式，设计者可以根据需要选择不同的保存方式。）

步骤 8：退出 NX 12.0

退出 NX 12.0，可以直接单击软件窗口右上角的"关闭"✖图标，在弹出的如图 1-1-13 所示的对话框中单击相应的按钮。若文件未保存，则可以单击"是-保存并退出"按钮；若文件已经保存，则可以直接单击"否-退出"按钮；若暂时不需要退出，则单击"取消"按钮。

项目 1
NX 的简介、界面、基本设置及草图绘制

图 1-1-12　保存文件

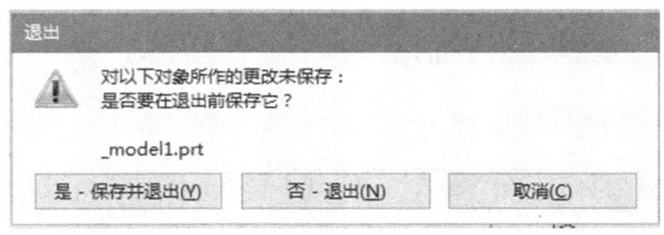

图 1-1-13　"退出"对话框

任务总结

NX 作为大型三维 CAD/CAE/CAM 系统代表软件之一，其功能和使用范围是非常广泛的，可以用"包罗万象"来形容，因此其学习过程是长期的。要想真正学好这个软件并在工作中发挥最大作用，需要注意以下几点。

（1）学习 NX 是一个长期的、循序渐进的过程，因此在学习过程中不要急躁。

（2）NX 涉及的行业非常多，而一般使用者通常只需用到与本行业相关的一些模块，因此在学习过程中不要盲目贪多，要结合自身岗位需要进行学习。在学习过程中不要只满足于命令的操作，而是要深入体会软件的操作思路和规律。

（3）在学习过程中不要"迷恋"软件，而要牢记软件只是用来实现设计者想法的工具。对工程技术人员来说，专业的知识和原理才是最重要的，只有将专业知识和软件操作方法结合起来，软件才是有用的，否则即使掌握了所有软件的操作方法也没用。

任务 1.2　NX 的草图绘制

李明在任务 1.1 中学习了 NX 的基本界面、鼠标和键盘操作、打开文件、保存文件，以及定制工具条等方法。在本任务中，李明要完成卡板轮廓草图及对称图形的草图绘制。NX 12.0 具有十分便捷且功能强大的草图绘制工具，可以非常方便地绘制草图。草图就是二维平面图形，NX 12.0 有两种草图绘制方式：直接草图和草图任务环境中的草图。直接草图需要在原有的环境中绘制；草图任务环境中的草图需要在专门的草图模块中完成。虽然两种草图绘制方式不一样，但是其操作步骤、原理是一样的。

子任务 1.2.1　卡板轮廓的草图绘制

任务简介

NX 的草图绘制功能非常强大，且在建模过程中经常需要用到草图绘制功能，所以本任务的目标是使读者能正确进入草图任务环境，能熟练使用草图的各种绘图工具、约束工具，能正确编辑草图，掌握草图的各种命令的应用，能熟练绘制各类草图，为后续建模做好基础准备。卡板轮廓是一个较为综合的草图例子，通过综合运用草图的各种命令及约束，最终完成卡板轮廓的草图绘制，如图 1-2-1 所示。

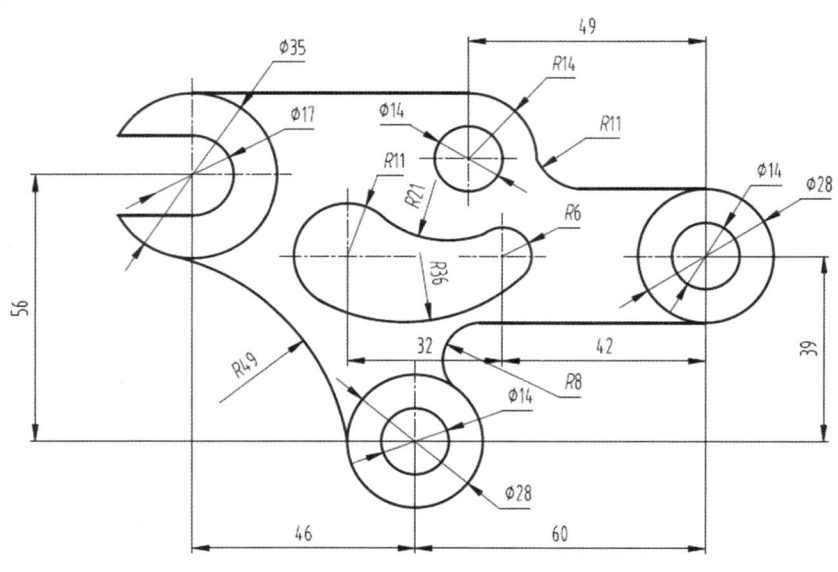

图 1-2-1　卡板轮廓草图

任务内容

（1）正确进入草图任务环境。
（2）熟练使用草图的各种绘图工具、约束工具。

项目 1
NX 的简介、界面、基本设置及草图绘制

（3）正确编辑草图。
（4）掌握绘制草图的技巧。

绘图思路

卡板轮廓整体形状有一定的代表性，包括圆、直线、圆弧等，同时需要综合应用相切约束。在绘制草图的过程中，综合使用了常用的命令。在使用 NX 12.0 绘制卡板轮廓草图时，其绘图思路可按表 1-2-1 实施。

表 1-2-1　卡板轮廓的绘图思路表

绘制 3 个定位圆（φ28、φ28、φ35）	绘制与 3 个定位圆相切的直线与圆弧	绘制中间部分
绘制剩余部分	修剪多余线段并检查标注	

绘图过程

步骤 1：新建文件

启动 NX 12.0（NX 的初始界面已在任务 1.1 中介绍，后续不再赘述），单击"新建"按钮，弹出"新建"对话框，如图 1-2-2 所示。选择"模型"选项卡中的"模型"选项，单位默认是"毫米"，否则在"单位"下拉列表中选择"毫米"选项；在"名称"文本框中输入文件名"卡板轮廓"，在"文件夹"文本框中选择相应的存放目录，单击"确定"按钮，进入 NX 12.0 的建模模块界面。

步骤 2：进入草图任务环境

进入 NX 12.0 的建模模块界面后，单击"草图"图标，弹出"创建草图"对话框，如图 1-2-3 所示。将创建草图的方法设置为"在平面上"，"平面方法"设置为"新平面"，"指定平面"设置为 X-Y 平面（见图 1-2-4）；"参考"设置为"水平"，"指定矢量"设置为

X 轴;"原点方法"设置为"指定点"并设置指定点坐标为(0,0,0),单击"确定"按钮进入草图任务环境。

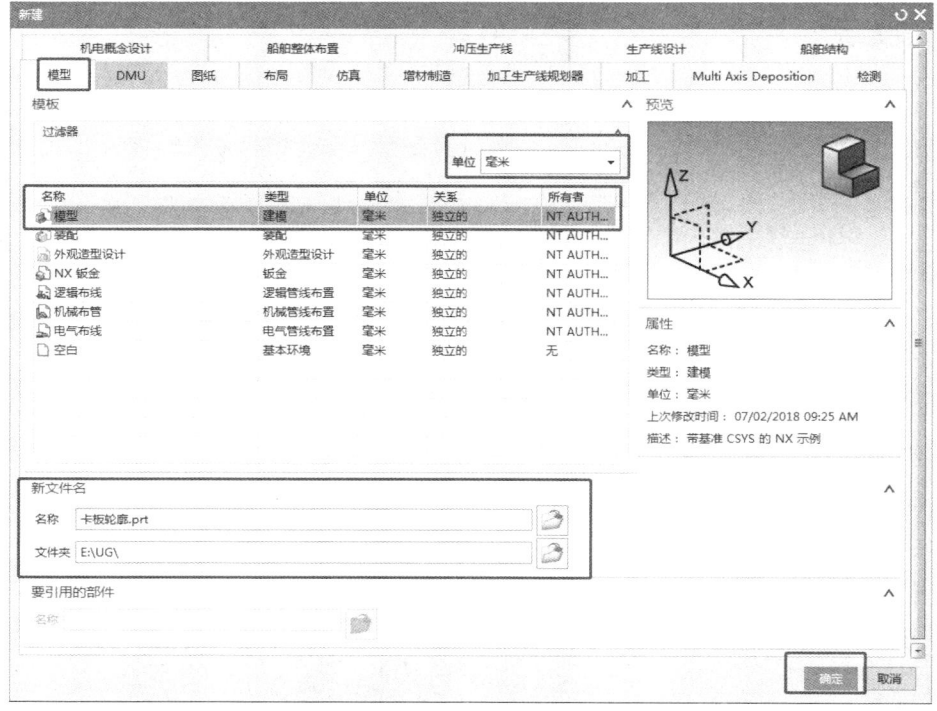

图 1-2-2 "新建"对话框

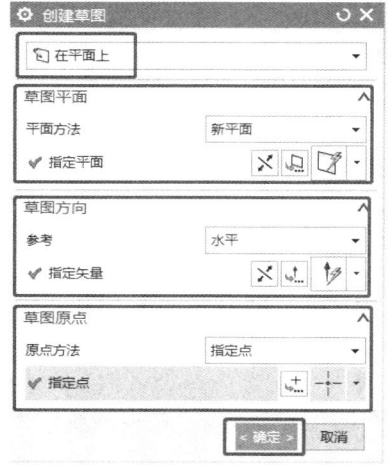

图 1-2-3 "创建草图"对话框

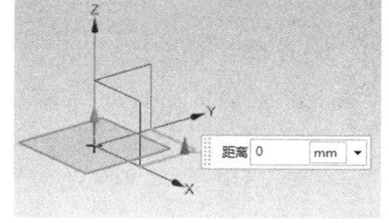

图 1-2-4 选择 X-Y 平面

草图知识链接

草图平面是用来放置草图的平面,该平面可以是某个坐标的平面(如 X-Y 平面、X-Z 平面、Y-Z 平面),也可以是创建的基准平面或实体上的某个平整的面。

步骤3：进入草图任务环境

进入草图任务环境后，单击界面左上角的"更多"下面的黑三角下拉按钮，弹出"更多"下拉列表，如图1-2-5所示。选择"在草图任务环境中打开"选项，进入草图任务环境界面，如图1-2-6所示。

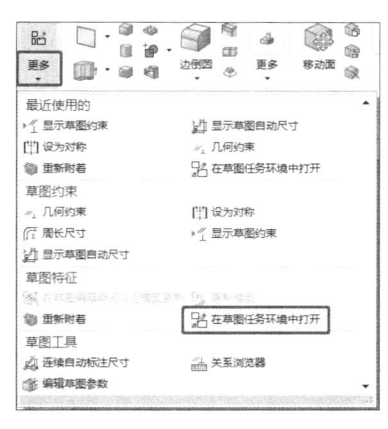

图1-2-5 "更多"下拉列表

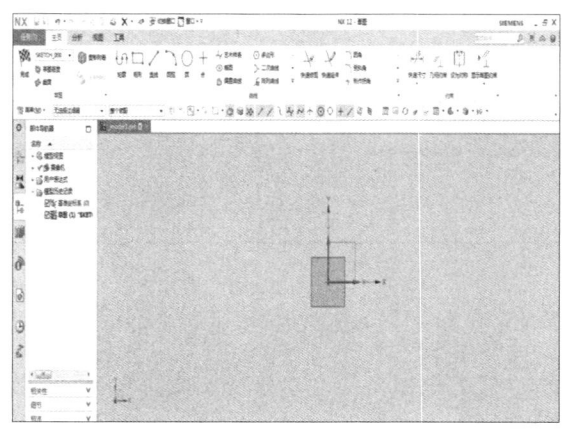

图1-2-6 草图任务环境界面

进入草图任务环境界面后，在该界面中可以看到"直线""圆""矩形"等绘制命令，以及草图约束。

 草图绘制知识链接

（1）直线草图的绘制：利用"直线" 图标创建单条线。当指定端点时，需要确保通过单击而不是拖动来绘制直线，如图1-2-7所示。

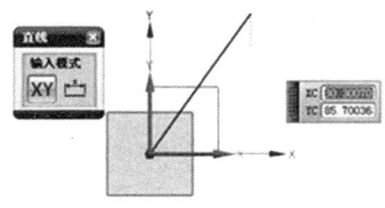

图1-2-7 直线草图的绘制

（2）矩形草图的绘制：单击"矩形" 图标，弹出"矩形"对话框。绘制矩形主要有指定两点绘制矩形、指定三点绘制矩形和指定中心绘制矩形3种方法，如图1-2-8所示。

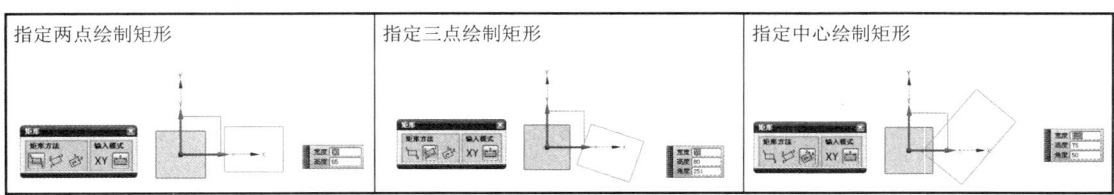

图1-2-8 矩形草图的绘制

（3）圆形草图的绘制：单击"圆" ○ 图标，弹出"圆"对话框。绘制圆形主要有指定圆心和直径绘制圆及指定三点绘制圆 2 种方法，如图 1-2-9 所示。

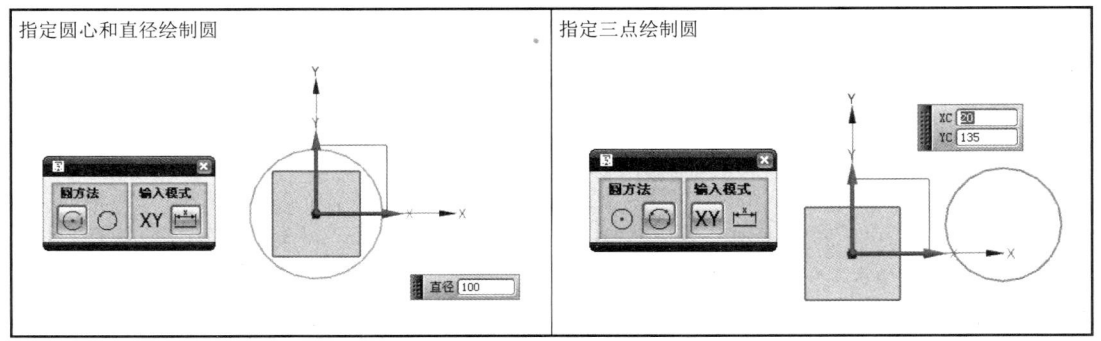

图 1-2-9　圆形草图的绘制

（4）圆角过渡草图的编辑：利用"圆角" 图标，可以在 2 条或 3 条曲线之间倒圆角，主要有"修剪倒圆角"、"不修剪倒圆角"和"删除第三条曲线倒圆角" 3 种方法。

（5）倒斜角草图的编辑：利用"倒斜角" 图标，可以在 2 条曲线之间倒斜角，主要有"对称倒斜角"、"非对称倒斜角"和"偏置和角度倒斜角" 3 种方法。

（6）制作拐角草图的编辑：利用"制作拐角" 图标，可以将 2 条曲线之间尖角连接处长的部分自动裁掉，短的部分自动延伸。

（7）快速修剪草图的编辑：利用"快速修剪" 图标，可以以任一方向将曲线修剪至最近的交点或选定的边界，主要有"单独修剪"、"统一修剪"和"边界修剪" 3 种方法。

（8）快速延伸草图的编辑：将草图元素延伸到另一临近曲线或选定的边界线处。"快速延伸" 图标与"快速修剪"图标的使用方法相似，主要有"单独延伸"、"统一延伸"和"边界延伸" 3 种方法。

（9）"派生直线" 图标：有创建某 1 条直线的平行线、创建某 2 条平行直线的平行且平分线、创建某 2 条不平行直线的角平分线 3 种用途。

（10）"偏置曲线" 图标：对草图平面内的曲线或曲线链进行偏置，并对偏置生成的曲线与原曲线进行约束。偏置曲线与原曲线具有关联性，即对原曲线进行编辑修改，所偏置的曲线也会自动更新。

（11）"阵列曲线" 图标：将草图几何对象以某个规律复制成多个新的草图对象。阵列的对象与原对象形成一个整体，当草图自动创建尺寸、自动判断约束时，对象与原对象保持相关性。阵列曲线的布局形式主要有 3 种：线性阵列、圆形阵列、常规阵列。

步骤 4：绘制 3 个定位圆

绘制第 1 个 $\phi 28$ 的圆：单击"圆" ○ 图标，弹出如图 1-2-10 所示的对话框，默认模式是指定圆心和直径绘制圆，所以先单击坐标原点，然后在"直径"文本框中输入"28"，并按回车键，如图 1-2-11 所示。

项目 1
NX 的简介、界面、基本设置及草图绘制

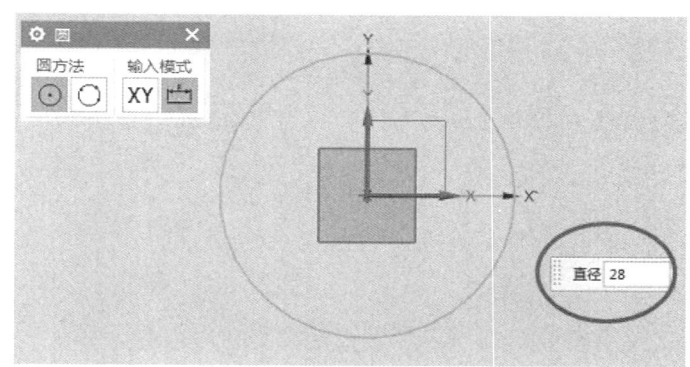

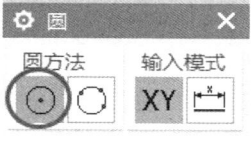

图 1-2-10 "圆"对话框　　　　图 1-2-11　绘制 φ28 的圆

为了在绘制图形的过程中更清晰地知道所绘制尺寸是否正确，绘制完成后应及时标注尺寸，所以给第 1 个 φ28 的圆标注尺寸。单击"径向尺寸" 图标，弹出"径向尺寸"对话框，如图 1-2-12 所示。选择刚才绘制的圆，标注后如图 1-2-13 所示。（温馨提示：标注尺寸后，若所绘制的圆的直径不符合要求，则可以双击标注尺寸进行修改。）

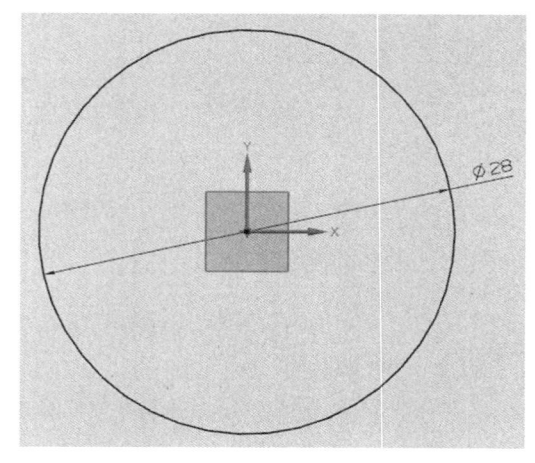

图 1-2-12　"径向尺寸"对话框　　　　图 1-2-13　标注后的圆

绘制第 2 个 φ28 的圆：单击"圆" ○ 图标，弹出"圆"对话框，单击绘图区任意位置，将"直径"设置为"28"，并按回车键，如图 1-2-14 所示。绘制好后，先标注该圆的定形尺寸 φ28（标注操作参考上述操作），然后标注定位尺寸。单击"快速尺寸" 图标，弹出"快速尺寸"对话框，如图 1-2-15 所示。将"选择第一个对象"设置为 Y 轴（见箭头所指），"选择第二个对象"设置为第 2 个 φ28 的圆的圆心（见箭头所指），标注出横向的定位尺寸，双击该尺寸，修改该尺寸的数值为"60"。同理，将"选择第一个对象"设置为 X 轴，"选择第二个对象"设置为第 2 个 φ28 的圆的圆心，标注出纵向的定位尺寸，双击该尺寸，修改该尺寸的数值为"39"。标注好的第 2 个圆如图 1-2-16 所示。

用同样的方法绘制第 3 个 φ35 的圆，其绘制及标注的操作方法和过程与上述操作一致，此处不再赘述。绘制及标注好的 3 个圆如图 1-2-17 所示。

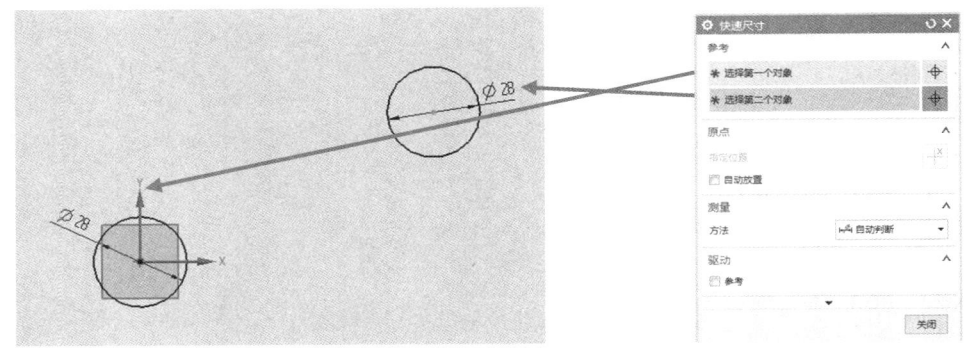

图 1-2-14 绘制第 2 个 φ28 的圆　　　　图 1-2-15 "快速尺寸"对话框

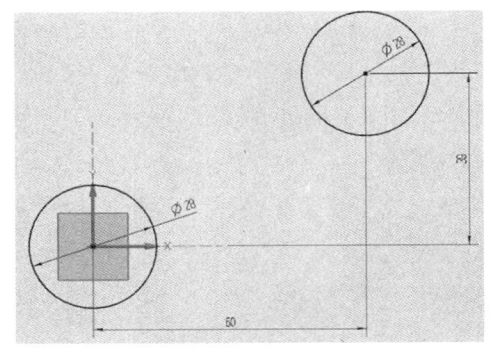 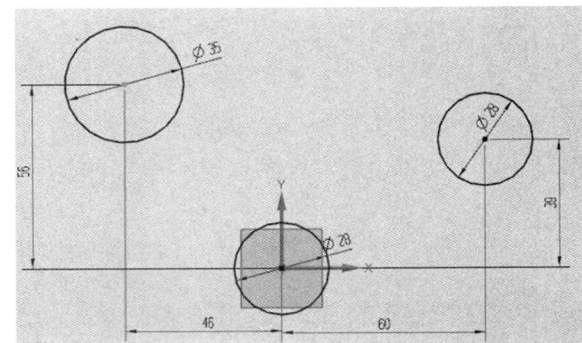

图 1-2-16 标注好的第 2 个圆　　　　图 1-2-17 绘制及标注好的 3 个圆

🔗 **草图尺寸约束知识链接**

（1）"快速尺寸" 图标：通过基于选定的对象和光标的位置自动判断尺寸类型来创建尺寸约束（该功能用得最多）。

（2）"线性尺寸" 图标：在两个对象或点位置之间创建线性距离约束。

（3）"径向尺寸" 图标：创建圆形对象的半径或直径约束。

（4）"角度尺寸" 图标：在两条不平行的直线之间创建角度约束。

（5）"周长尺寸" 图标：创建周长约束，以控制选定直线和圆弧的集体长度。

步骤 5：绘制与 3 个定位圆相切的直线

单击"直线" 图标，弹出"直线"对话框，在绘图区单击 2 个点，绘制如图 1-2-18 所示的直线。绘制好后，约束该直线与 φ35 的圆相切。单击"几何约束" 图标，弹出"几何约束"对话框，如图 1-2-19 所示。单击"相切"（红色圈所示）图标，将"选择要约束的对象"设置为刚才绘制的直线，"选择要约束到的对象"设置为 φ35 的圆，即可约束直线与圆相切，约束好的直线如图 1-2-20 所示。

绘制 3 个圆的其他直线及 R14 的圆，原理和上述步骤一致，此处不再赘述，绘制好的直线及 R14 的圆如图 1-2-21 所示。

项目 1
NX 的简介、界面、基本设置及草图绘制

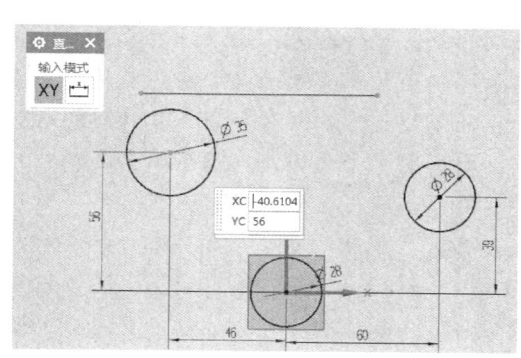

图 1-2-18　绘制好的直线

图 1-2-19　"几何约束"对话框

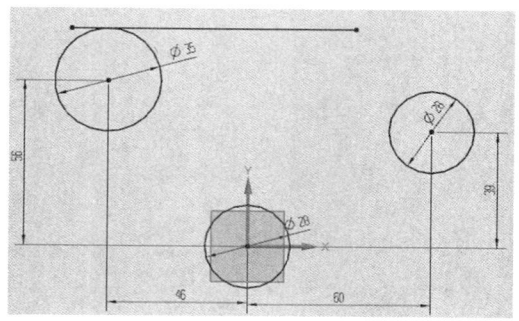

图 1-2-20　约束好的直线

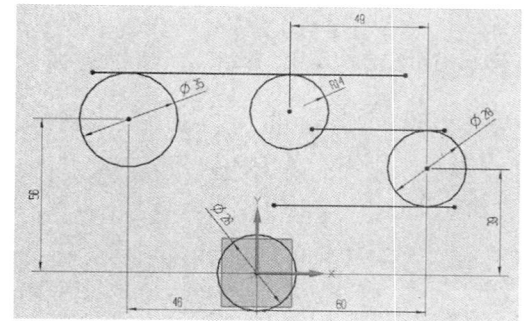

图 1-2-21　绘制好的直线及 R14 的圆

🔗 几何约束知识链接

NX 的几何约束功能非常强大，提供了多种约束方式。

（1）"重合" ⌒ 图标：约束两个或多个选定的顶点或点，使其重合。

（2）"点在曲线上" ╎ 图标：约束一个选定的顶点或点，使其位于一条曲线上。

（3）"相切" ⌔ 图标：约定两条选定的曲线，使其相切。

（4）"平行" ∥ 图标：约束两条或多条选定的曲线，使其平行。

（5）"垂直" ⊥ 图标：约束两条选定的曲线，使其垂直。

（6）"水平" ⇌ 图标：约束一条或多条选定的曲线，使其水平。

（7）"竖直" ╎ 图标：约束一条或多条选定的曲线，使其竖直。

（8）"水平对齐" ⋯ 图标：约束两个或多个选定的顶点或点，使其水平对齐。

（9）"竖直对齐" ┊ 图标：约束两个或多个选定的顶点或点，使其竖直对齐。

（10）"中点" ┼ 图标：约束一个选定的顶点或点，使其与一条线或圆弧的中点对齐。

（11）"共线" ∭ 图标：约束两条或多条选定的直线，使其共线。

（12）"同心" ◎ 图标：约束两条或多条选定的曲线，使其同心。

（13）"等长" ═ 图标：约束两条或多条选定的直线，使其等长。

（14）"等半径" ≒ 图标：约束两个或多个选定的圆弧，使其半径相等。

（15）"定角" ∠ 图标：约束一条或多条选定的直线，使其具有定角。

几何约束的添加方法有两种：自动约束和手动约束。自动约束：由系统对草图元素相互之间的几何位置关系进行自动判断，并自动添加到草图对象上的约束方法。自动约束主要用于所需添加约束较多，并且已经确定位置关系的草图元素，或者利用工具直接添加到草图中的几何元素。手动约束：手动添加或删除的对草图元素之间几何位置关系的约束，可以根据需要对相关的约束进行更改。

"显示所有约束" 图标：当草图中的约束过多时，单独观察一个或一部分约束往往不能清楚地发现草图中各元素之间的整体约束关系，此时可以利用该图标对其进行观察。单击"显示所有约束"图标，系统将同时显示草图所有约束。利用"显示所有约束"图标可以显示与选定草图几何图形关联的几何约束，如果不需要该约束，则可以先选中约束，然后将其移除。

步骤 6：绘制 R49、R11 和 R8 的圆弧

绘制 R49 的圆弧：单击"圆弧"图标，弹出"圆弧"对话框，先在绘图区空白处单击 3 个点，绘制出一条圆弧，并给该条圆弧标注尺寸，然后修改尺寸为 R49，如图 1-2-22 所示；最后约束该圆弧分别与 $\phi 35$ 和 $\phi 28$ 的圆相切，如图 1-2-23 所示。

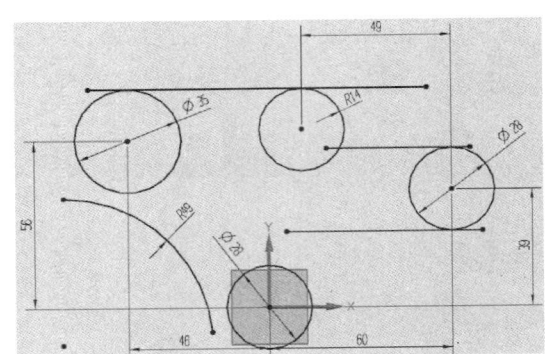 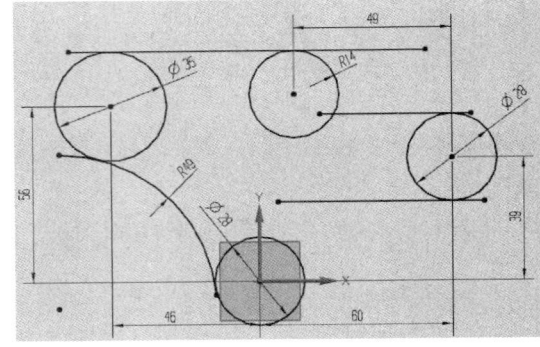

图 1-2-22　绘制 R49 的圆弧　　　　　图 1-2-23　约束好的 R49 的圆弧

绘制 R11 和 R8 的圆弧的方法与绘制 R49 的圆弧的方法一样，分别绘制并标注好后，再约束相切（其中，R11 的圆弧与 R14 的圆和直线分别相切；R8 的圆弧分别与 $\phi 28$ 的圆和直线相切），绘制及约束好的图形如图 1-2-24 所示。

步骤 7：修剪多余的曲线

单击"快速修剪"图标，弹出"快速修剪"对话框，如图 1-2-25 所示。在绘图区中单击多余的曲线，即可修剪掉不需要的曲线，修剪后的图形如图 1-2-26 所示。

项目 1
NX 的简介、界面、基本设置及草图绘制

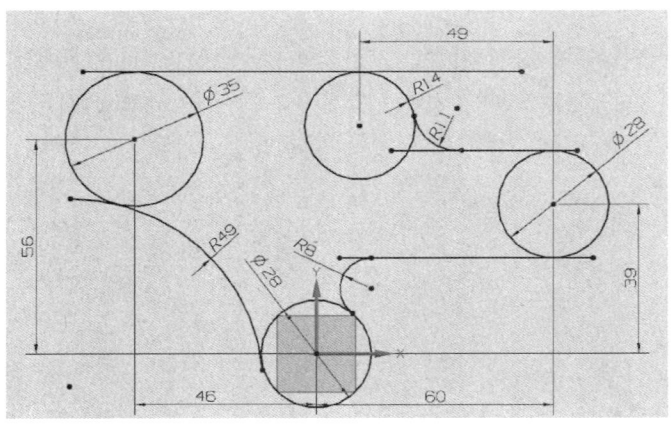

图 1-2-24　绘制及约束好的图形

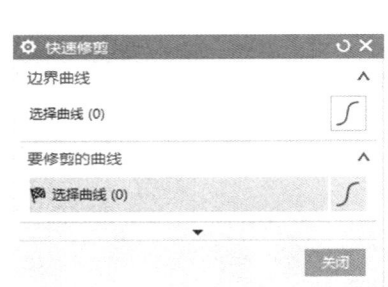

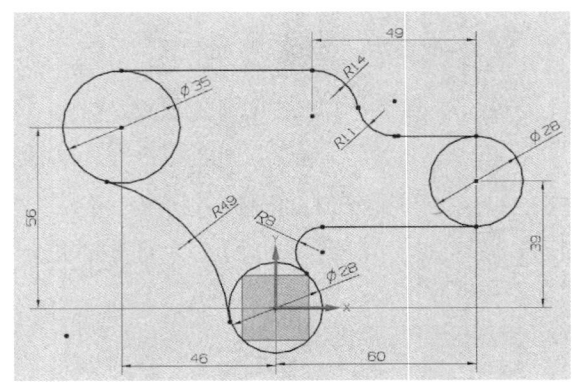

图 1-2-25　"快速修剪"对话框　　　　图 1-2-26　修剪后的图形

修剪完成后，把 $\phi 17$、$\phi 14$、$\phi 14$、$\phi 14$ 的 4 个圆绘制好，具体的绘图和约束操作步骤可参考步骤 5 和步骤 6。绘制好的 4 个圆如图 1-2-27 所示。

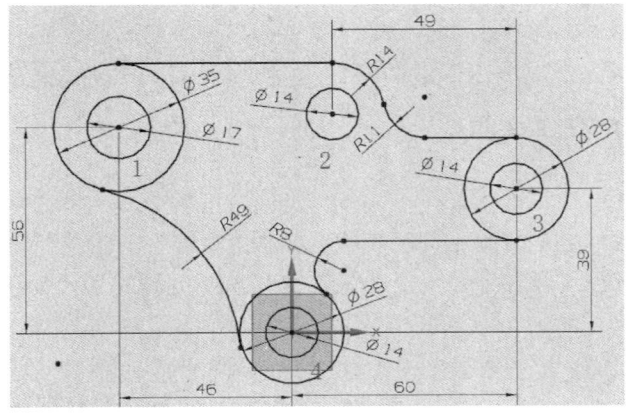

图 1-2-27　绘制好的 4 个圆

17

步骤 8：绘制 R6 和 R11 的圆

单击"圆" ○ 图标，在图形中间空白位置单击，绘制 R6 的圆，并标注好定位尺寸（横向定位尺寸为 42，纵向定位尺寸为 39），如图 1-2-28 所示。用同样的操作绘制 R11 的圆，并标注好定位尺寸（横向定位尺寸为 32，纵向定位尺寸为 45），如图 1-2-29 所示。

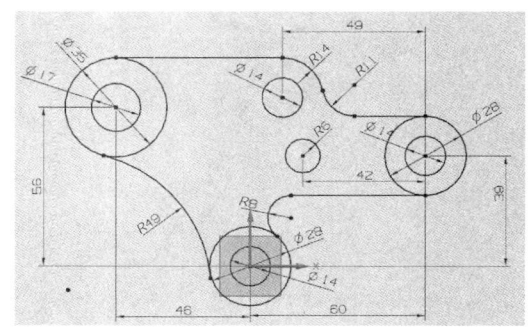
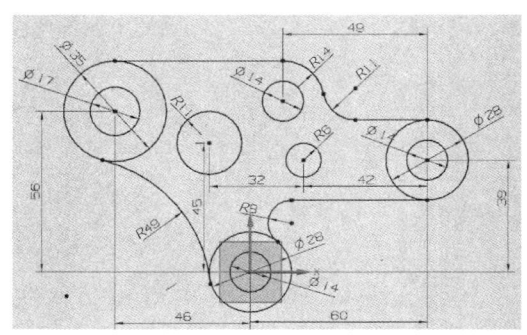

图 1-2-28 绘制好的 R6 的圆　　　　　　图 1-2-29 绘制好的 R11 的圆

步骤 9：绘制 R21 和 R36 的圆弧

单击"圆弧" ⌒ 图标，用指定三点绘制圆弧的方法，在 R6 和 R11 的圆之间的空白处单击 3 个点，绘制 R21 的圆弧；利用"相切" ⌒ 图标，把 R21 的圆弧与 R6、R11 的圆相切，并做标注，如图 1-2-30 所示。用同样的操作绘制 R36 的圆弧，约束相切并做标注，如图 1-2-31 所示。

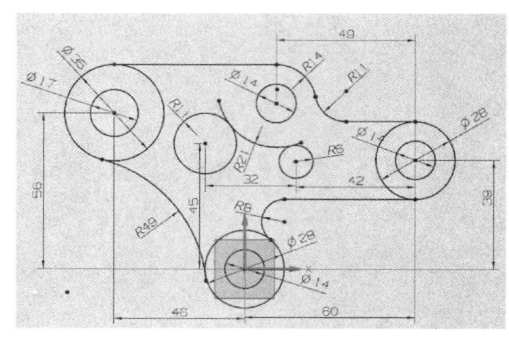
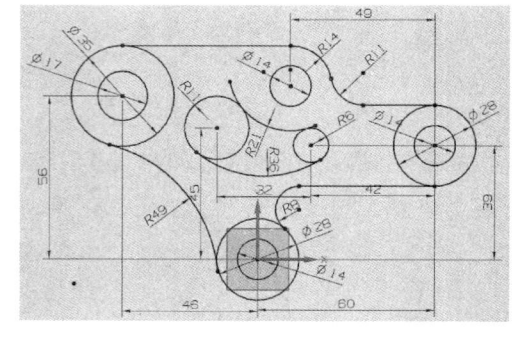

图 1-2-30 绘制好的 R21 圆弧　　　　　　图 1-2-31 绘制好的 R36 圆弧

步骤 10：绘制直线

绘制剩余的 2 条与 φ17 的圆相切的直线。单击"直线" ／ 图标，在 φ17 的圆的上方和下方分别绘制 1 条直线，并分别约束这 2 条直线与 φ17 的圆相切，如图 1-2-32 所示。

步骤 11：修剪

先单击"快速修剪" 图标，然后单击多余线段，把多余线段修剪掉。修剪完后，完成的卡板轮廓草图如图 1-2-33 所示。

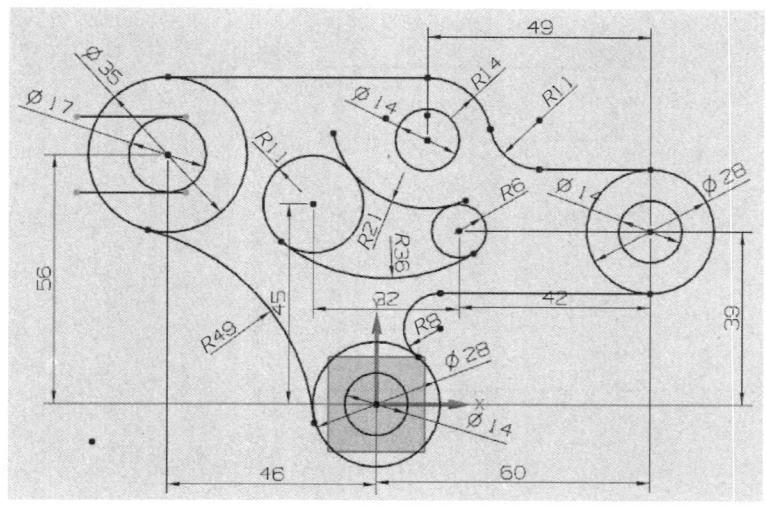

图 1-2-32　绘制好的 2 条直线

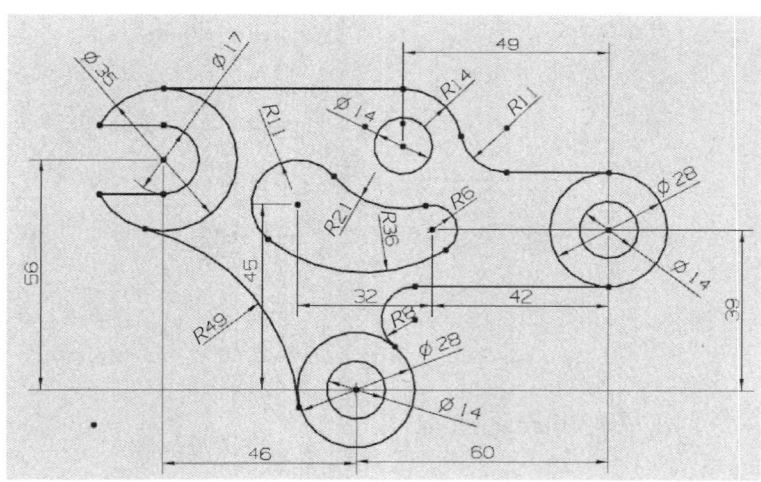

图 1-2-33　完成的卡板轮廓草图

步骤 12：保存文件

退出草图任务环境并保存文件。绘制好图形、标注好全部尺寸并检查无误后，单击"完成" 图标，退出草图任务环境；选择"文件"→"保存"→"保存"命令（或直接单击"保存" 图标）保存文件；单击界面右上角的"关闭"✕按钮关闭 NX 12.0。

课后技能提升训练

1. 草图技能提升训练一，如图 1-2-34 所示。
2. 草图技能提升训练二，如图 1-2-35 所示。

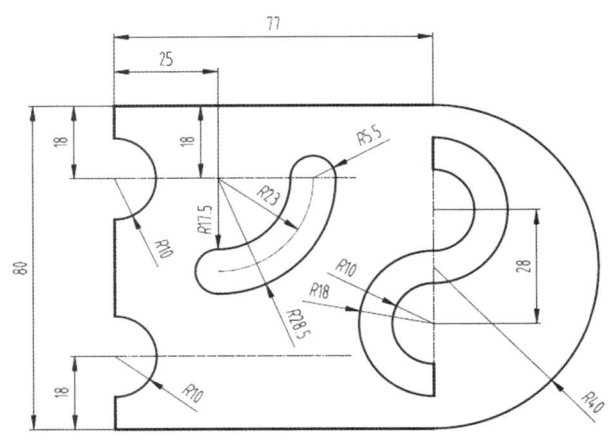

图 1-2-34　草图技能提升训练一

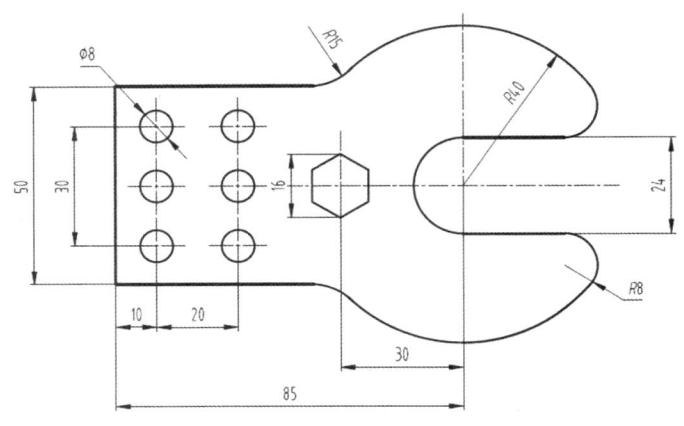

图 1-2-35　草图技能提升训练二

子任务 1.2.2　对称图形的草图绘制

任务简介

NX 的草图功能非常强大，并且在日常的设计中会经常用到，所以在学习中要加强练习、熟练掌握。如图 1-2-36 所示为对称图形。在绘制该类图形时，主要涉及草图绘制的基本方法和步骤，以及圆、直线、圆弧、快速修剪、阵列、尺寸约束、镜像、对称等几何约束命令的使用和操作。

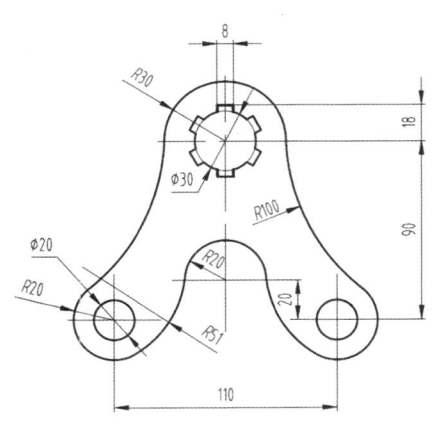

图 1-2-36　对称图形

任务内容

（1）熟练进入草图任务环境。
（2）熟练使用草图的各种绘图命令及约束命令。
（3）正确编辑草图。

项目 1
NX 的简介、界面、基本设置及草图绘制

（4）掌握绘制草图的技巧。

绘图思路

如图 1-2-36 所示的草图轮廓整体形状是一个左右对称的图形，在绘图过程中综合应用圆、直线、圆弧等命令，同时可以练习对称、镜像等约束的使用。在使用 NX 12.0 绘制该轮廓草图时，其绘图思路可按表 1-2-2 实施。

表 1-2-2 绘图思路表

绘制φ30、R30、φ20、R20 的圆	绘制图形中间 R20 的圆	绘制相切的 R100 和 R51 的圆弧
镜像曲线	修剪多余曲线	绘制中间曲线、阵列曲线及修剪线段

绘图过程

步骤 1：新建文件

启动 NX 12.0，单击"新建"按钮，弹出"新建"对话框，如图 1-2-37 所示。选择"模型"选项卡中的"模型"选项，单位默认是"毫米"，否则在"单位"下拉列表中选择"毫米"选项，在"名称"文本框中输入文件名"对称轮廓"，在"文件夹"文本框中选择相应的存放目录，单击"确定"按钮，进入 NX 12.0 的建模模块界面。

步骤 2：进入草图任务环境

进入 NX 12.0 的建模模块界面后，单击"草图"图标，弹出"创建草图"对话框，如图 1-2-38 所示。将创建草图的方法设置为"在平面上"，"平面方法"设置为"新平面"，"指定平面"设置为 X-Y 平面（见图 1-2-39）；"参考"设置为"水平"，"指定矢量"设置

为 X 轴；"草图原点"设置为"指定点"并设置指定点坐标为（0,0,0），单击"确定"按钮进入草图任务环境。

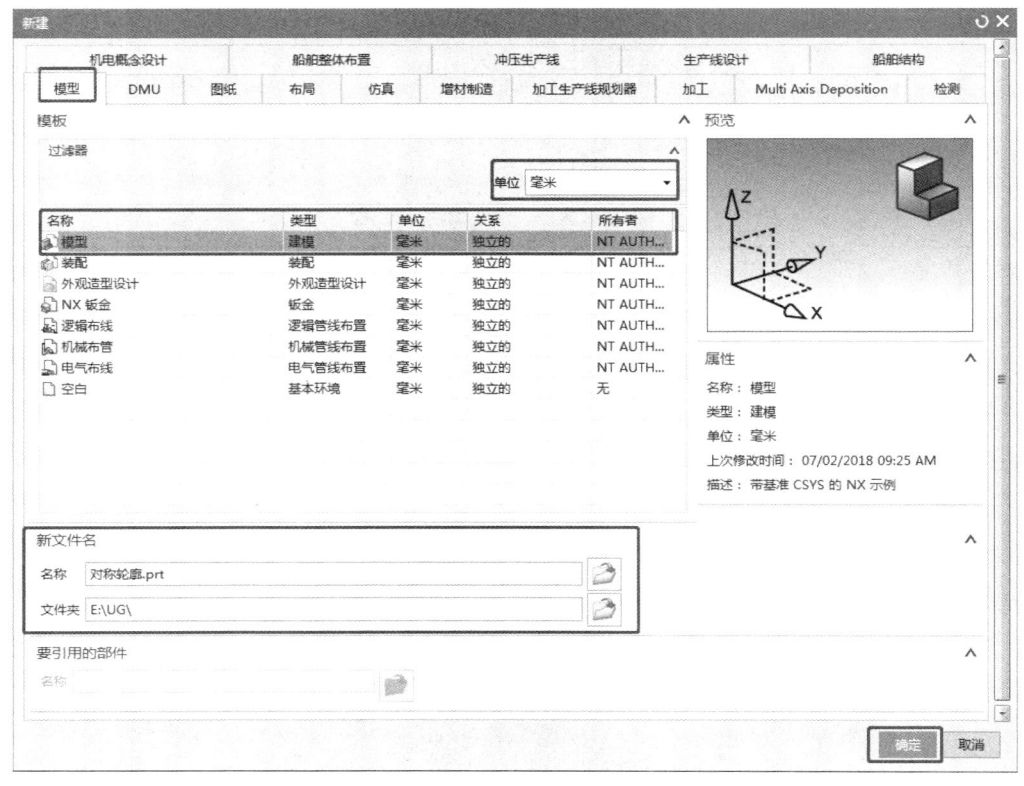

图 1-2-37 "新建"对话框

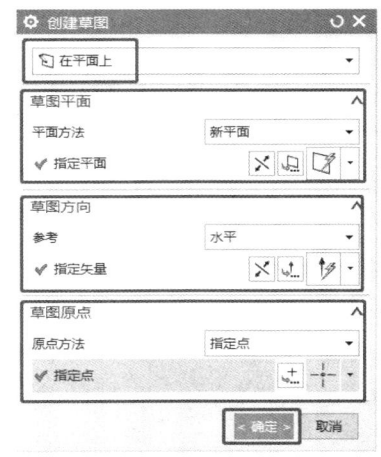

图 1-2-38 "创建草图"对话框

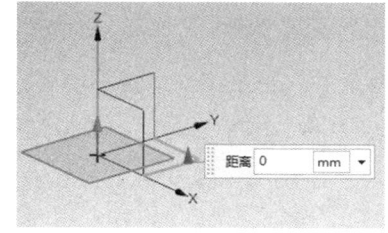

图 1-2-39 选择 X-Y 平面

步骤 3：进入草图任务环境

进入草图任务环境后，单击界面左上角的"更多"下面的黑三角下拉按钮，弹出如

图 1-2-40 所示的下拉列表，选择"在草图任务环境中打开"选项，进入草图任务环境界面，如图 1-2-41 所示。

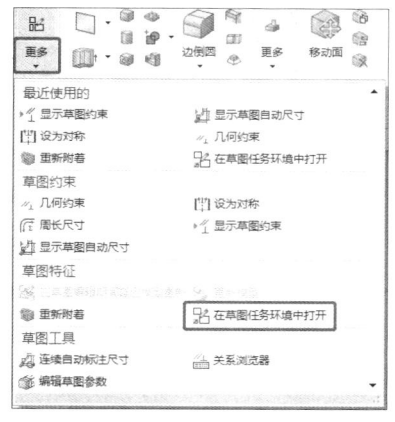

图 1-2-40　"更多"下拉列表

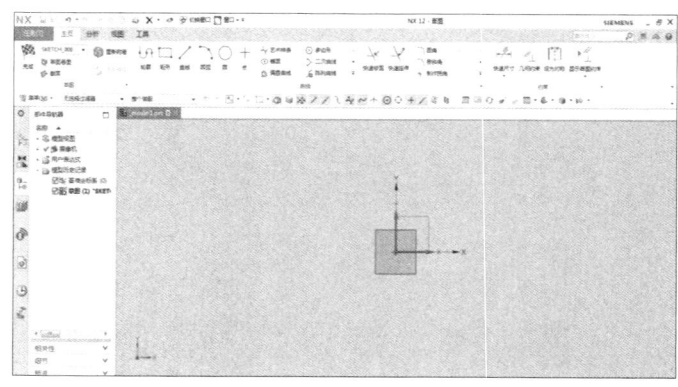

图 1-2-41　草图任务环境界面

步骤 4：绘制 $\phi 30$ 和 $R30$ 的圆

单击"圆"○图标，单击坐标原点作为圆心，拖动鼠标，绘制 $\phi 30$ 的圆，单击"径向尺寸"图标，标注直径尺寸 $\phi 30$。用同样的操作绘制 $R30$ 的圆，并标注半径尺寸 $R30$，如图 1-2-42 所示。

步骤 5：绘制 $\phi 20$ 和 $R20$ 的圆

单击"圆"○图标，单击上一个圆右下方空白处作为圆心，拖动鼠标，绘制 $\phi 20$ 的圆，单击"径向尺寸"图标，标注直径尺寸 $\phi 20$；单击"快速尺寸"图标，标注纵向尺寸 B（$B=90$）。用同样的操作绘制 $R20$ 的圆（圆心和 $\phi 20$ 的圆的圆心重合），并标注半径尺寸 $R20$，如图 1-2-43 所示。

注意：因为如图 1-2-36 所示的图形是左右对称的图形，所以横向尺寸 C 在镜像后再做标注。

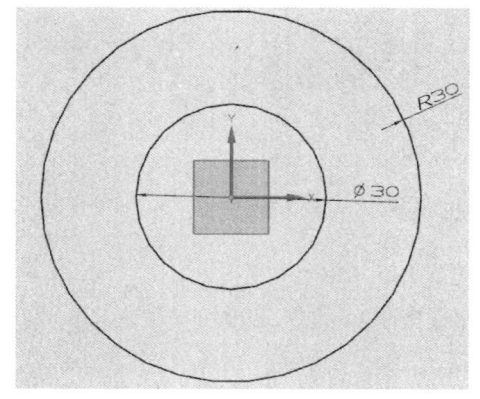

图 1-2-42　绘制 $\phi 30$ 和 $R30$ 的圆

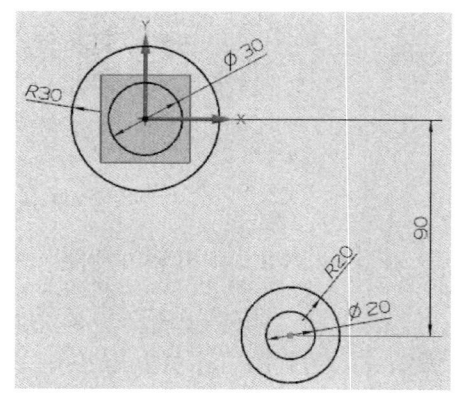

图 1-2-43　绘制 $\phi 20$ 和 $R20$ 的圆

步骤 6：绘制图形中间 R20 的圆

单击"圆"○图标，单击上一个圆左下方空白处作为圆心，拖动鼠标，绘制 R20 的圆，单击"径向尺寸"图标，标注半径尺寸 R20，如图 1-2-44 所示。从图 1-2-36 中可以看出，该圆的圆心与 φ30 的圆的圆心位于同一竖直线上，所以要约束该圆的圆心在 Y 轴上。单击"几何约束"图标，弹出"几何约束"对话框，如图 1-2-45 所示。

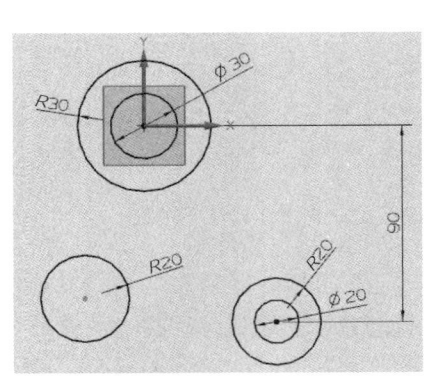
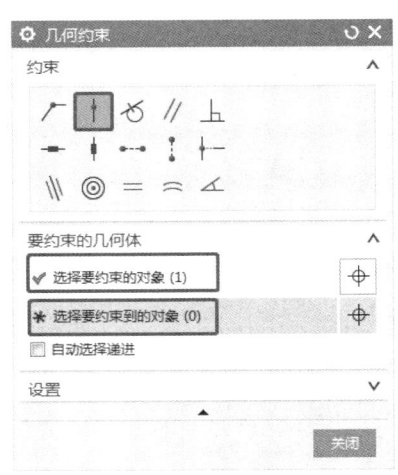

图 1-2-44　绘制好的 R20 的圆　　　　图 1-2-45　"几何约束"对话框 1

单击"点在曲线上"图标，将"选择要约束的对象"设置为该圆的圆心，"选择要约束到的对象"设置为 Y 轴，即可约束该圆的圆心在 Y 轴上，如图 1-2-46 所示。

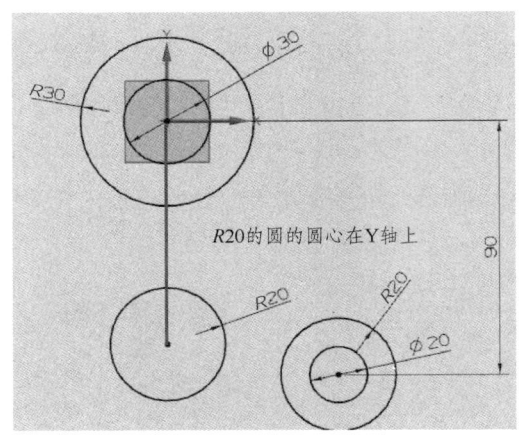

图 1-2-46　约束 R20 的圆

步骤 7：绘制 R100 和 R51 的圆弧

单击"圆弧"图标，用指定三点绘制圆弧的方法，先在 φ30 的圆的右边单击一个点，在右下方的 R20 的圆的右边单击一个点，拖动鼠标，绘制一条圆弧。单击"径向尺寸"图标，标注半径尺寸 R100，如图 1-2-47 所示。单击"几何约束"图标，弹出"几何约束"对话框,如图 1-2-48 所示。

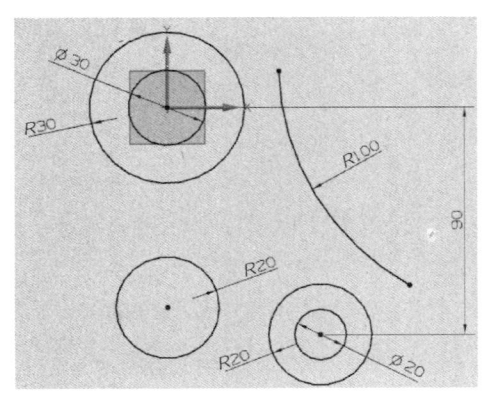

图 1-2-47 绘制好的 R100 的圆弧

图 1-2-48 "几何约束"对话框 2

单击"相切" 图标,将"选择要约束的对象"设置为 R100 的圆弧,"选择要约束到的对象"设置为 $\phi 30$ 的圆,即可约束 R100 的圆弧与 $\phi 30$ 的圆相切。用同样的操作约束 R100 的圆弧与 R20 的圆相切。约束好的 R100 的圆弧如图 1-2-49 所示。

绘制 R51 的圆弧操作步骤与此类似,此处不再赘述。约束好的 R51 的圆弧如图 1-2-50 所示。

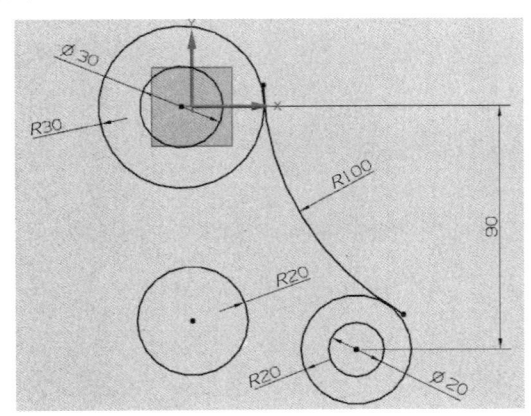

图 1-2-49 约束好的 R100 的圆弧

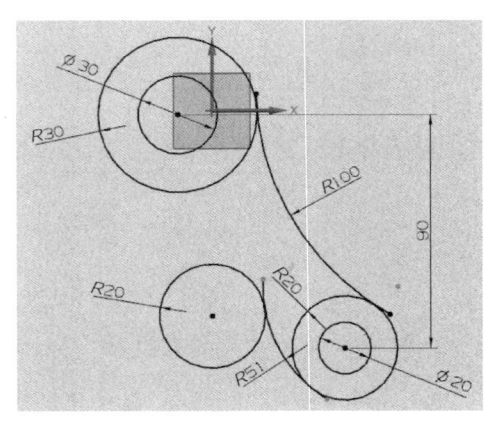

图 1-2-50 约束好的 R51 的圆弧

步骤 8:镜像曲线

因为如图 1-2-36 所示的图形是左右对称的,所以可以采用镜像命令镜像另一半,省去重复绘制图形的时间,提高画图速度。单击"镜像曲线" 图标,弹出"镜像曲线"对话框,如图 1-2-51 所示。将"选择曲线"设置为 R100 的圆弧、R51 的圆弧、R20 的圆、$\phi 20$ 的圆这 4 组曲线,"选择中心线"设置为 Y 轴,单击"确定"按钮即可镜像曲线。镜像完成后的图形如图 1-2-52 所示。

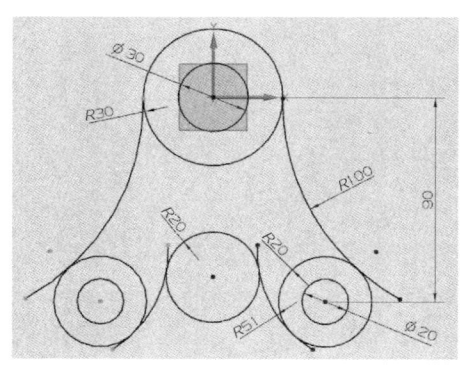

图 1-2-51 "镜像曲线"对话框　　图 1-2-52 镜像完成后的图形

步骤 9：修剪多余曲线

镜像完成后，对称图形的整体轮廓已经基本绘制好，接下来修剪掉多余曲线。单击"快速修剪"图标，弹出"快速修剪"对话框，如图 1-2-53 所示。"要修剪的曲线"默认为"选择曲线"，所以单击不要的曲线即可将其修剪掉。修剪完成后的图形如图 1-2-54 所示。

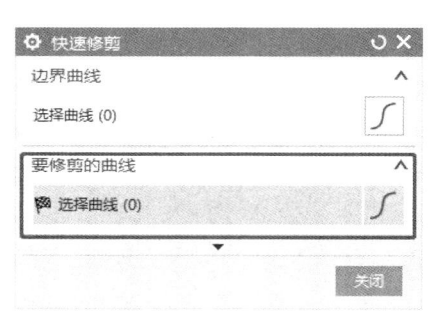
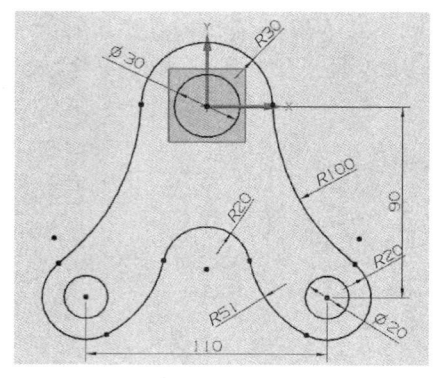

图 1-2-53 "快速修剪"对话框　　图 1-2-54 修剪完成后的图形

步骤 10：绘制中间均布形状

单击"矩形"图标，默认绘制方式为指定两点绘制矩形，所以在 $\phi 30$ 的圆的附近绘图区单击 2 个点，绘制一个矩形，如图 1-2-55 所示。

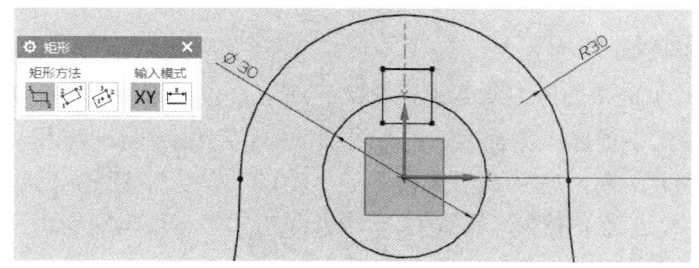

图 1-2-55 绘制好的矩形

项目 1
NX 的简介、界面、基本设置及草图绘制

因为该矩形是左右对称的（对称中心为 Y 轴），所以利用约束对矩形进行对称约束。单击"设为对称" 图标，弹出"设为对称"对话框，如图 1-2-56 所示。将"主对象"选区中的"选择对象"设置为矩形左边的直线，"次对象"选区中的"选择对象"设置为矩形右边的直线，"对称中心线"选区中的"选择中心线"设置为 Y 轴即可约束该矩形关于 Y 轴对称。约束对称完成后的图形如图 1-2-57 所示。

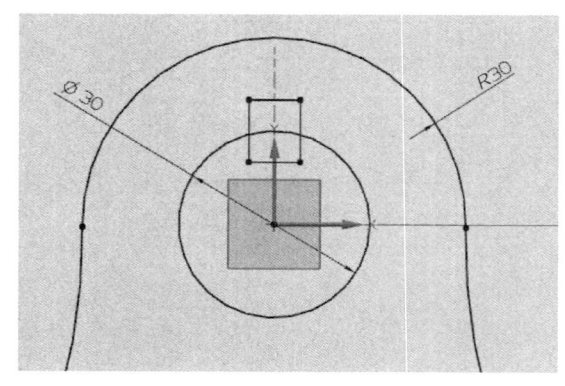

图 1-2-56　"设为对称"对话框　　　　图 1-2-57　约束对称完成后的图形

约束对称完成后，单击"快速尺寸"  图标，分别标注矩形的宽度尺寸为"8"，定位尺寸为"18"，标注完成后的图形如图 1-2-58 所示。标注完成后，把多余直线修剪掉，单击"快速修剪"图标，单击不需要的线段，修剪后的图形如图 1-2-59 所示。

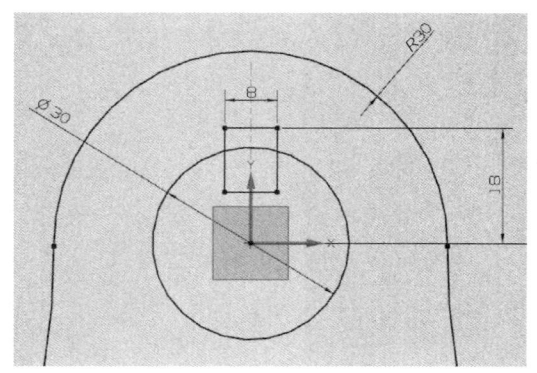
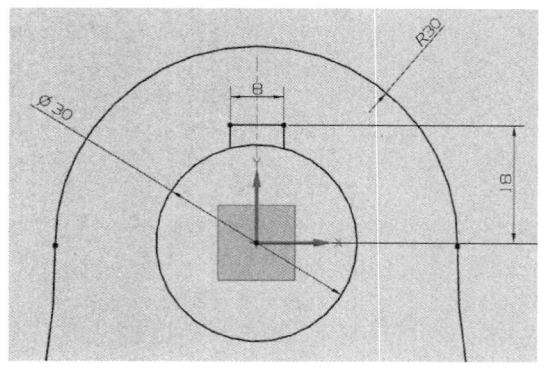

图 1-2-58　标注完成后的图形　　　　如图 1-2-59　修剪后的图形

步骤 11：阵列曲线

单击"阵列曲线" 图标，弹出"阵列曲线"对话框。将"选择曲线"设置为修剪后的矩形剩余的 3 条线段，"布局"设置为"圆形"；"旋转点"设置为坐标原点（0,0,0），"间距"设置为"数量和跨距"；"数量"设置为"6"（阵列 6 个），"跨角"设置为 360°（一个圆周的度数），如图 1-2-60 所示。选好曲线并设置完参数后，单击"确定"按钮，即可完成阵列。阵列完成后的图形如图 1-2-61 所示。

阵列完成后，把 φ30 的圆不需要的线段修剪掉（修剪的过程较简单，操作和前面的修

剪操作一样,此处不再赘述),整个左右对称的图形就绘制完成了,完成后的图形如图 1-2-62 所示。

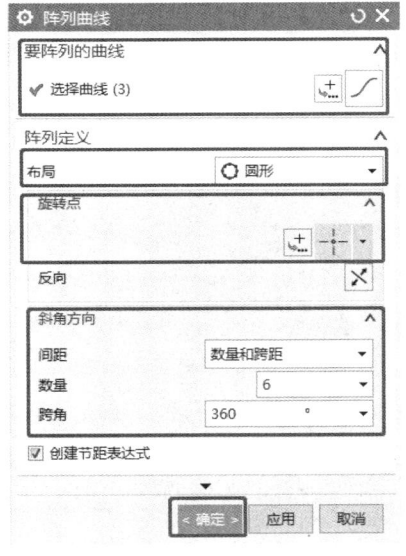

图 1-2-60 "阵列曲线"对话框

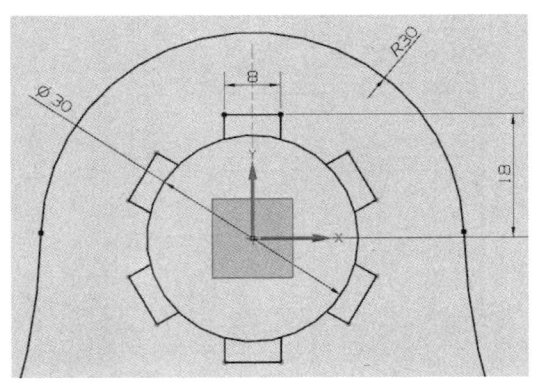

图 1-2-61 阵列完成后的图形

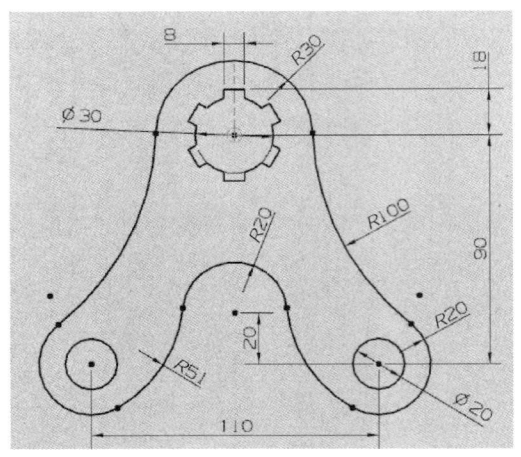

图 1-2-62 完成后的图形

步骤 12:保存文件

在保存文件前,要认真检查图形的形状、尺寸、约束是否正确,确认无误后即可退出草图任务环境。单击"完成" 图标,退出草图任务环境;选择"文件"→"保存"→"保存"命令(或直接单击"保存" 图标)保存文件;单击界面右上角的"关闭" 按钮关闭 NX 12.0。

课后技能提升训练

1. 草图技能提升训练一,如图 1-2-63 所示。

项目 1
NX 的简介、界面、基本设置及草图绘制

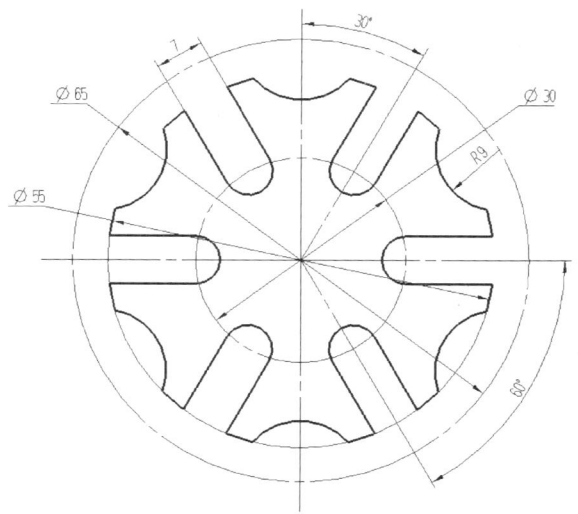

图 1-2-63　草图技能提升训练一

2．草图技能提升训练二，如图 1-2-64 所示。

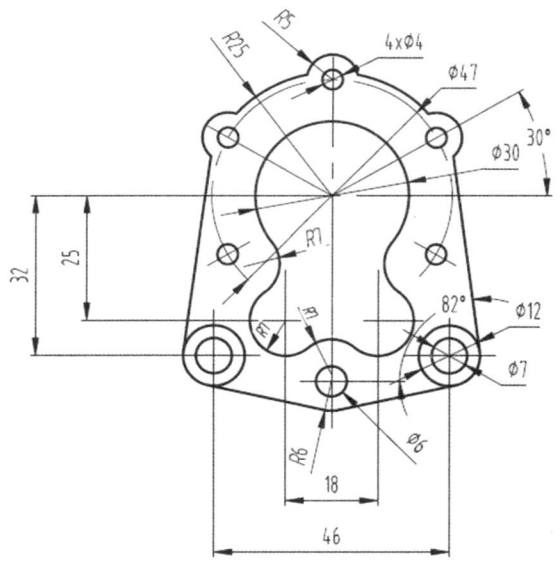

图 1-2-64　草图技能提升训练二

项目 2

自动滑移切削机构的三维建模

项目简介

李明经过项目 1 的学习后，已初步掌握了 NX 的草图绘制，现在其又接到新的项目任务，要完成一套自动滑移切削机构的三维建模。该机构主要有 8 个关键零件，分别是导杆、输入齿轮轴、输出齿轮轴、端盖、移动滑块、支撑座、箱盖、箱体。李明要对以上 8 个关键零件分别进行三维建模。

项目内容

（1）根据图纸完成导杆的三维建模。
（2）根据图纸完成输入齿轮轴的三维建模。
（3）根据图纸完成输出齿轮轴的三维建模。
（4）根据图纸完成端盖的三维建模。
（5）根据图纸完成移动滑块的三维建模。
（6）根据图纸完成支撑座的三维建模。
（7）根据图纸完成箱盖的三维建模。
（8）根据图纸完成箱体的三维建模。

任务 2.1　导杆的三维建模

 任务简介

导杆是自动滑移切削机构中一个较为简单的零件。如图 2-1-1 所示为导杆的零件图纸。首先对导杆的零件图纸进行基本的形状分析、尺寸分析，然后确定正确的建模思路，通过综合运用基本体素（圆柱）、修剪体、倒斜角等特征操作完成导杆的三维建模。

项目 2
自动滑移切削机构的三维建模

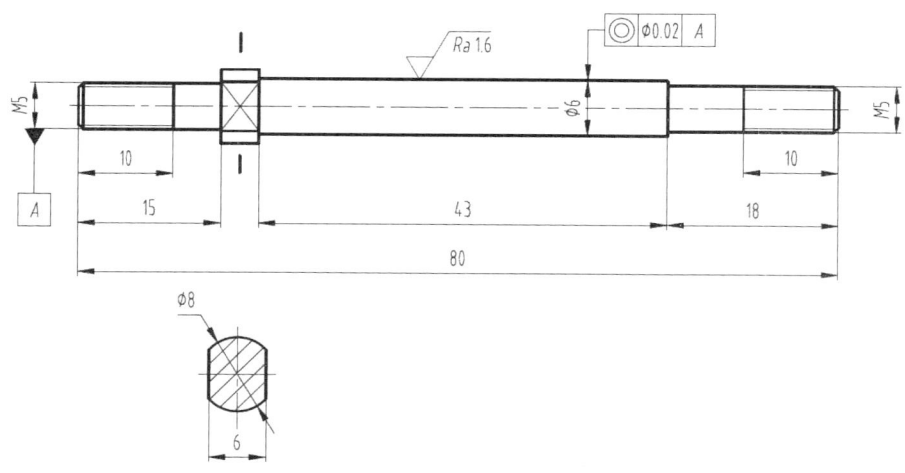

图 2-1-1 导杆的零件图纸

任务内容

（1）创建圆柱。
（2）创建倒斜角。
（3）创建基准平面。
（4）创建螺纹。
（5）创建修剪体。

建模思路

导杆是一个较为简单的轴类零件，主要特征有圆柱、螺纹、倒斜角等。该类零件建模的方法有很多种，主体部分可以通过基本体素中的圆柱命令直接创建得到，其他特征可以通过修剪体、倒斜角命令得到。导杆的三维建模思路如表 2-1-1 所示。

表 2-1-1 导杆的三维建模思路表

创建φ8的圆柱	创建φ6的圆柱	创建φ5的圆柱	创建φ5的圆柱、倒斜角
创建基准平面	创建螺纹	创建偏置基准平面	创建修剪体

建模过程

步骤 1：新建文件

启动 NX 12.0，单击"新建"按钮，弹出"新建"对话框，如图 2-1-2 所示。选择"模型"选项卡中的"模型"选项，单位默认是"毫米"，否则在"单位"下拉列表中选择"毫米"选项；在"名称"文本框中输入文件名"导杆"，在"文件夹"文本框中选择相应的存放目录，单击"确定"按钮，进入 NX 12.0 的建模模块界面，如图 2-1-3 所示。

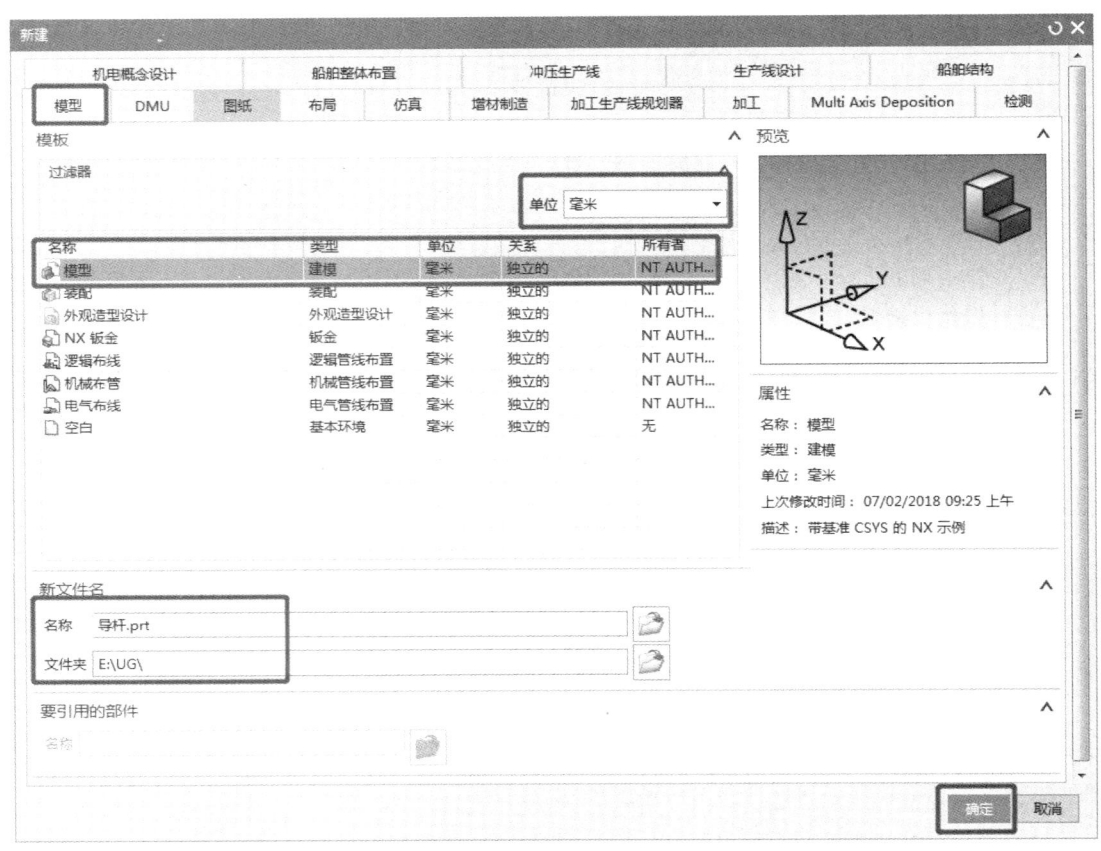

图 2-1-2 "新建"对话框

步骤 2：创建 $\phi 8$ 的圆柱

单击"圆柱"图标（或选择"菜单"→"插入"→"设计特征"→"圆柱"命令），弹出"圆柱"对话框，如图 2-1-4 所示。将"指定矢量"设置为 Y 轴，"指定点"设置为坐标原点（0,0,0），"直径"设置为 8，"高度"设置为 4，单击"确定"按钮，即可创建 $\phi 8$ 的圆柱，如图 2-1-5 所示。

项目 2
自动滑移切削机构的三维建模

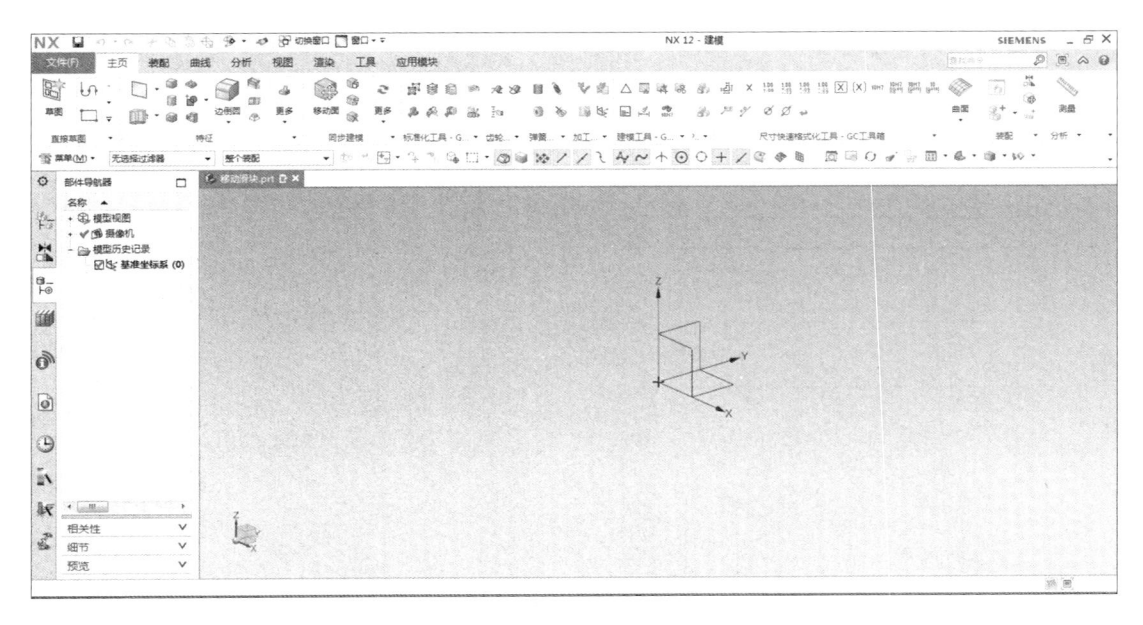

图 2-1-3　建模模块界面

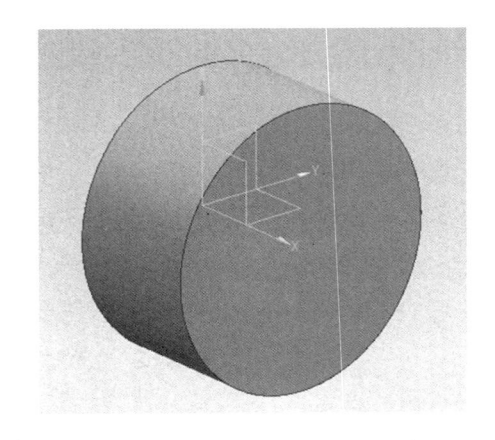

图 2-1-4　"圆柱"对话框 1　　　　图 2-1-5　创建完成后的 $\phi 8$ 的圆柱

步骤 3：创建 $\phi 6$、$\phi 5$ 的圆柱

单击"圆柱"图标，弹出"圆柱"对话框，如图 2-1-6 所示。将"指定矢量"设置为 X 轴，"指定点"设置为步骤 2 中创建的圆柱右侧端面的圆心，"直径"设置为 6，"高度"设置为 43，"布尔"设置为"合并"，单击"确定"按钮，即可创建 $\phi 6$ 的圆柱，如图 2-1-7 所示。

导杆两端 $\phi 5$ 的圆柱创建方法与上述操作相似，区别在于"指定点"中设置的圆心不同，此处不再赘述。参照上述操作创建导杆两端 $\phi 5$ 的圆柱，创建完成后的 $\phi 5$ 的圆柱如图 2-1-8 所示。

33

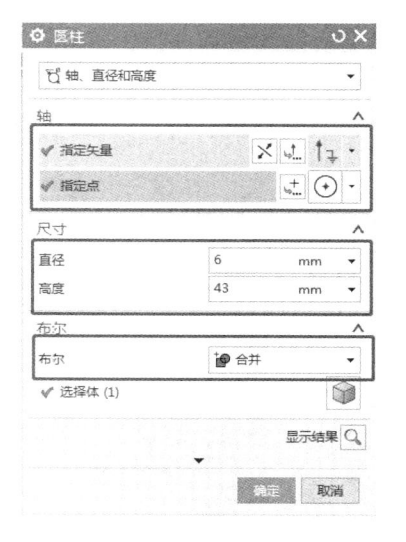

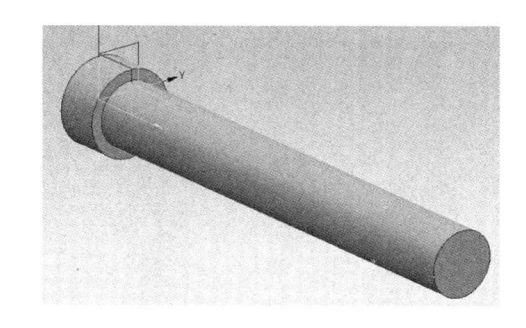

图 2-1-6 "圆柱"对话框 2　　　　图 2-1-7 创建完成后的 $\phi 6$ 的圆柱

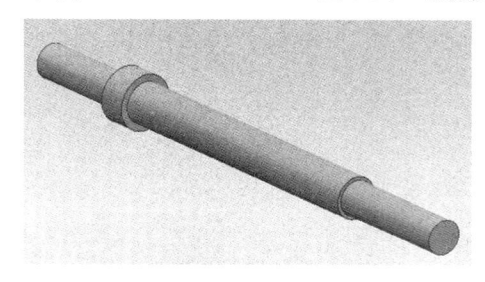

图 2-1-8 创建完成后的 $\phi 5$ 的圆柱

步骤 4：倒斜角

在导杆两端倒斜角：单击"倒斜角"图标，弹出"倒斜角"对话框，如图 2-1-9 所示。将"选择边"设置为导杆两端的边，"横截面"设置为"偏置和角度"，"距离"设置为 0.2；"角度"设置为 45°，单击"确定"按钮，即可倒出距离为 0.2mm、角度为 45°的斜角。

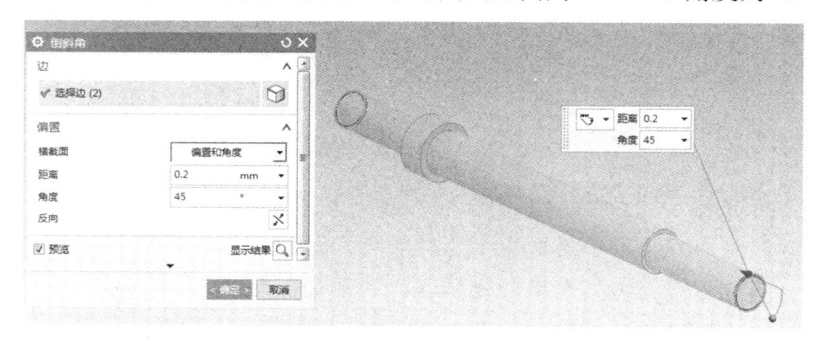

图 2-1-9 "倒斜角"对话框

步骤 5：创建基准平面

导杆两端分别为 M5 的螺纹，为了便于创建螺纹，需要在导杆两端创建基准平面。单

项目 2
自动滑移切削机构的三维建模

击"基准平面"图标,弹出"基准平面"对话框。将创建基准平面的方法设置为"按某一距离","选择平面对象"设置为导杆的左侧端,"距离"设置为 0.2,如图 2-1-10 所示。单击"确定"按钮,即可创建基准平面。

注:将"距离"设置为 0.2 是因为步骤 4 中选择的倒斜角距离为 0.2。

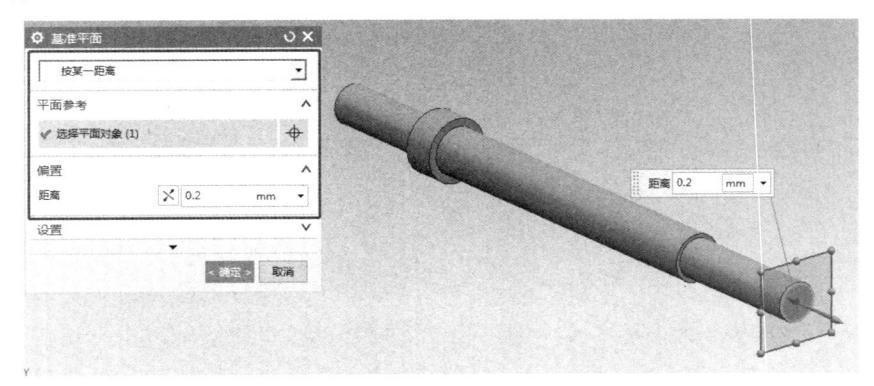

图 2-1-10　创建基准平面

用同样的方法在导杆另一端创建基准平面。创建完成后的导杆两端的基准平面如图 2-1-11 所示。

步骤 6:创建螺纹

单击"螺纹"图标,弹出"螺纹切削"对话框,如图 2-1-12 所示。首先选择导杆最右侧 $\phi 5$ 的圆柱面,然后单击"选择起始"按钮,弹出选择起始面的对话框,如图 2-1-13 所示。选择最右侧的基准平面,选择完成后,如图 2-1-14 所示。

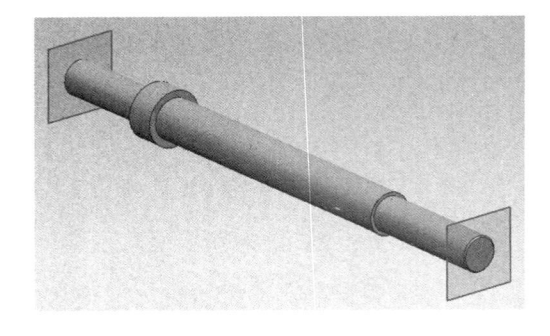

图 2-1-11　创建完成后的导杆两端的基准平面 1

图 2-1-12　"螺纹切削"对话框　　　图 2-1-13　选择起始面的对话框

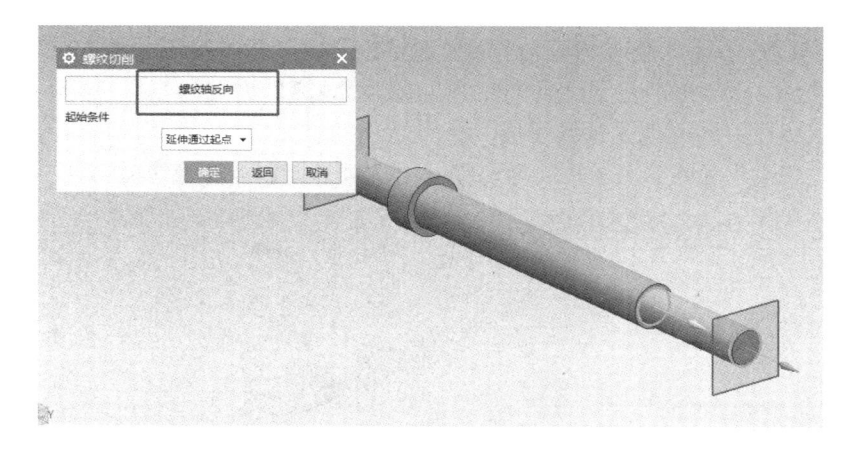

图 2-1-14　选择基准平面作为起始面

注意箭头所指方向，若所指方向不正确，则需要单击"螺纹轴反向"按钮，修改箭头方向，并返回"螺纹切削"对话框。该对话框中的参数是自动生成的，若需要修改，则手动输入参数，如图 2-1-15 所示。确认参数正确后，单击"确定"按钮，即可创建螺纹，如图 2-1-16 所示。

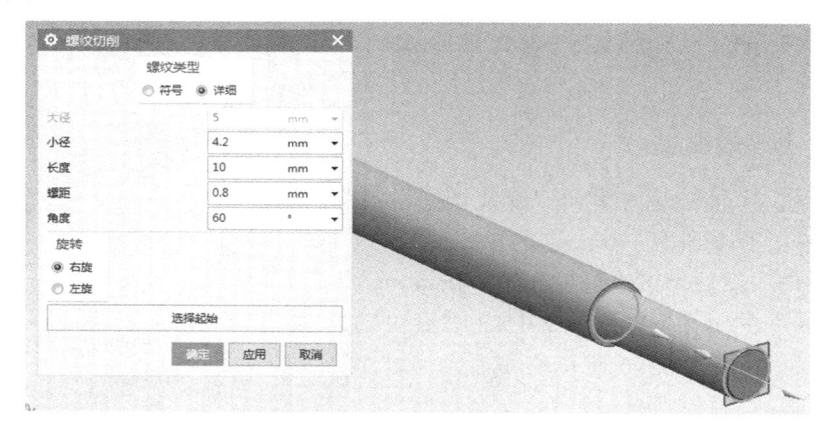

图 2-1-15　手动输入参数

用同样的方法在导杆另一端创建螺纹。创建完成后的导杆两端的螺纹如图 2-1-17 所示。

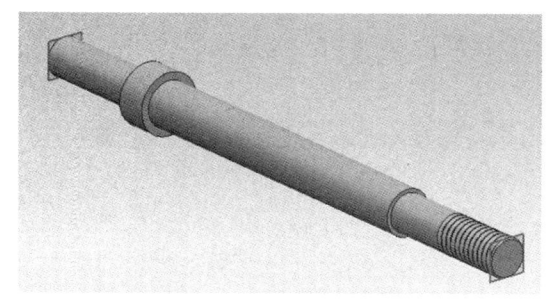

图 2-1-16　创建完成后的螺纹 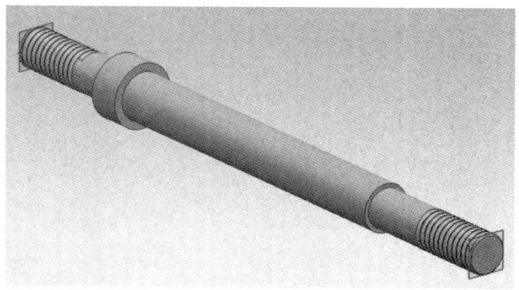　　　　图 2-1-17　创建完成后的导杆两端的螺纹

项目 2
自动滑移切削机构的三维建模

步骤 7：创建偏置基准平面

单击"基准平面"图标，弹出"基准平面"对话框，将创建基准平面的方法设置为"按某一距离"；"选择平面对象"设置为基准平面中的 X-Z 平面，"距离"设置为 3，如图 2-1-18 所示。单击"确定"按钮，即可创建偏置基准平面。

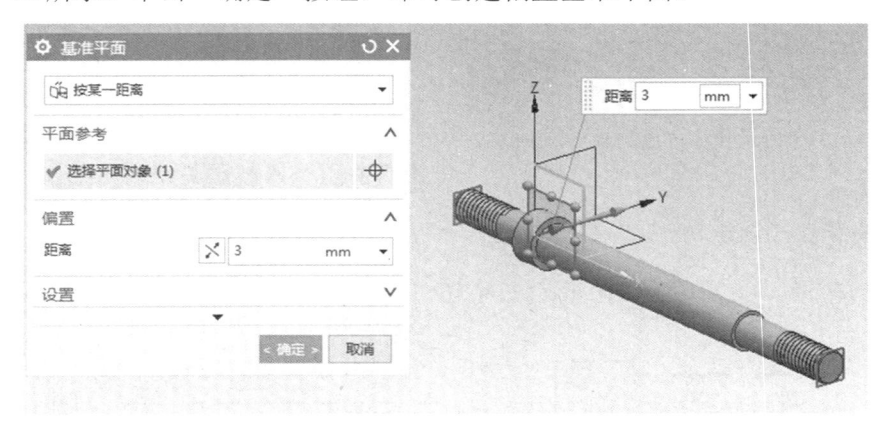

图 2-1-18　创建偏置基准平面

用同样的方法在导杆另一端创建偏置基准平面。创建完成后的导杆两端的基准平面如图 2-1-19 所示。

步骤 8：创建修剪体

基准平面创建完成后，利用修剪体命令把导杆两端修剪掉。单击"修剪体"图标，弹出"修剪体"对话框，如图 2-1-20 所示。将"选择体"设置为导杆体，"工具选项"设置为"面或平面"，并选中步骤 7 中创建的第一个基准平面，单击"确定"按钮，即可创建导杆一端的修剪体。

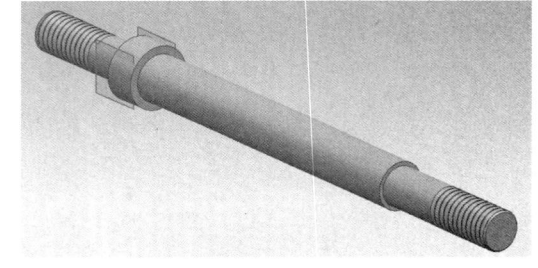

图 2-1-19　创建完成后的导杆两端的基准平面 2

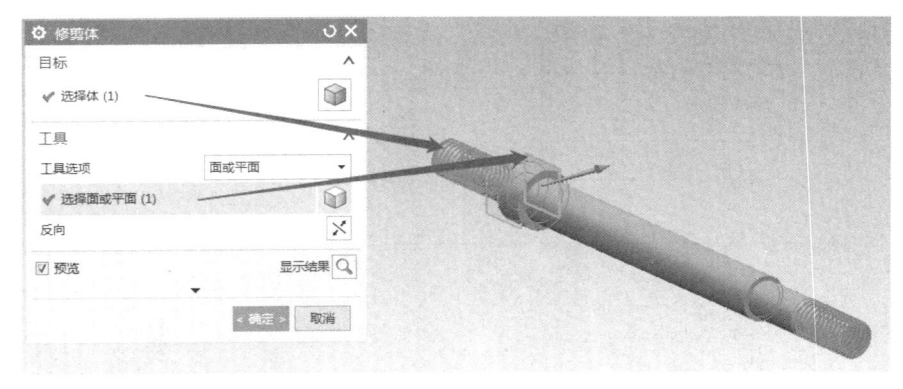

图 2-1-20　"修剪体"对话框

用同样的方法把导杆另一端修剪掉,此处不再赘述。完成后的导杆如图 2-1-21 所示。

至此,导杆的三维建模完成。

步骤 9:保存文件

完成导杆的三维建模后,保存文件。选择"文件"→"保存"→"保存"命令(或直接单击"保存"图标)保存文件。单击界面右上角的"关闭"✖按钮关闭 NX 12.0。

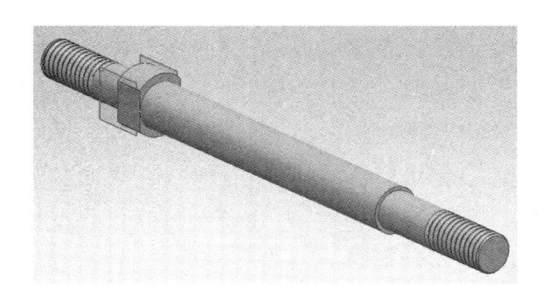

图 2-1-21　三维建模完成后的导杆

课后技能提升训练

1. 完成如图 2-1-22 所示的手柄的三维建模。

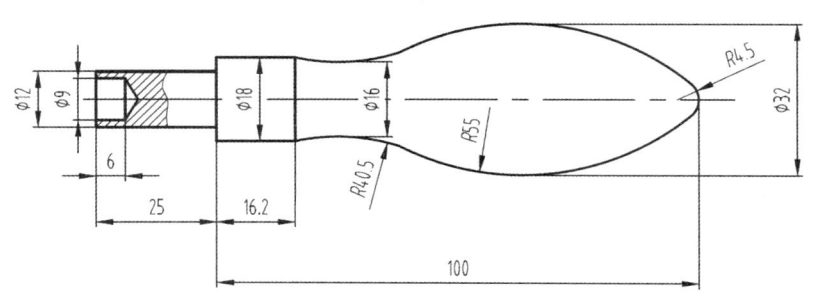

图 2-1-22　手柄

2. 完成如图 2-1-23 所示的传动轴的三维建模。

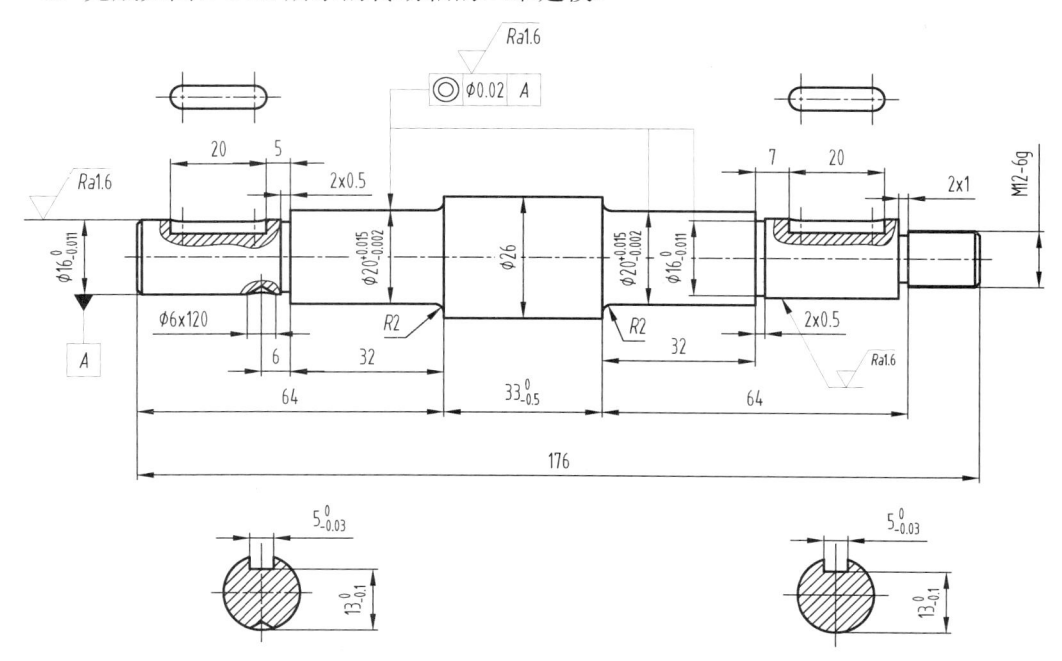

图 2-1-23　传动轴

任务 2.2 输入齿轮轴的三维建模

任务简介

输入齿轮轴是自动滑移切削机构中的一个传动零件。如图 2-2-1 所示为输入齿轮轴的零件图纸。首先对输入齿轮轴的零件图纸进行基本的形状分析、尺寸分析,然后确定正确的建模思路,通过综合运用基本体素(圆柱)、齿轮、倒斜角、键槽等特征操作,完成输入齿轮轴的三维建模。

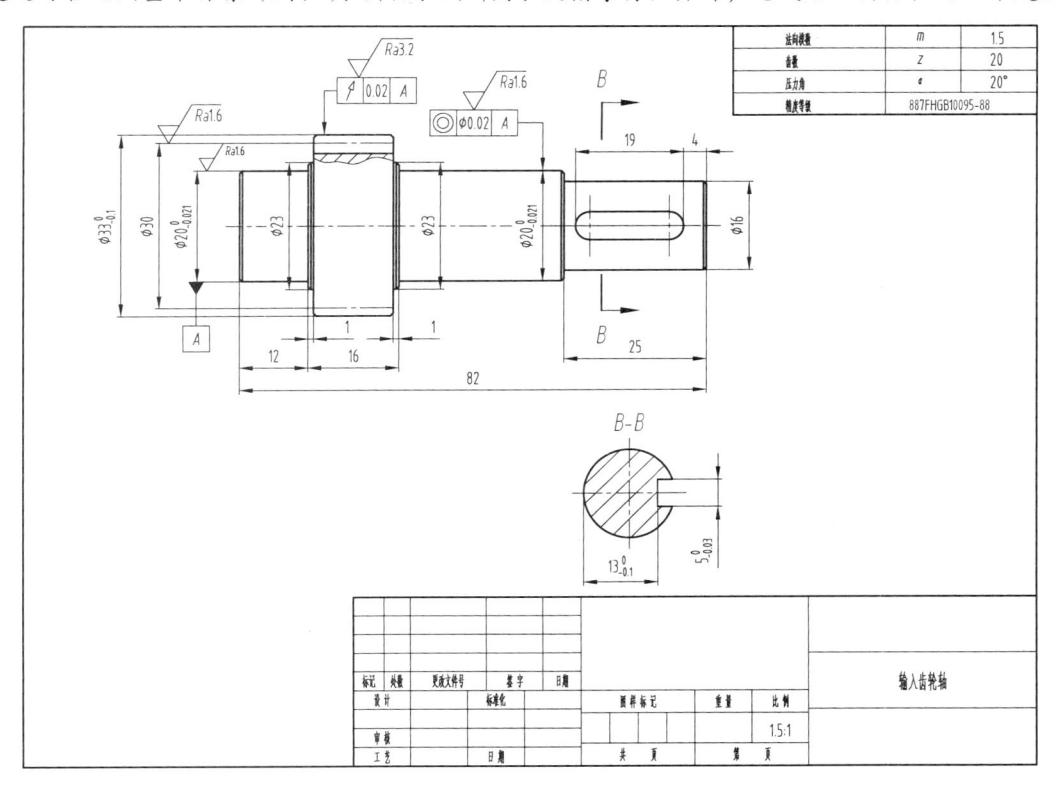

图 2-2-1 输入齿轮轴的零件图纸

任务内容

(1)创建齿轮。
(2)创建圆柱。
(3)创建与定位键槽。

建模思路

输入齿轮轴是一个较为简单的零件,主要特征有圆柱、齿轮、键槽等。该输入齿轮轴的模数 m 为 1.5,齿数 Z 为 20,压力角 α 为 20°。在建模时,首先通过齿轮命令把齿轮部分做出来，然后利用圆柱等命令把输入齿轮轴的其他部分做出来。输入齿轮轴的三维建模思路如表 2-2-1 所示。

表 2-2-1 输入齿轮轴的三维建模思路表

创建齿轮	创建 ϕ23 高度 1 的圆柱	创建 ϕ20 高度 12 和 ϕ20 高度 29 的圆柱	创建 ϕ16 高度 25 的圆柱
倒斜角	创建基准平面		创建矩形键槽

建模过程

步骤 1：新建文件

启动 NX 12.0，单击"新建"按钮，弹出"新建"对话框，如图 2-2-2 所示。选择"模型"选项卡中的"模型"选项，单位默认是"毫米"，否则在"单位"下拉列表中选择"毫米"选项，在"名称"文本框中输入文件名"输入齿轮轴"，在"文件夹"文本框中选择相应的存放目录，单击"确定"按钮，进入 NX 12.0 的建模模块界面，如图 2-2-3 所示。

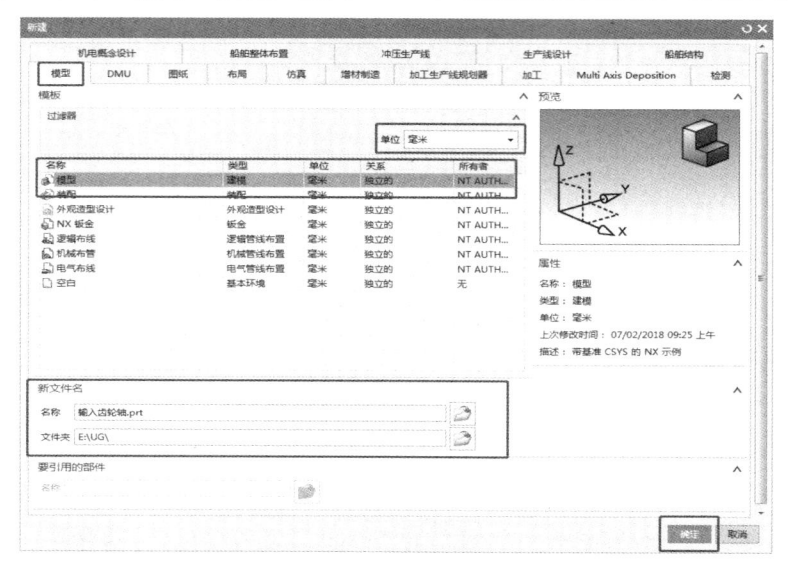

图 2-2-2 "新建"对话框

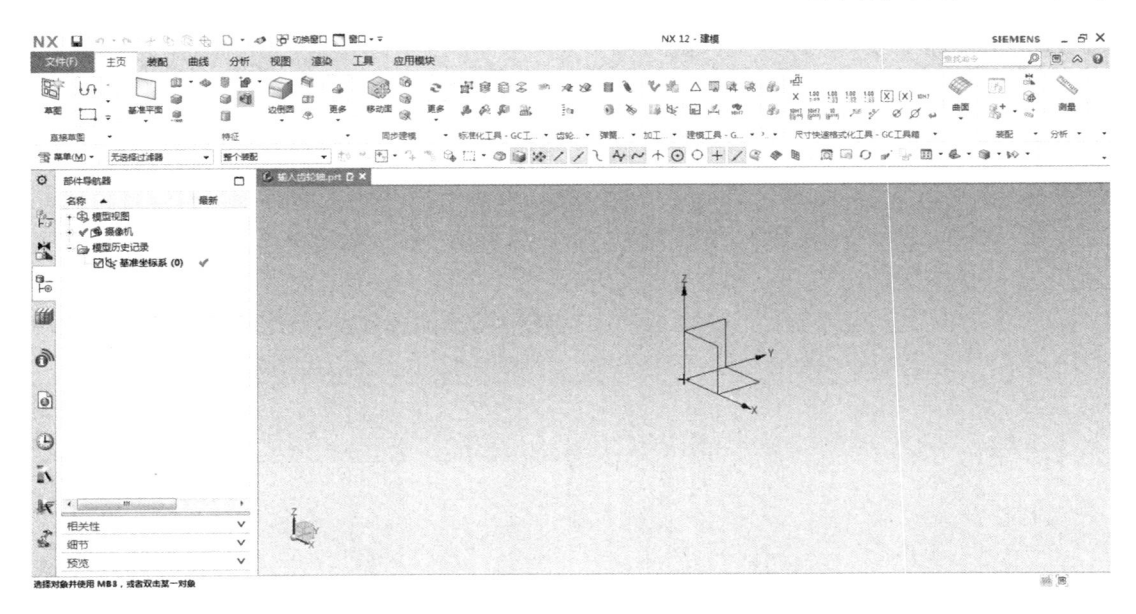

项目 2
自动滑移切削机构的三维建模

图 2-2-3　建模模块界面

步骤 2：创建齿轮

单击"柱齿轮建模" 图标（或选择"菜单"→"GC 工具箱"→"齿轮建模"→"柱齿轮"命令），弹出"渐开线圆柱齿轮建模"对话框，如图 2-2-4 所示。选中"创建齿轮"单选按钮，单击"确定"按钮，弹出"渐开线圆柱齿轮类型"对话框，如图 2-2-5 所示。分别选中"直齿轮""外啮合齿轮""滚齿"单选按钮，单击"确定"按钮，弹出"渐开线圆柱齿轮参数"对话框。将"模数"设置为 1.5，"牙数"设置为 20，"齿宽"设置为 14，"压力角"设置为 20°（见图 2-2-6），单击"确定"按钮，弹出"矢量"对话框。将"选择对象"设置为 X 轴（见图 2-2-7）。

提示："矢量"是指齿轮的摆放方向，由于本任务中的输入齿轮轴是横着摆放的，因此设置为 X 轴。

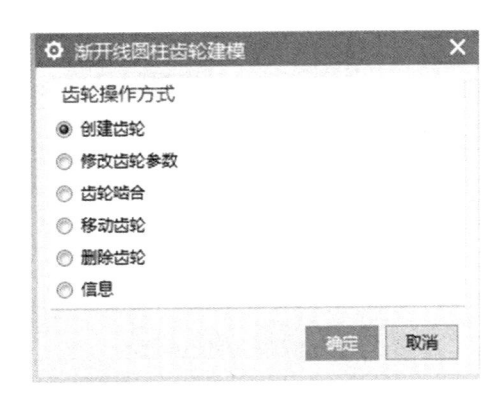

图 2-2-4　"渐开线圆柱齿轮建模"对话框 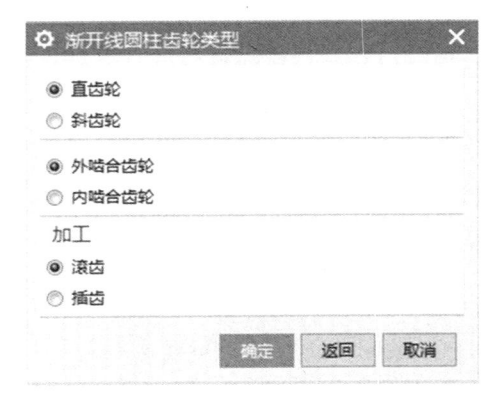　　图 2-2-5　"渐开线圆柱齿轮类型"对话框

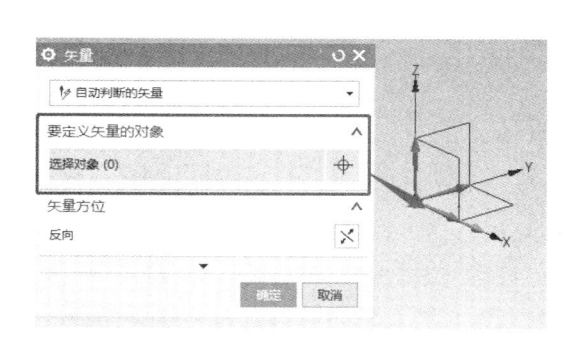

图 2-2-6 "渐开线圆柱齿轮参数"对话框　　　　图 2-2-7　定义矢量

定义好齿轮的摆放方向后,单击"确定"按钮,弹出"点"对话框,定义齿轮的底部圆柱的圆心点,为了方便建模,此处将齿轮的"点"定义在坐标原点。在"点"对话框中,不用修改参数,坐标全部默认为 0(见图 2-2-8),直接单击"确定"按钮,即可创建齿轮,如图 2-2-9 所示。

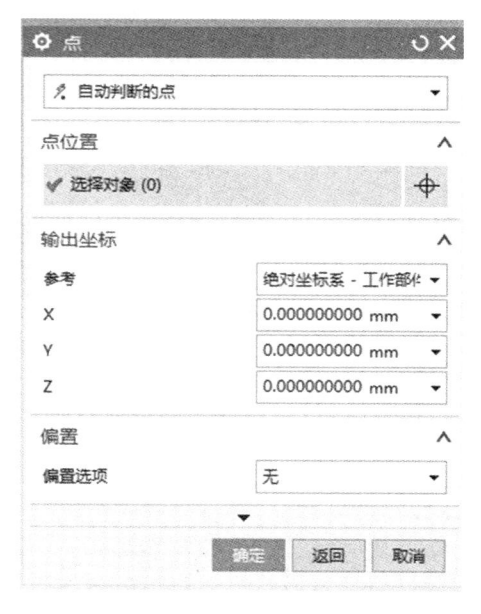

图 2-2-8　"点"对话框　　　　图 2-2-9　创建完成后的齿轮

步骤 3:创建 $\phi23$ 高度 1 的圆柱

单击"圆柱"图标,弹出"圆柱"对话框,将创建圆柱的方法设置为"轴、直径和高度";"指定矢量"设置为 X 轴,"指定点"设置为步骤 2 中创建的齿轮的圆心,"直径"设置为 23;"高度"设置为 1,"布尔"设置为"合并",把创建的圆柱和齿轮合并为一个整体,如图 2-2-10 所示。单击"确定"按钮,即可创建 $\phi 23$ 高度 1 的圆柱,如图 2-2-11 所示。

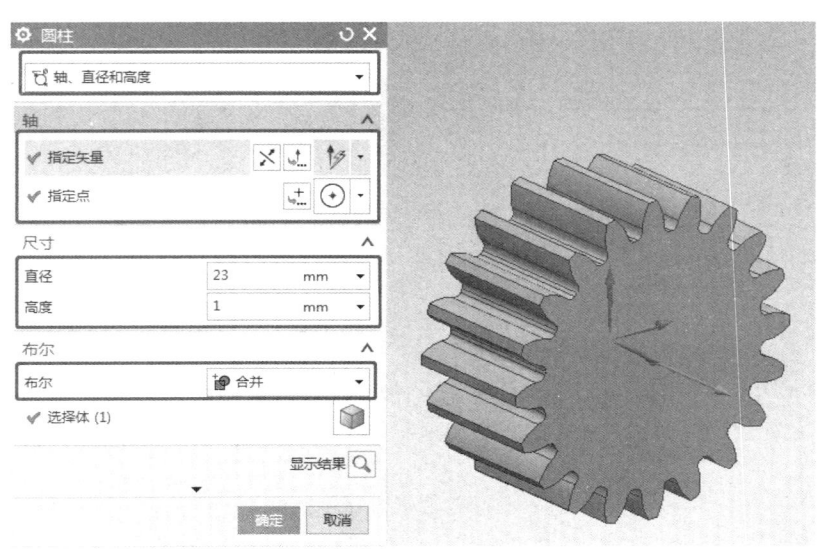

图 2-2-10　创建 $\phi 23$ 高度 1 的圆柱

用同样的方法在齿轮另一端(左侧)创建 $\phi 23$ 高度 1 的圆柱。创建完成后的齿轮两端的 $\phi 23$ 高度 1 的圆柱如图 2-2-12 所示。

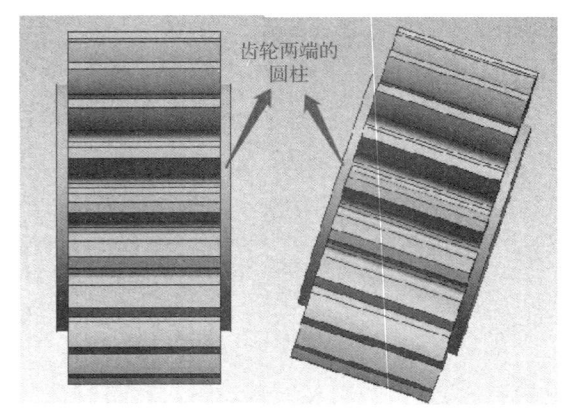

图 2-2-11　创建完成后的 $\phi 23$ 高度 1 的圆柱(右侧)　　图 2-2-12　创建完成后的齿轮两端的 $\phi 23$ 高度 1 的圆柱

步骤 4:创建 $\phi 20$ 高度 12 的圆柱

单击"圆柱"图标,弹出"圆柱"对话框,将创建圆柱的方法设置为"轴、直径和高度","指定矢量"设置为 X 轴;单击"方向"图标,将"指定点"设置为步骤 3 中创建的圆柱的圆心;"直径"设置为 20,"高度"设置为 12,"布尔"设置为"合并",如图 2-2-13

所示。单击"确定"按钮，即可创建ϕ20 高度 12 的圆柱，如图 2-2-14 所示。

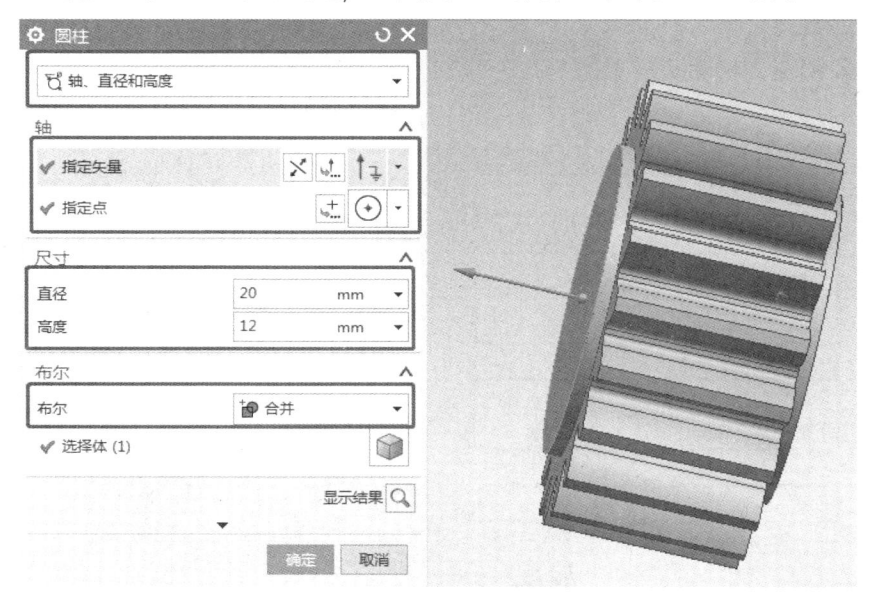

图 2-2-13　创建ϕ20 高度 12 的圆柱（左侧）

用同样的方法在齿轮另一端（右侧）创建ϕ20 高度 29 的圆柱。创建完成后的齿轮两端的ϕ20 高度 12 和ϕ20 高度 29 的圆柱如图 2-2-15 所示。

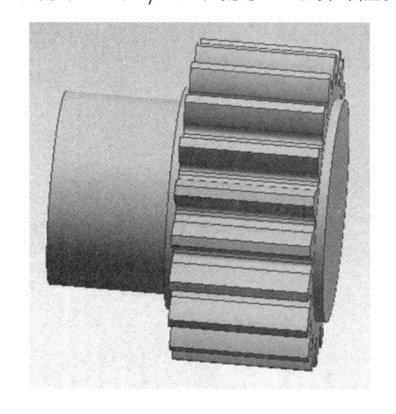

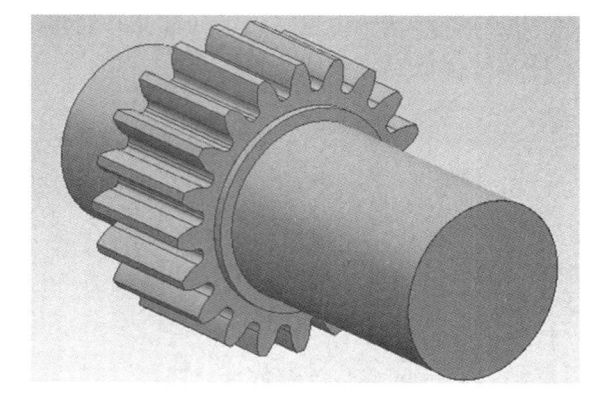

图 2-2-14　创建完成后的ϕ20 高度 12 的圆柱（左侧）

图 2-2-15　创建完成后的齿轮两端的ϕ20 高度 12 和ϕ20 高度 29 的圆柱

步骤 5：创建ϕ16 高度 25 的圆柱

单击"圆柱"图标，弹出"圆柱"对话框，将创建圆柱的方法设置为"轴、直径和高度"，"指定矢量"设置为 X 轴；单击"方向"图标，将"指定点"设置为步骤 4 中创建的ϕ20 高度 29 的圆柱的圆心；"直径"设置为 16，"高度"设置为 25，"布尔"设置为"合并"，如图 2-2-16 所示。单击"确定"按钮，即可创建ϕ16 高度 25 的圆柱，如图 2-2-17 所示。

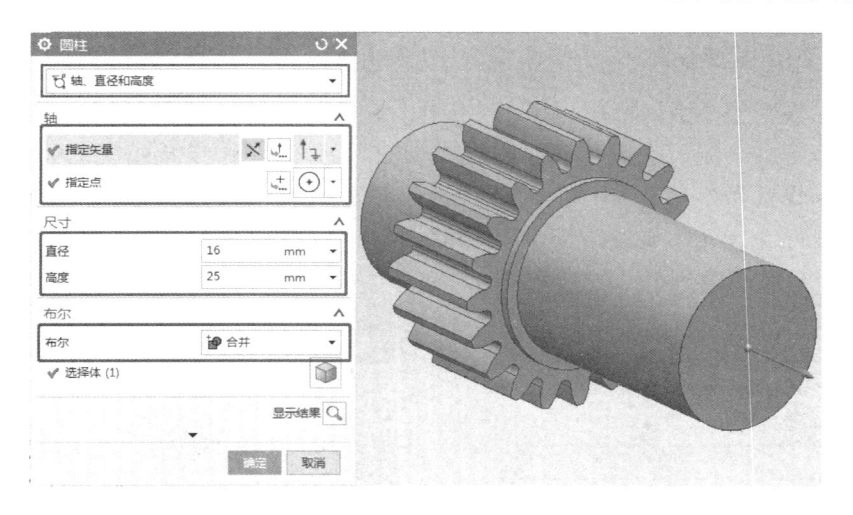

项目 2
自动滑移切削机构的三维建模

图 2-2-16　创建 ϕ16 高度 25 的圆柱

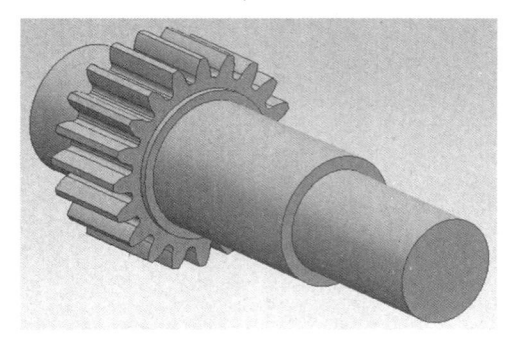

图 2-2-17　创建完成后的 ϕ16 高度 25 的圆柱

步骤 6：倒斜角

把输入齿轮轴的各处倒斜角。单击"倒斜角"图标，弹出"倒斜角"对话框，将"选择边"设置为输入齿轮轴需要倒斜角的边；"横截面"设置为"偏置和角度"，"距离"设置为 0.5，"角度"设置为 45°，如图 2-2-18 所示。单击"确定"按钮，即可倒出距离为 0.5mm、角度为 45°的斜角。

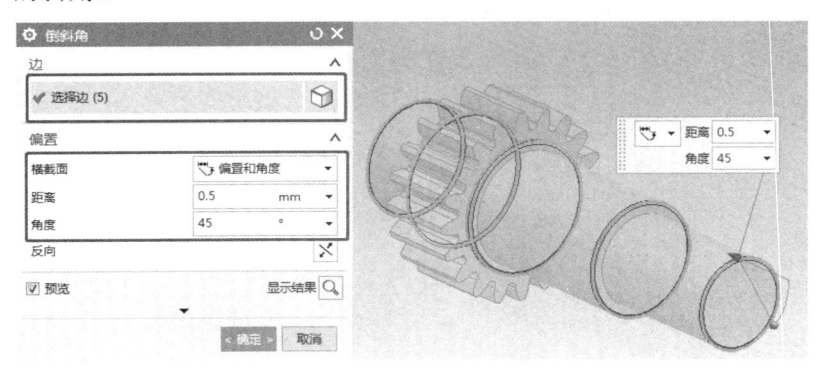

图 2-2-18　倒斜角

步骤7：创建基准平面

输入齿轮轴有一个键槽特征，为了便于创建键槽，需要在输入齿轮轴ϕ16高度25的圆柱切面做一个基准平面。单击"基准平面"图标，弹出"基准平面"对话框，将创建基准平面的方法设置为"按某一距离"；"选择平面对象"设置为X-Y平面，"距离"设置为8，如图2-2-19所示。单击"确定"按钮，即可创建基准平面，如图2-2-20所示。

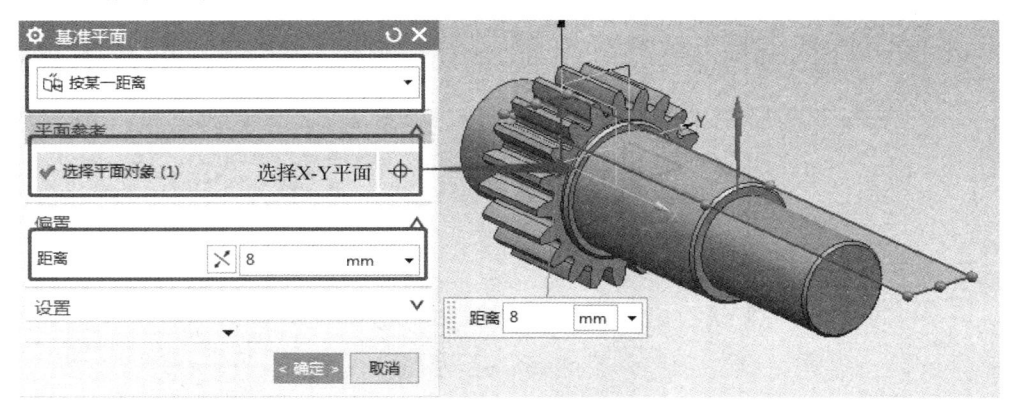

图2-2-19 创建基准平面

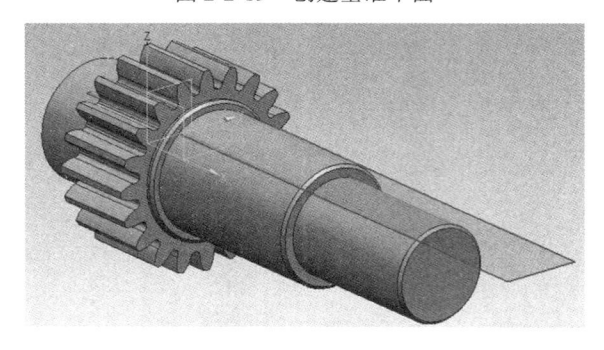

图2-2-20 创建完成后的基准平面

步骤8：创建矩形键槽

单击"键槽"图标，弹出"槽"对话框，如图2-2-21所示。

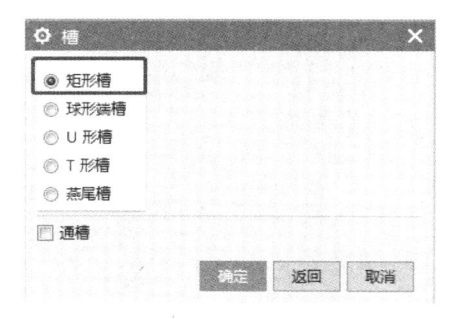

图2-2-21 "槽"对话框

选中"矩形槽"单选按钮，单击"确定"按钮，弹出"矩形槽"对话框（注意界面左下角的提示信息），如图 2-2-22 所示。选择步骤 7 中创建的基准平面，选择完成后弹出矩形键槽放置方向的对话框（注意界面左下角的提示信息）。如果箭头向下，则选择"接受默认边"选项；如果箭头向上，则选择"翻转默认侧"选项，如图 2-2-23 所示。

图 2-2-22 "矩形槽"对话框 1

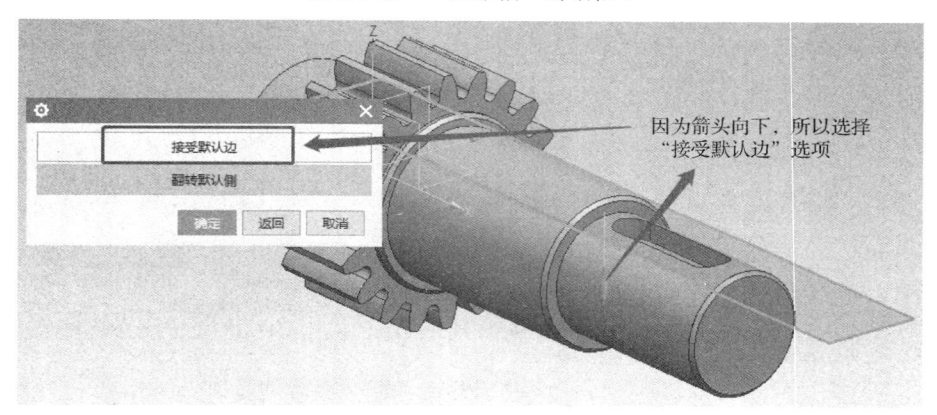

图 2-2-23 选择矩形键槽放置方向

单击"确定"按钮，弹出"水平参考"对话框。该对话框是定义矩形键槽长度方向的对话框，这里可以选择 X 轴，如图 2-2-24 所示。

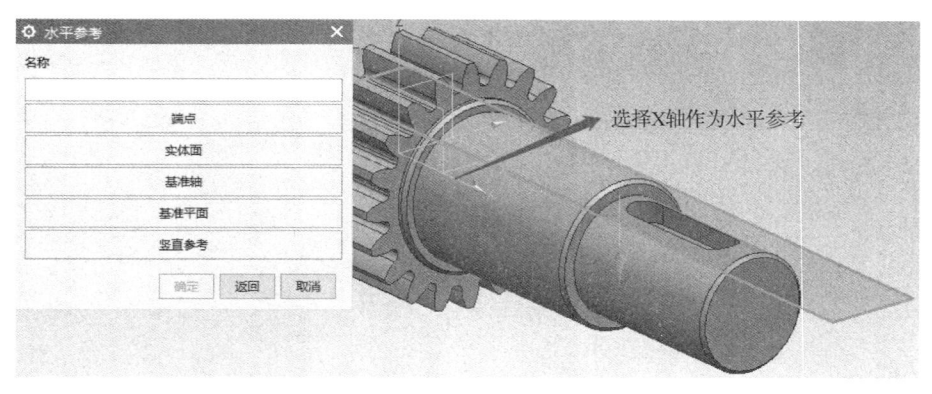

图 2-2-24 选择水平参考

选择完成后弹出"矩形槽"对话框，将"长度"设置为 19，"宽度"设置为 5，"深度"设置为 3，如图 2-2-25 所示。

单击"确定"按钮，弹出矩形键槽的"定位"对话框，单击"垂直"图标，弹出"垂直的"对话框，选择 Y 轴，如图 2-2-26 所示。

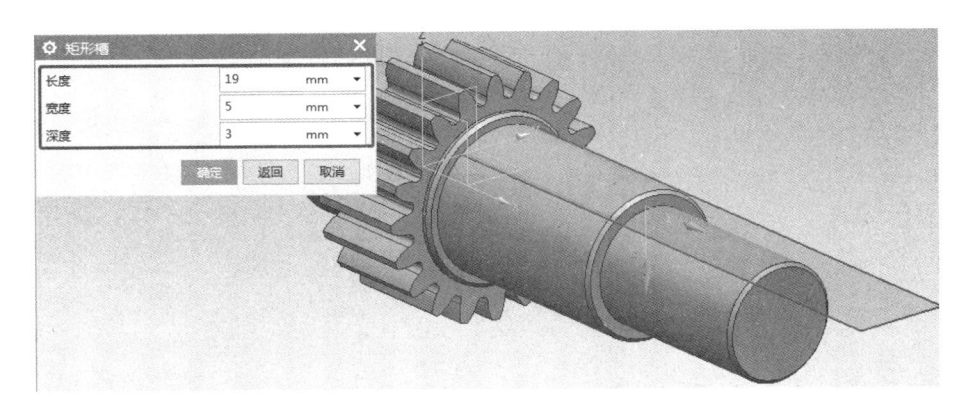

图 2-2-25 "矩形槽"对话框 2

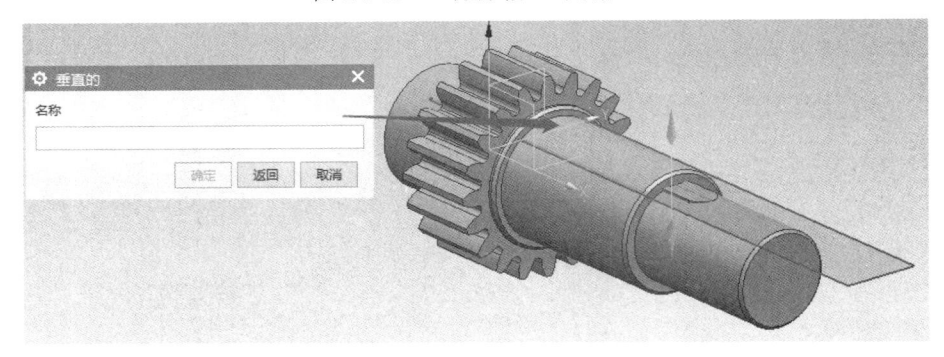

图 2-2-26 矩形键槽中心与 Y 轴定位

选择完成后弹出"垂直的"对话框,选择矩形键槽中与 Y 轴平行的中心线,如图 2-2-27 所示。

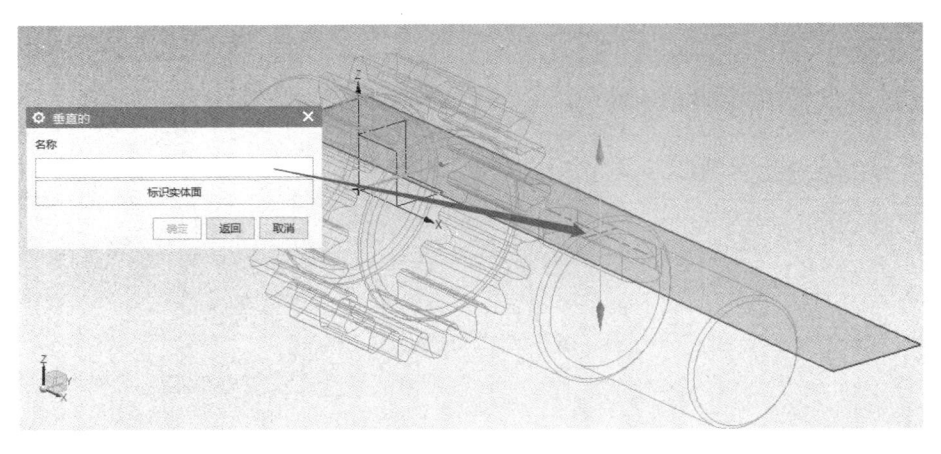

图 2-2-27 选择与 Y 轴平行的矩形键槽中心线

选择完成后弹出"创建表达式"对话框,将"p26"设置为 55.5(注意:定位尺寸 55.5 是通过计算得到的),如图 2-2-28 所示。

单击"确定"按钮,返回"定位"对话框,单击"垂直"图标,弹出"垂直的"对话框,选择 X 轴,如图 2-2-29 所示。

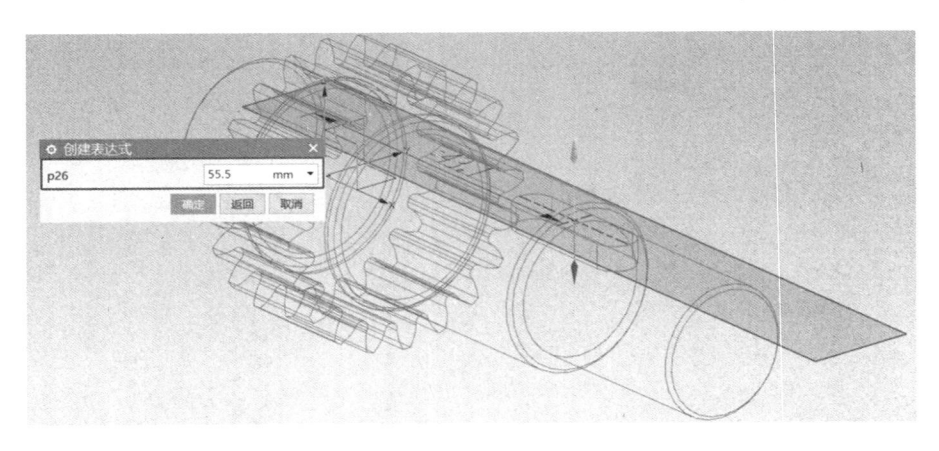

图 2-2-28 创建矩形键槽中心与 Y 轴的表达式

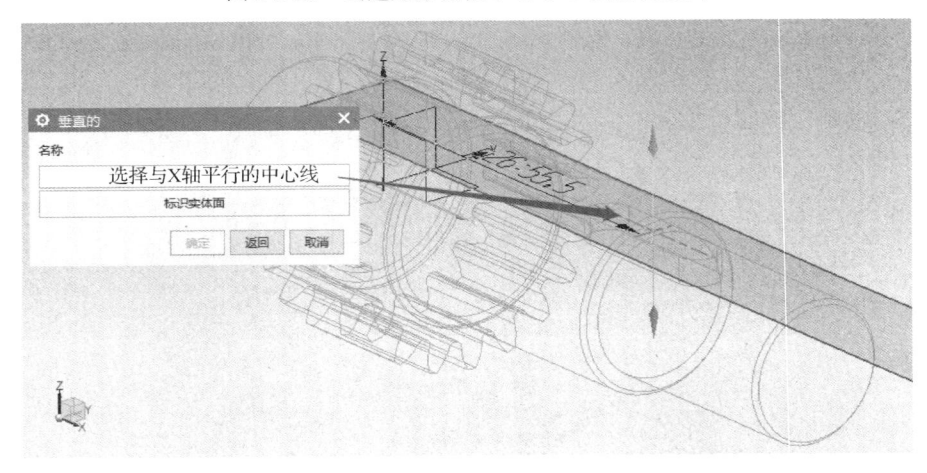

图 2-2-29 矩形键槽中心与 X 轴定位

选择完成后弹出"垂直的"对话框，选择与 X 轴平行的矩形键槽中心线，如图 2-2-30 所示。

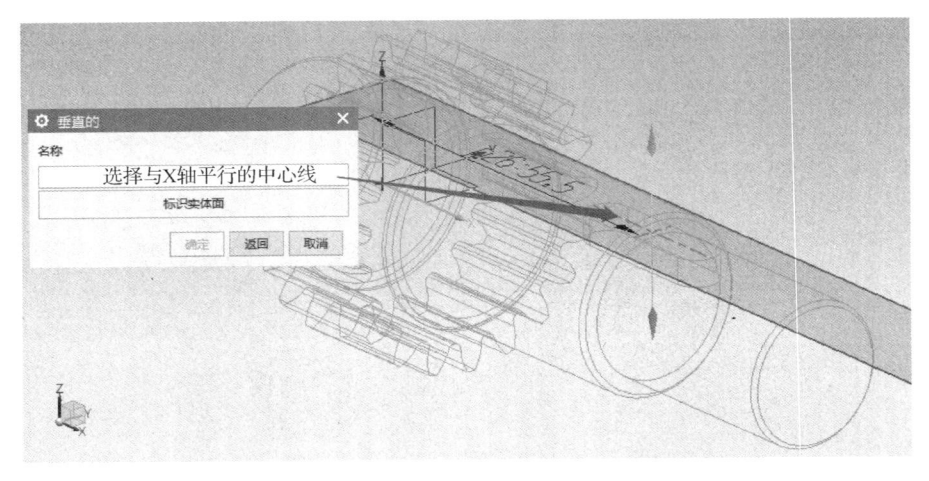

图 2-2-30 选择与 X 轴平行的矩形键槽中心线

选择完成后弹出"创建表达式"对话框,将"p27"设置为0,如图 2-2-31 所示。

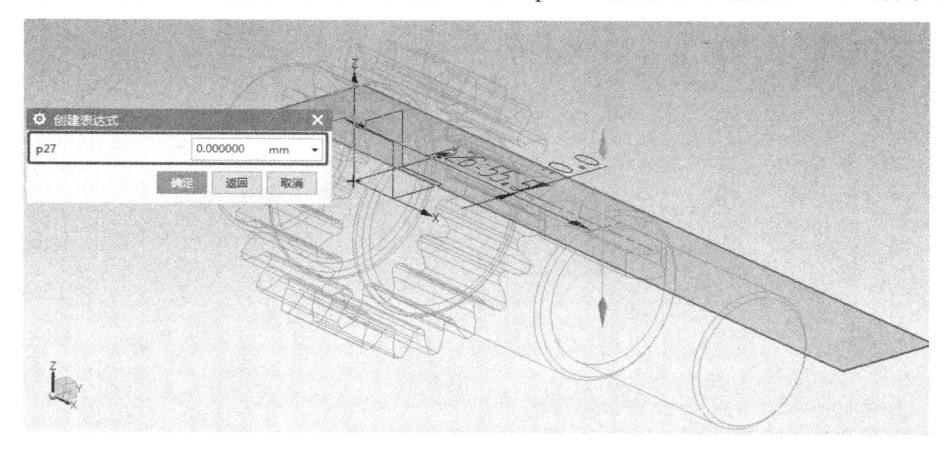

图 2-2-31　创建矩形键槽中心线与 X 轴的表达式

单击"确定"按钮,返回"定位"对话框(见图 2-2-32),单击"确定"按钮,即可创建矩形键槽。

图 2-2-32　"定位"对话框

创建完成后的矩形键槽如图 2-2-33 所示。

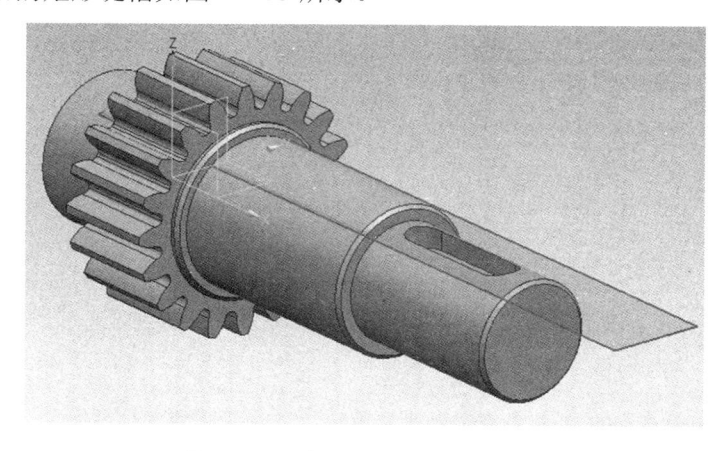

图 2-2-33　创建完成后的矩形键槽

项目 2
自动滑移切削机构的三维建模

步骤 9：保存文件

矩形键槽创建完成后，整个输入齿轮轴的三维建模就完成了。完成输入齿轮轴的三维建模后，保存文件。选择"文件"→"保存"→"保存"命令（或直接单击"保存" 图标）保存文件。单击界面右上角的"关闭" 按钮关闭 NX 12.0。

课后技能提升训练

1. 完成如图 2-2-34 所示的圆柱直齿轮的三维建模。

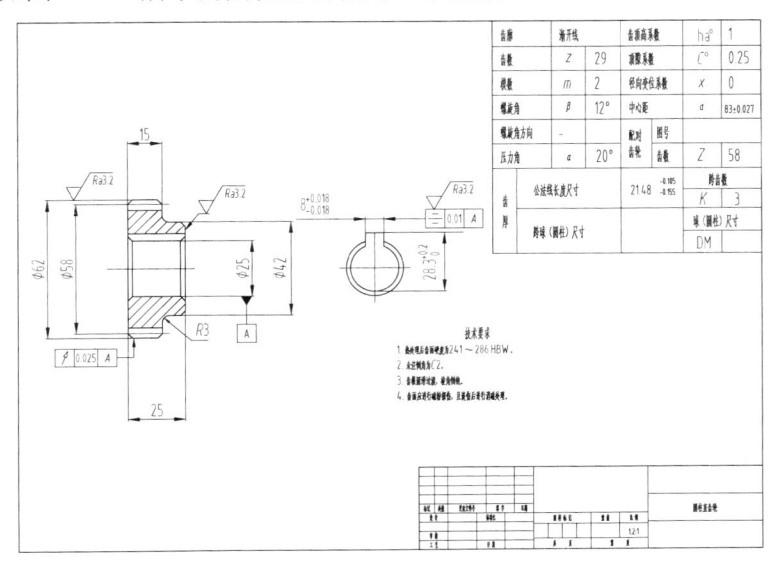

图 2-2-34 圆柱直齿轮

2. 完成如图 2-2-35 所示的锥齿轮的三维建模。

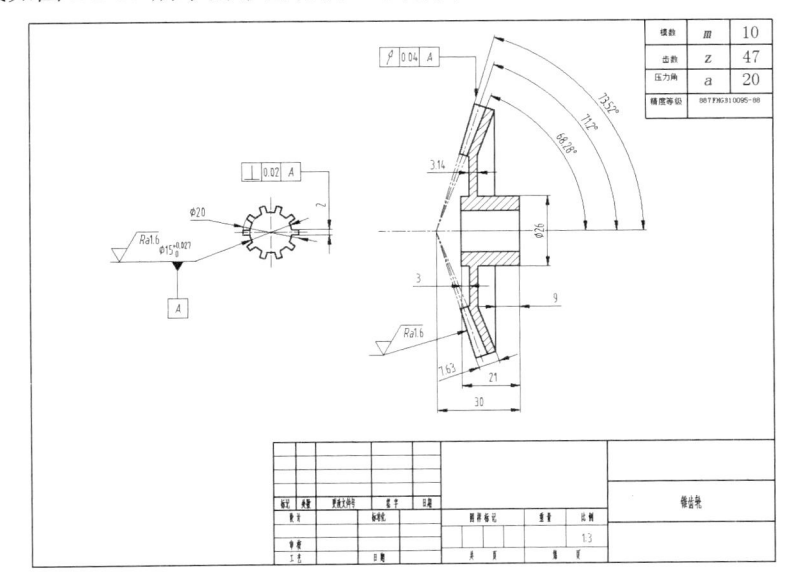

图 2-2-35 锥齿轮

任务 2.3　输出齿轮轴的三维建模

任务简介

输出齿轮轴是自动滑移切削机构中的一个传动零件，与输出齿轮轴配合可以组成传递动力的齿轮组。如图 2-3-1 所示为输出齿轮轴的零件图纸。首先对输出齿轮轴的零件图纸进行基本的形状分析、尺寸分析，然后确定正确的建模思路，通过综合运用基本体素（圆柱）、齿轮、螺纹、倒斜角等特征操作，完成输出齿轮轴的三维建模。

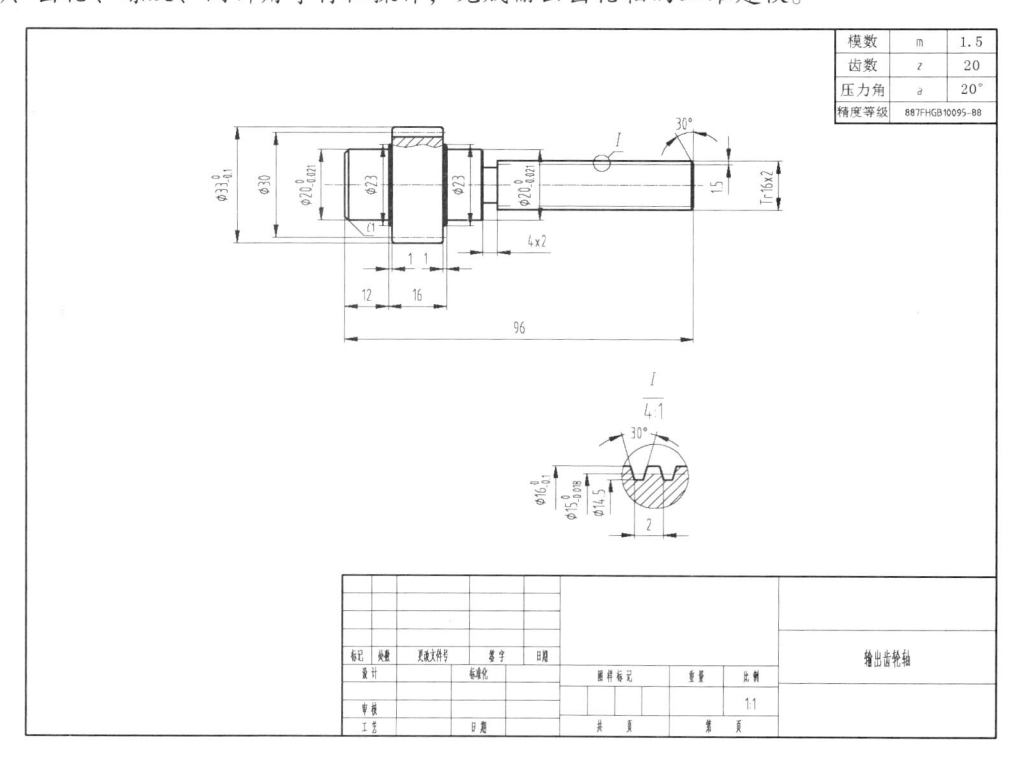

图 2-3-1　输出齿轮轴的零件图纸

任务内容

（1）创建齿轮。
（2）创建圆柱。
（3）创建与定位键槽。

建模思路

输出齿轮轴是一个较为简单的零件，主要特征有圆柱、齿轮、螺纹、倒斜角等。输出齿轮轴的模数 m 为 1.5，齿数 Z 为 20，压力角 α 为 20°。在建模时，首先通过齿轮命令把

项目 2
自动滑移切削机构的三维建模

齿轮部分做出来，然后利用圆柱等命令把其他部分做出来。输出齿轮轴的三维建模思路如表 2-3-1 所示。

表 2-3-1　输出齿轮轴的三维建模思路表

创建齿轮	创建ϕ23 高度 1 的圆柱	创建ϕ20 高度 12 的圆柱	创建ϕ20 高度 12 的圆柱（右侧）
创建ϕ12 高度 2 的圆柱	创建ϕ16 高度 53 的圆柱	创建螺旋扫掠	求减

建模过程

步骤 1：新建文件

启动 NX 12.0，单击"新建"按钮，弹出"新建"对话框，如图 2-3-2 所示。选择"模型"选项卡中的"模型"选项，单位默认是"毫米"，否则在"单位"下拉列表中选择"毫米"选项；在"名称"文本框中输入文件名"输出齿轮轴"，在"文件夹"文本框中选择相应的存放目录，单击"确定"按钮，进入 NX 12.0 的建模模块界面，如图 2-3-3 所示。

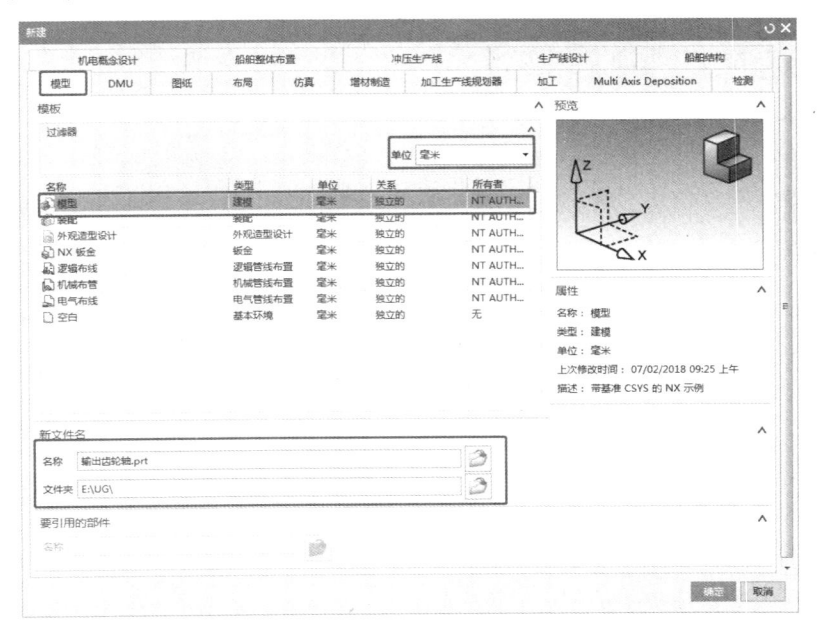

图 2-3-2　"新建"对话框

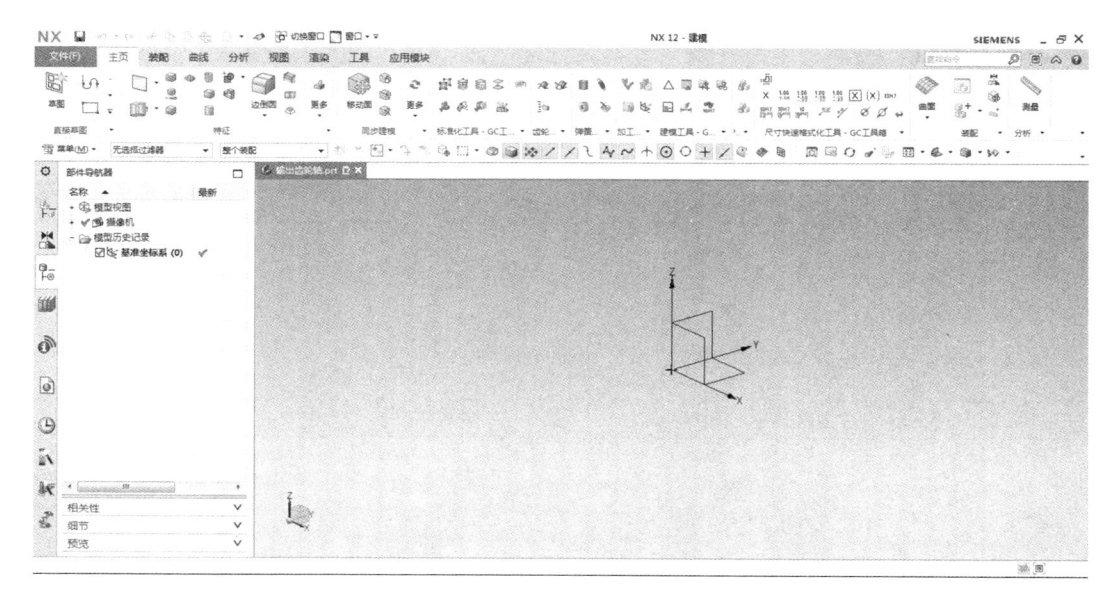

图 2-3-3 建模模块界面

步骤 2：创建齿轮

单击"柱齿轮建模" 图标（或选择"菜单"→"GC 工具箱"→"齿轮建模"→"柱齿轮"命令），弹出"渐开线圆柱齿轮建模"对话框，如图 2-3-4 所示。选中"创建齿轮"单选按钮，单击"确定"按钮，弹出"渐开线圆柱齿轮类型"对话框，如图 2-3-5 所示。分别选中"直齿轮""外啮合齿轮""滚齿"单选按钮，单击"确定"按钮，弹出"渐开线圆柱齿轮参数"对话框。将"模数"设置为 1.5，"牙数"设置为 20，"齿宽"设置为 14，"压力角"设置为 20°（见图 2-3-6），单击"确定"按钮，弹出"矢量"对话框，将"选择对象"设置为 X 轴（见图 2-3-7）。

提示："矢量"是指齿轮的摆放方向，本任务中的输出齿轮轴是横着摆放的，所以设置为 X 轴。

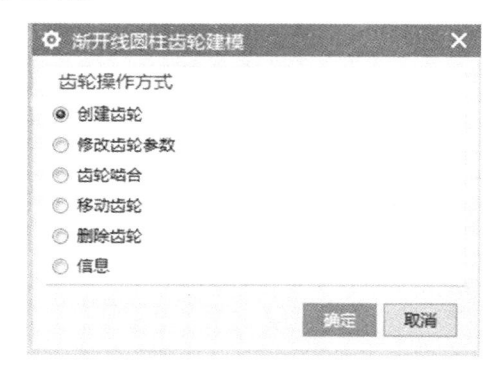

图 2-3-4 "渐开线圆柱齿轮建模"对话框 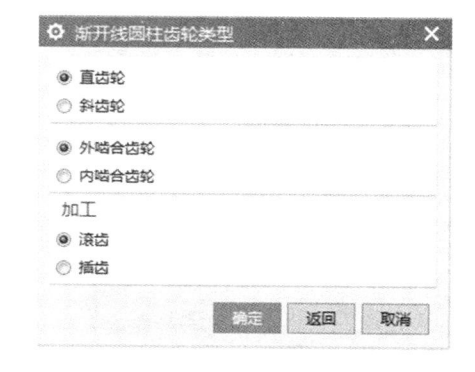　　图 2-3-5 "渐开线圆柱齿轮类型"对话框

定义好齿轮的摆放方向后，单击"确定"按钮，弹出"点"对话框，定义齿轮的底部圆柱的圆心点，为了方便建模，此处将齿轮的"点"定义在坐标原点。在"点"对话框中，

项目 2
自动滑移切削机构的三维建模

不用修改参数，坐标全部默认为 0（见图 2-3-8），直接单击"确定"按钮，即可创建齿轮，如图 2-3-9 所示。

图 2-3-6　"渐开线圆柱齿轮参数"对话框

图 2-3-7　定义矢量

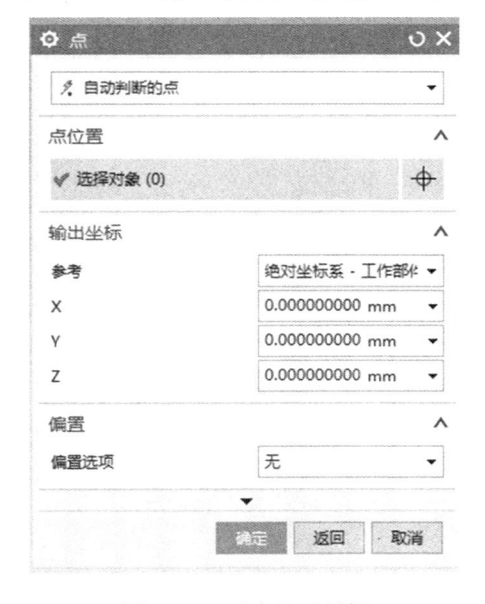

图 2-3-8　"点"对话框

图 2-3-9　创建完成后的齿轮

步骤 3：创建 $\phi 23$ 高度 1 的圆柱

单击"圆柱"图标，弹出"圆柱"对话框，将创建圆柱的方法设置为"轴、直径和高度"；"指定矢量"设置为 X 轴，"指定点"设置为步骤 2 中创建的齿轮的圆心；"直径"设置为 23，"高度"设置为 1；"布尔"设置为"合并"，把创建的圆柱和齿轮合并为一个整体,如图 2-3-10 所示。单击"确定"按钮,即可创建 $\phi 23$ 高度 1 的圆柱,如图 2-3-11 所示。

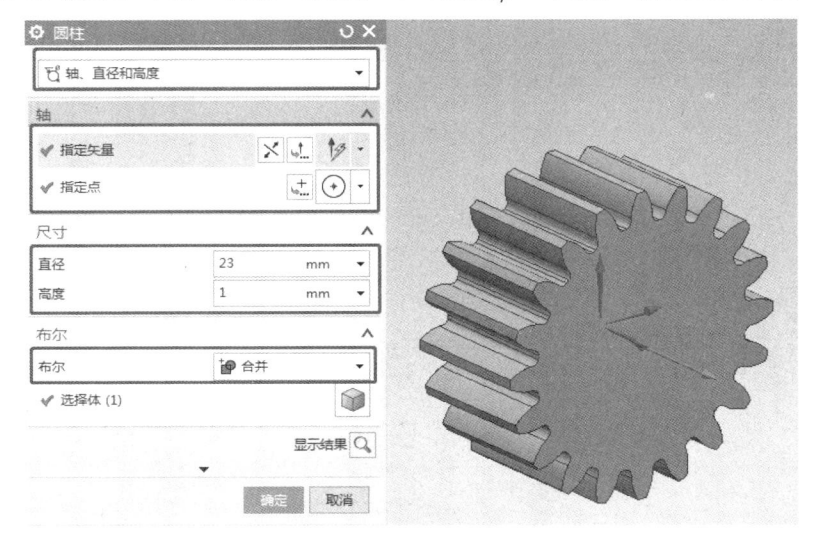

图 2-3-10　创建 $\phi 23$ 高度 1 的圆柱

用同样的方法在齿轮另一端(左侧)创建 $\phi 23$ 高度 1 的圆柱。创建完成后的齿轮两端的 $\phi 23$ 高度 1 的圆柱如图 2-3-12 所示。

图 2-3-11　创建完成后的 $\phi 23$ 高度 1 的圆柱(右侧)

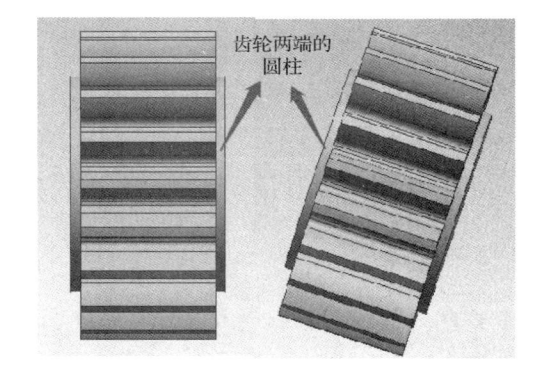

图 2-3-12　创建完成后的齿轮两端的 $\phi 23$ 高度 1 的圆柱

步骤 4:创建 $\phi 20$ 高度 12 的圆柱

单击"圆柱"图标,弹出"圆柱"对话框,将创建圆柱的方法设置为"轴、直径和高度","指定矢量"设置为 X 轴;单击"方向"图标,将"指定点"设置为步骤 3 中创建的 $\phi 23$ 高度 1 的圆柱的圆心;"直径"设置为 20,"高度"设置为 12,"布尔"设置为"合并",如图 2-3-13 所示。单击"确定"按钮,即可创建 $\phi 20$ 高度 12 的圆柱,如图 2-3-14 所示。

用同样的方法在齿轮另一端(右侧)创建 $\phi 20$ 高度 10 的圆柱,此处不再赘述。创建完成后的齿轮两端的 $\phi 20$ 高度 10 的圆柱,如图 2-3-15 所示。

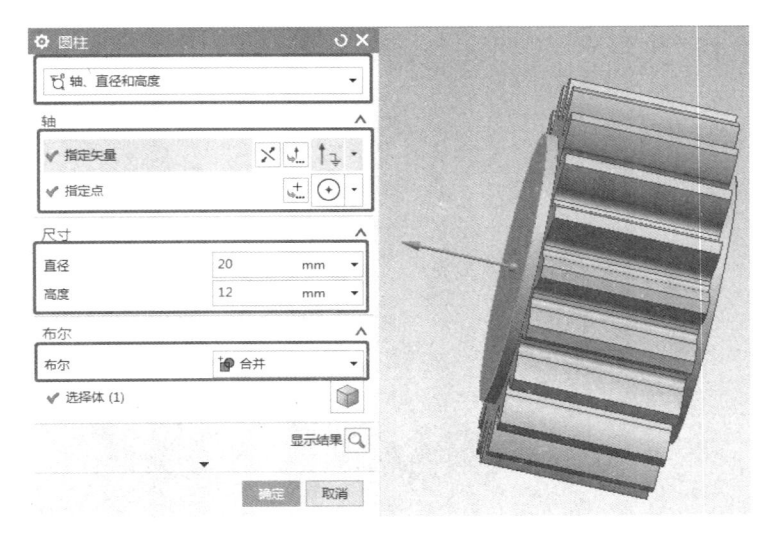

图 2-3-13　创建 ϕ20 高度 12 的圆柱（左侧）

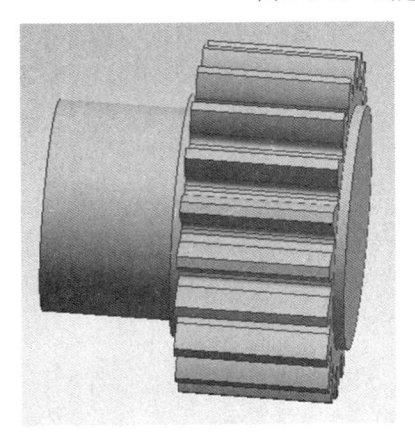

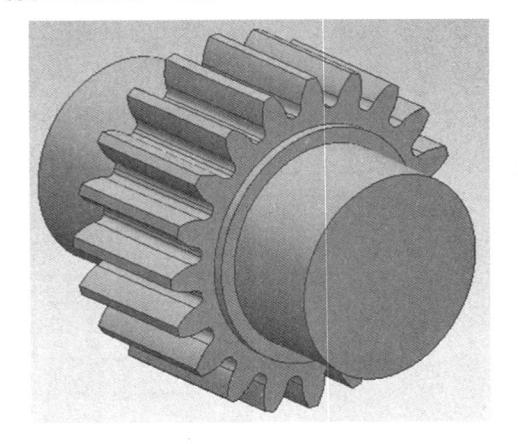

图 2-3-14　创建完成后的 ϕ20 高度 12 的圆柱（左侧）

图 2-3-15　创建完成后的齿轮两端的 ϕ20 高度 10 的圆柱

步骤 5：创建 ϕ12 高度 2 的圆柱

单击"圆柱"图标，弹出"圆柱"对话框，将创建圆柱的方法设置为"轴、直径和高度"，"指定矢量"设置为 X 轴；单击"方向"图标，将"指定点"设置为步骤 4 中创建的 ϕ20 高度 10 的圆柱的圆心；"直径"设置为 12，"高度"设置为 2，"布尔"设置为"合并"，如图 2-3-16 所示。单击"确定"按钮，即可创建 ϕ12 高度 2 的圆柱，如图 2-3-17 所示。

步骤 6：创建 ϕ16 高度 53 的圆柱

单击"圆柱"图标，弹出"圆柱"对话框，将创建圆柱的方法设置为"轴、直径和高度"，"指定矢量"设置为 X 轴；单击"方向"图标，将"指定点"设置为步骤 5 中创建的 ϕ12 高度 2 的圆柱的圆心；"直径"设置为 16，"高度"设置为 53，"布尔"设置为"合并",如图 2-3-18 所示。单击"确定"按钮,即可创建 ϕ16 高度 53 的圆柱,如图 2-3-19 所示。

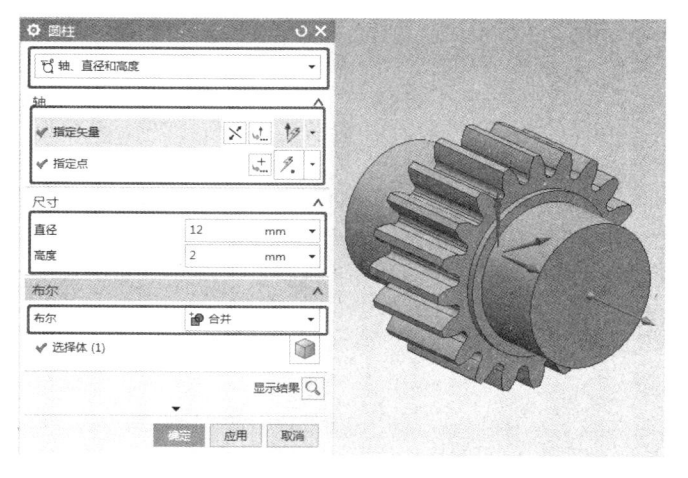

图 2-3-16　创建 ϕ12 高度 2 的圆柱

图 2-3-17　创建完成后的 ϕ12 高度 2 的圆柱

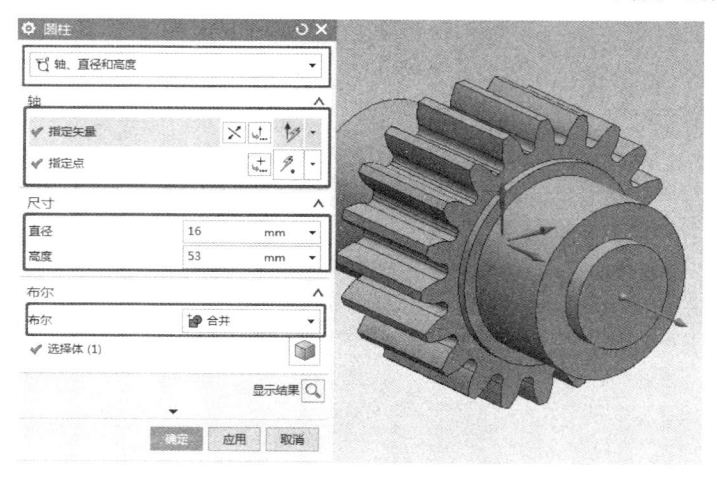

图 2-3-18　创建 ϕ16 高度 53 的圆柱

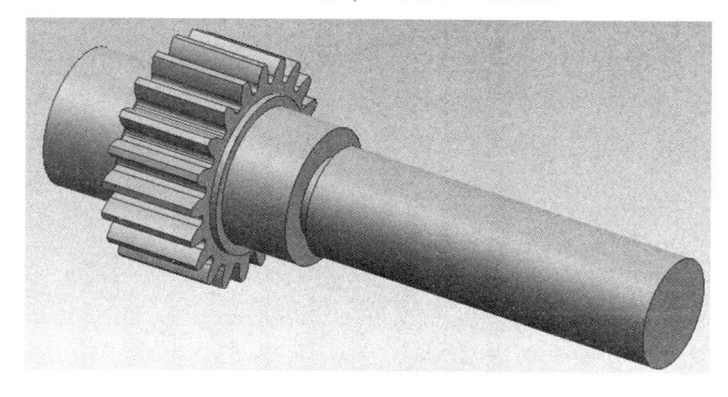

图 2-3-19　创建完成后的 ϕ16 高度 53 的圆柱

项目 2
自动滑移切削机构的三维建模

步骤 7：倒斜角

把输出齿轮轴的各处倒斜角。单击"倒斜角"图标，弹出"倒斜角"对话框，将"选择边"设置为输出齿轮轴需要倒斜角的边；"横截面"设置为"偏置和角度"，"距离"设置为 0.5；"角度"设置为 45°（见图 2-3-20），单击"确定"按钮，即可倒出距离为 0.5mm、角度为 45°的斜角。

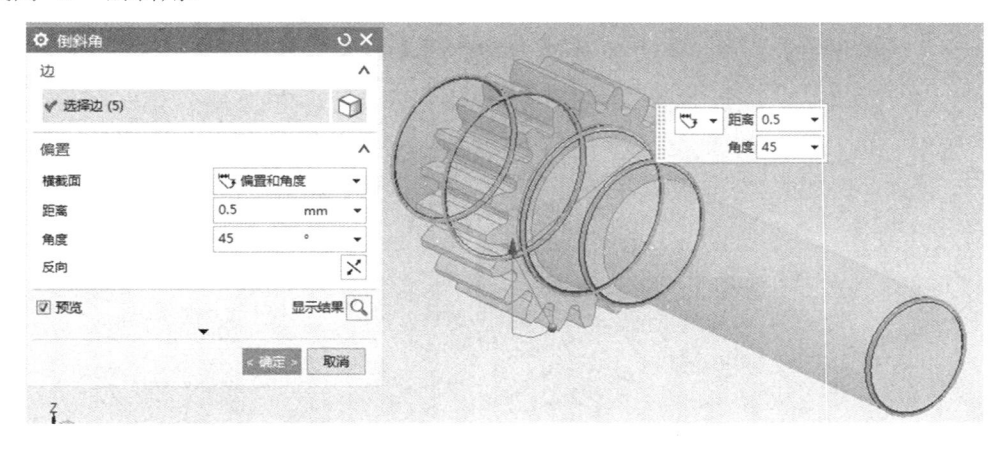

图 2-3-20　倒斜角

步骤 8：创建螺旋线

由于输出齿轮轴有梯形螺纹，因此要创建梯形螺纹，在此之前必须创建螺旋线。切换至功能区中的"曲线"选项卡，单击"螺旋"图标，弹出"螺旋"对话框。在"螺旋"对话框中，需要设置创建螺旋线的方法、方位、大小、螺距、长度，如图 2-3-21 所示。

图 2-3-21　"螺旋"对话框

具体步骤如下。

（1）设置创建螺旋线的方法。创建螺旋线有 2 种方法：沿矢量和沿脊线。这里选择沿矢量方法。在"螺旋"对话框中，将创建螺旋的方法设置为"沿矢量"。

（2）设置螺旋线的方位。在"螺旋"对话框中，单击"坐标系对话框"图标（见图 2-3-22），弹出"坐标系"对话框。将创建坐标系的方法设置为"X 轴,Y 轴,原点"，"指定点"设置为步骤 6 中创建的 $\phi 16$ 高度 53 的圆柱的左侧圆心，如图 2-3-23 所示。

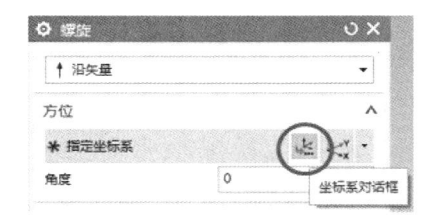

图 2-3-22 "螺旋"对话框 2

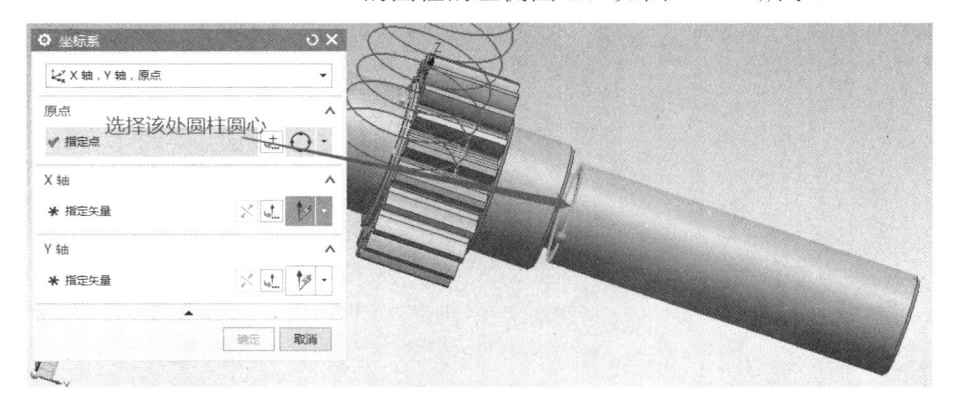

图 2-3-23 设置"指定点"

将"X 轴"选区的"指定矢量"设置为 Y 轴，如图 2-3-24 所示。

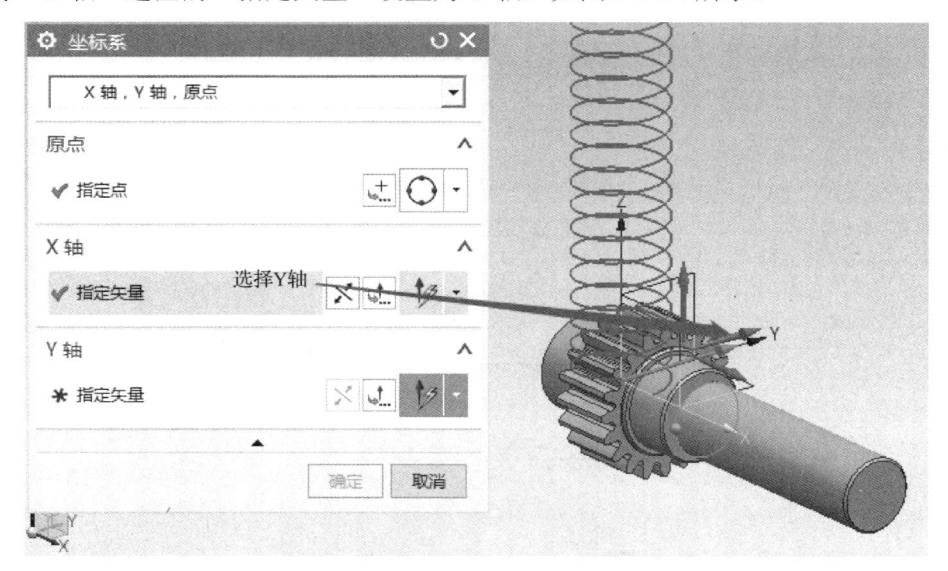

图 2-3-24 设置"X 轴"

将"Y 轴"选区的"指定矢量"设置为 Z 轴，如图 2-3-25 所示。

设置好"原点""X 轴""Y 轴"，坐标系就确定完毕了。

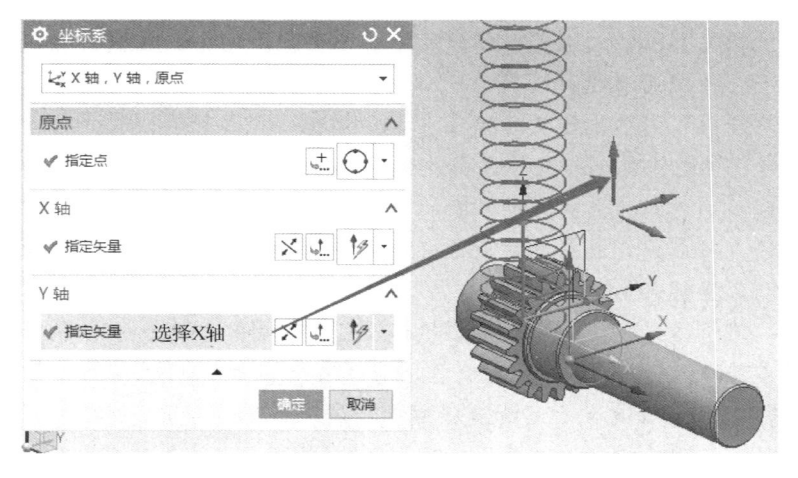

图 2-3-25 设置"Y 轴"

（3）输入参数。由图 2-3-1 可知，梯形螺纹 Tr16×2 的公称直径是 16，螺距是 2，长度是步骤 6 中创建的 ϕ16 高度 53 的圆柱的长度，所以在"螺旋"对话框中，输入如图 2-3-26 所示的参数，单击"确定"按钮，即可创建螺旋线，如图 2-3-27 所示。

图 2-3-26 螺旋参数

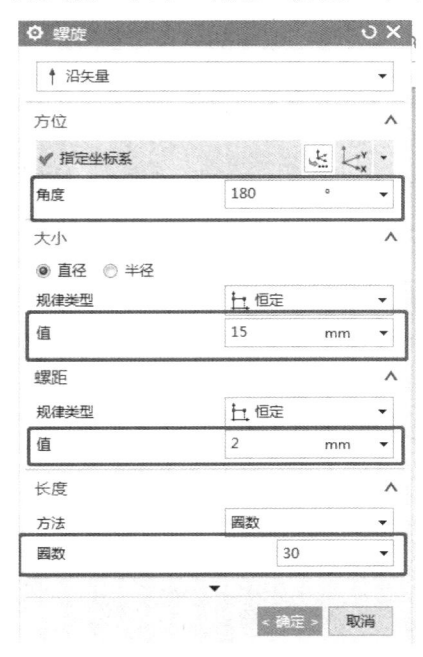

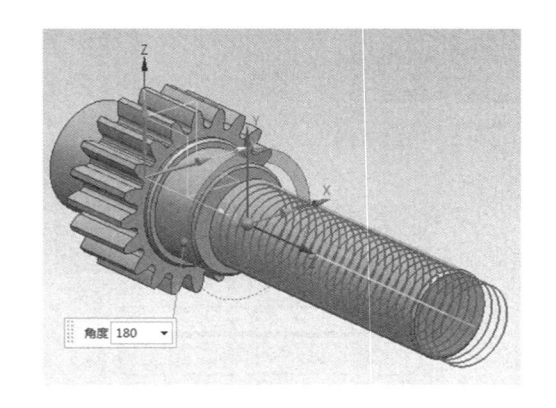

图 2-3-27 创建完成的螺旋线

螺旋线知识链接

NX 提供了 2 种创建螺旋线的方法，分别是沿矢量和沿脊线。
（1）"沿矢量"：用于沿指定矢量创建直螺旋。
（2）"沿脊线"：用于沿指定脊线创建螺旋。
（3）"坐标系对话框"：将类型设置为沿矢量或沿脊线及将方位设置为指定点时可

用,用于指定坐标系,以定向螺旋。创建的螺旋与坐标系的方向关联,螺旋方向与指定坐标系的 Z 轴平行。用户可以选择现有的坐标系,也可以使用其中一个坐标系选项,还可以使用"坐标系对话框"图标来定义坐标系。

(4)自动判断:将创建螺旋线的方法设置为沿脊线时可用,根据脊线自动判断坐标系,如果脊线已更新,则更新从脊线自动判断的坐标系。

(5)指定的:将创建螺旋线的方法设置为沿脊线时可用,显示指定坐标系选项,用于将螺旋定向到指定坐标系上。

(6)角度:用于指定螺旋的起始角。零起始角将与指定坐标系的 X 轴对齐。角度手柄可用于在对话框外输入角度。

(7)直径/半径:用于定义螺旋的直径或半径值。

(8)规律类型:用于指定大小的规律类型。

(9)螺距:沿螺旋轴或脊线指定螺旋各圈之间的距离。

(10)长度:按照圈数或起始/终止限制指定螺旋长度。

(11)方法:限制——用于根据弧长或弧长百分比指定起点和终点位置;圈数——用于指定圈数。

步骤 9:绘制梯形螺旋扫掠用的截面草图

单击"草图"图标,弹出"创建草图"对话框,如图 2-3-28 所示。将创建草图的方法设置为"在平面上","平面方法"设置为"新平面";"指定平面"设置为 X-Z 平面,"参考"设置为"水平";"指定矢量"设置为 X 轴,"原点方法"设置为"指定点";"指定点"设置为"端点"并选择步骤 8 中创建的螺旋线,如图 2-3-29 所示。

设置完成后,单击"确定"按钮,进入草图任务环境绘制截面(具体绘制方法参考项目 1 中的草图训练,此处不再赘述),绘制完成后的截面草图如图 2-3-30 所示。

图 2-3-28 "创建草图"对话框

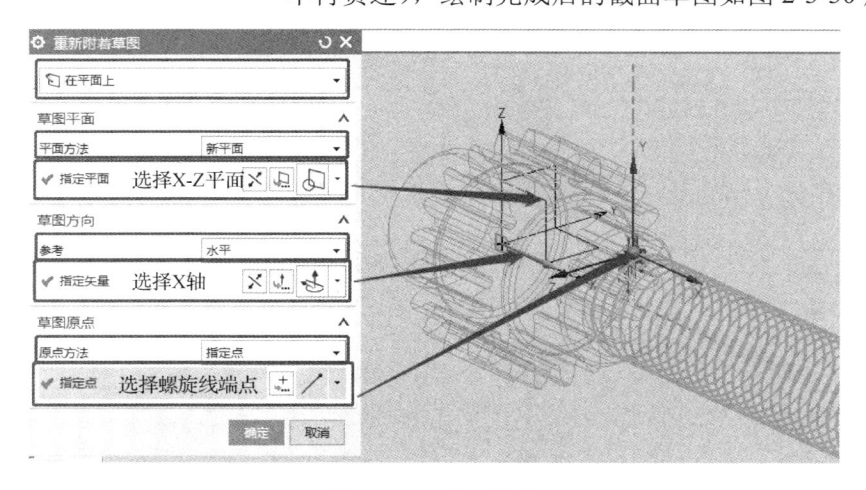

图 2-3-29 截面参数

项目 2
自动滑移切削机构的三维建模

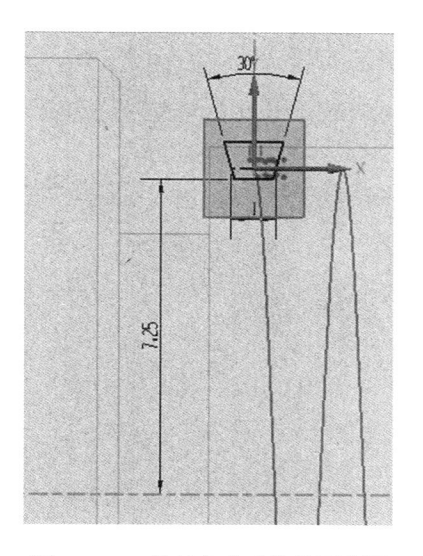

图 2-3-30 绘制完成后的截面草图

步骤 10：创建螺旋扫掠

选择"菜单"→"插入"→"扫掠"→"扫掠"命令，弹出"扫掠"对话框，如图 2-3-31 所示。将"截面"选区的"选择曲线"设置为步骤 9 中绘制的截面草图，"引导线"选区的"选择曲线"设置为步骤 8 中创建的螺旋线；"方向"设置为"矢量方向"，"指定矢量"设置为 X 轴，单击"确定"按钮，即可创建螺旋扫掠，如图 2-3-32 所示。

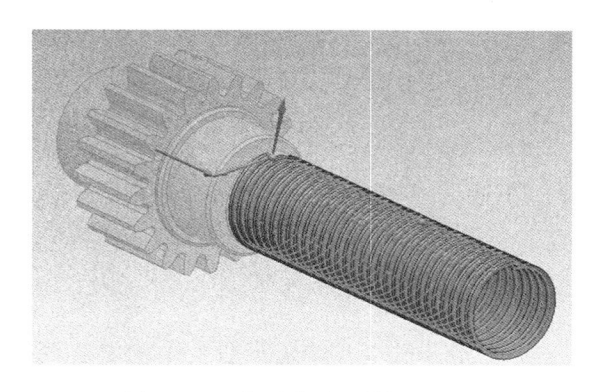

图 2-3-31 "扫掠"对话框　　　　　图 2-3-32 创建完成后的螺旋扫掠

63

步骤 11：求减

螺旋扫掠创建完成后，用求减命令切出梯形螺纹。单击"求减" 图标，弹出"减去"对话框，如图 2-3-33 所示。将"目标"选区的"选择体"设置为由圆柱、齿轮等合并的齿轮轴，"工具"选区的"选择体"设置为步骤 10 中创建的螺旋扫掠，单击"确定"按钮，求减完成后即可得到梯形螺纹，如图 2-3-34 所示。

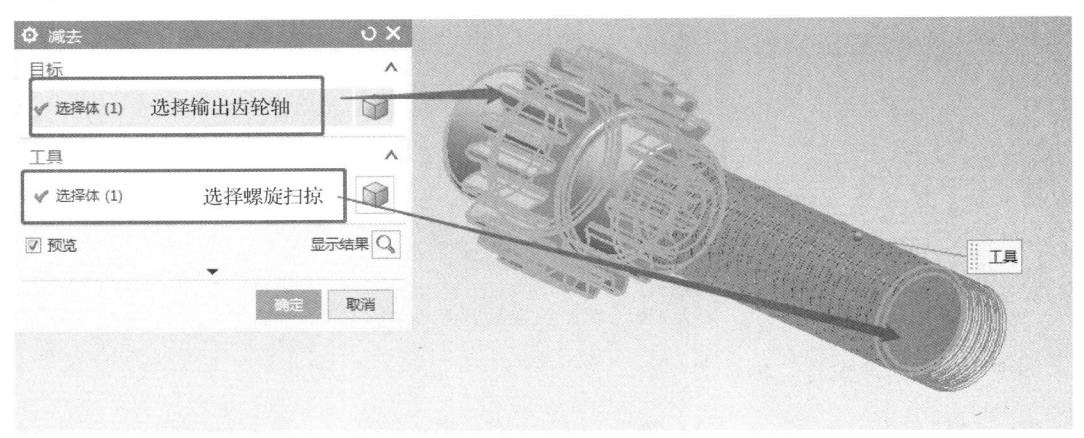

图 2-3-33 "减去"对话框

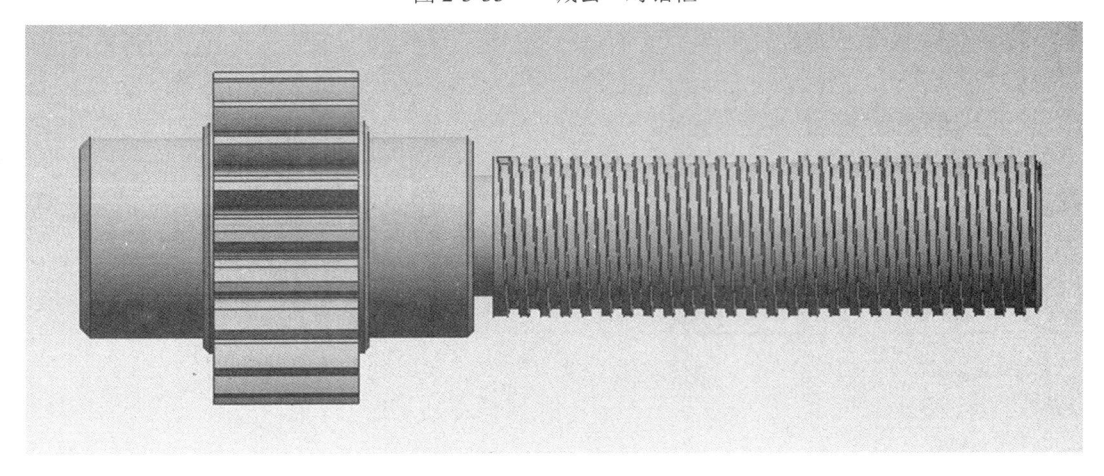

图 2-3-34 求减完成后得到的梯形螺纹

步骤 12：保存文件

求减完成后，整个输出齿轮轴的三维建模就完成了。完成输出齿轮轴的三维建模后，保存文件。选择"文件"→"保存"→"保存"命令（或直接单击"保存" 图标）保存文件。单击界面右上角的"关闭" ✕ 按钮关闭 NX 12.0。

课后技能提升训练

1. 完成如图 2-3-35 所示的圆柱斜齿轮的三维建模。
2. 完成如图 2-3-36 所示的锥齿轮的三维建模。

项目 2
自动滑移切削机构的三维建模

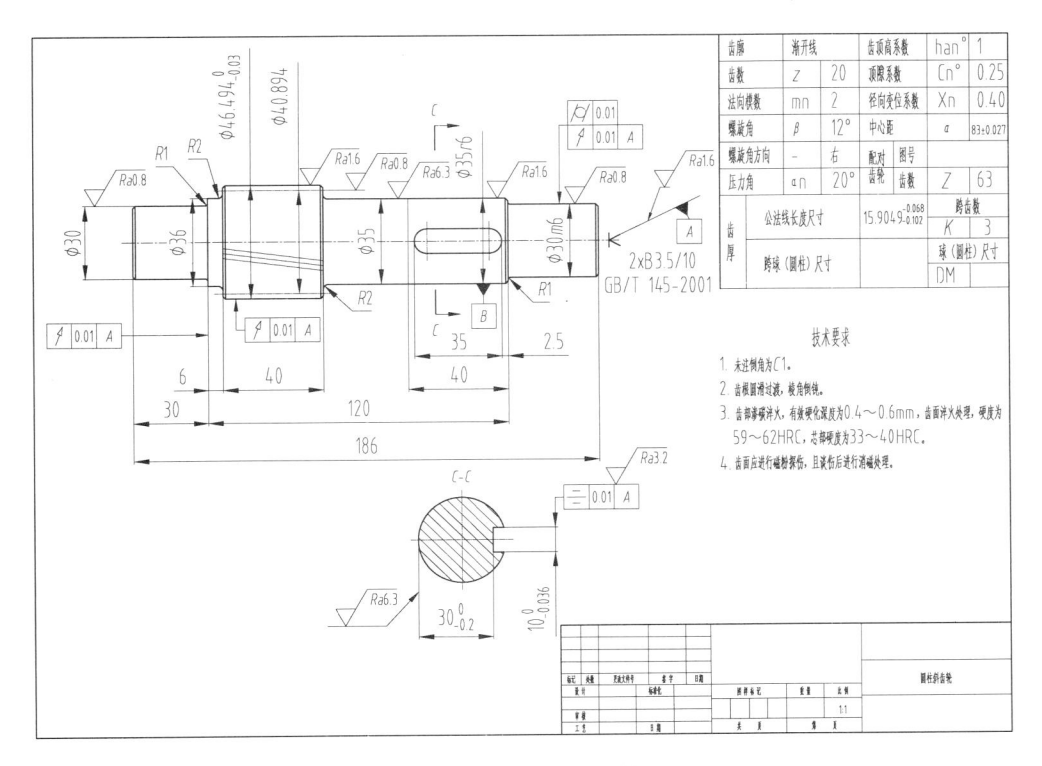

图 2-3-35　圆柱斜齿轮

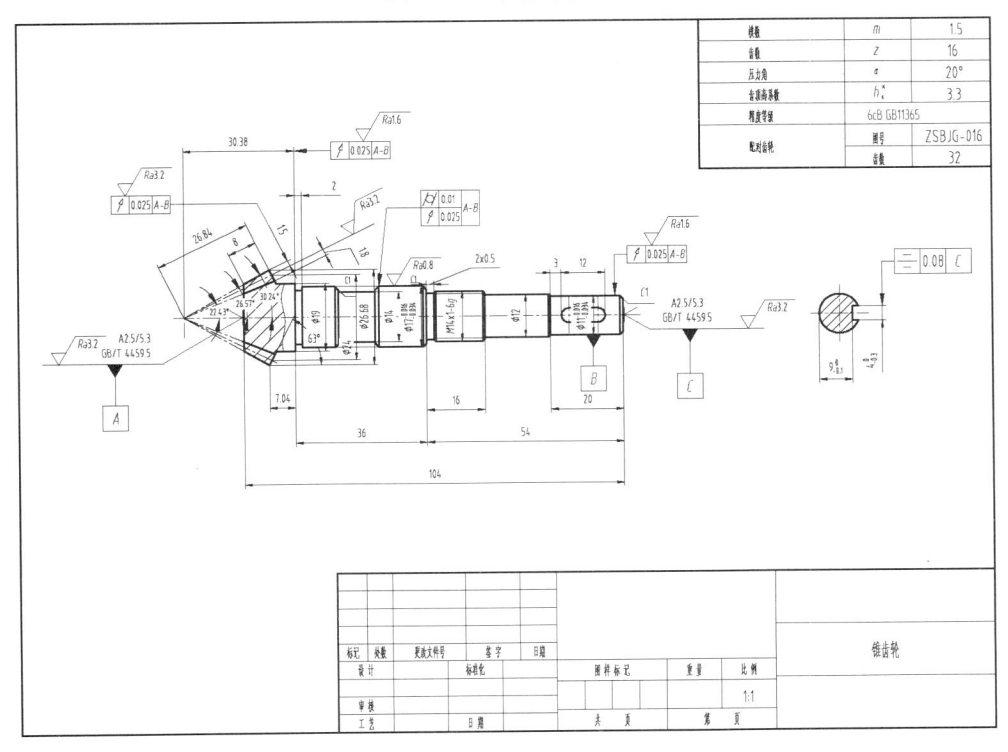

图 2-3-36　锥齿轮

任务 2.4　端盖的三维建模

任务简介

端盖是自动滑移切削机构中一个较为简单的零件。如图 2-4-1 所示为端盖的零件图纸。首先对端盖的零件图纸进行基本的形状分析、尺寸分析，然后确定正确的建模思路，通过综合运用基本体素（圆柱）、拉伸、孔、倒斜角、布尔运算等特征操作完成端盖的三维建模。

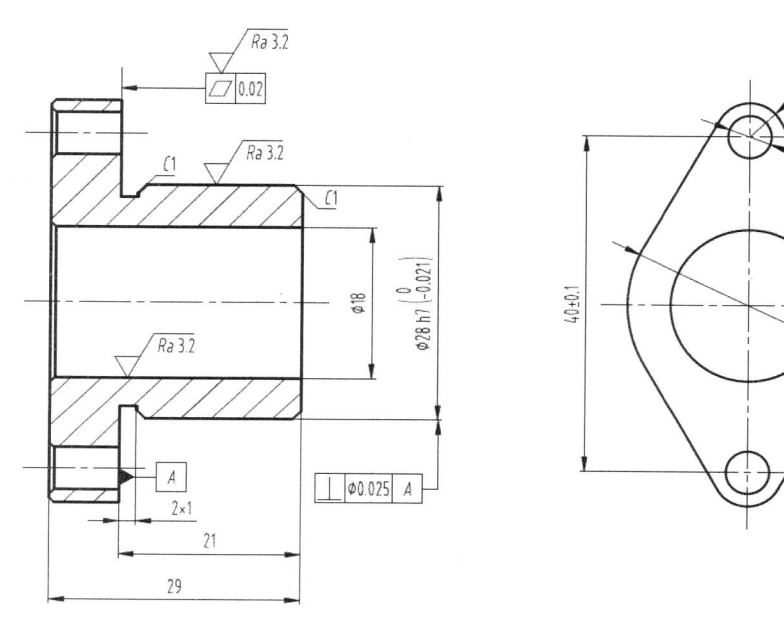

图 2-4-1　端盖的零件图纸

任务内容

（1）创建拉伸。
（2）绘制草图。
（3）创建圆柱。
（4）创建与定位孔。
（5）倒斜角。

建模思路

端盖是一个较为简单的零件，主要特征有圆柱、孔等。该类零件建模的方法有很多种，主体部分可以通过基本体素中的圆柱命令直接创建得到，其他部分可以通过绘制轮廓草图并拉伸得到。端盖的三维建模思路如表 2-4-1 所示。

项目 2
自动滑移切削机构的三维建模

表 2-4-1 端盖的三维建模思路表

创建拉伸	创建 $\phi26$ 的圆柱	创建 $\phi28$ 的圆柱	创建 $\phi18$ 的通孔
创建 $\phi5$ 的底孔	倒斜角		

建模过程

步骤 1：新建文件

启动 NX 12.0，单击"新建"按钮，弹出"新建"对话框，如图 2-4-2 所示。选择"模型"选项卡中的"模型"选项，单位默认是"毫米"，否则在"单位"下拉列表中选择"毫米"选项，在"名称"文本框中输入文件名"端盖"，在"文件夹"文本框中选择相应的存放目录，单击"确定"按钮，进入 NX 12.0 的建模模块界面，如图 2-4-3 所示。

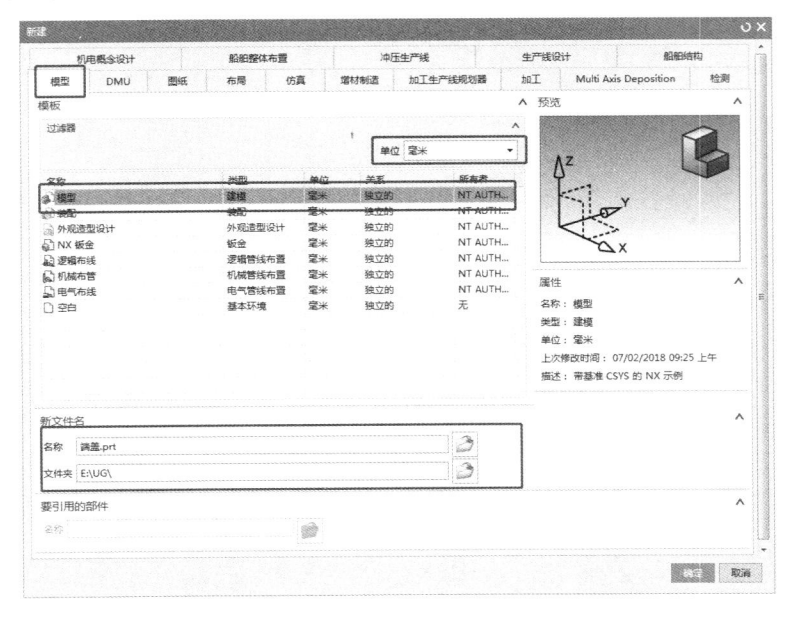

图 2-4-2 "新建"对话框

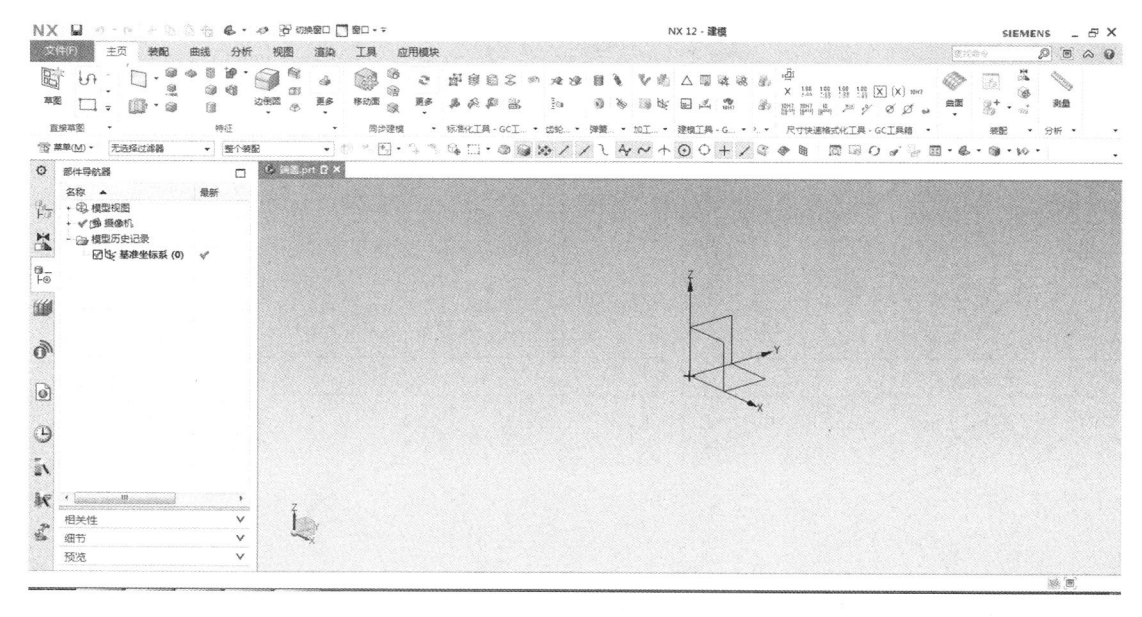

图 2-4-3　建模模块界面

步骤 2：创建拉伸

单击"拉伸" 图标，弹出"拉伸"对话框，如图 2-4-4 所示。单击"绘制截面" 图标，弹出"创建草图"对话框，如图 2-4-5 所示。

图 2-4-4　"拉伸"对话框 1

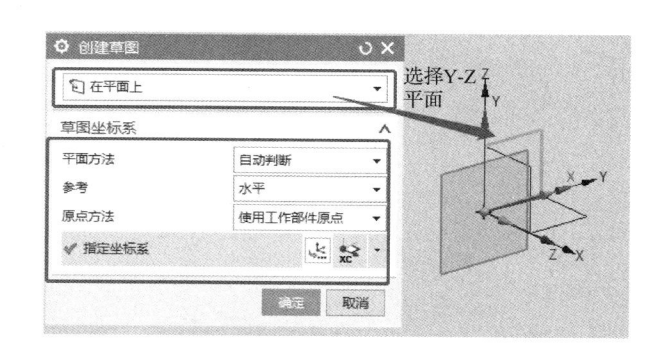

图 2-4-5　"创建草图"对话框

项目 2
自动滑移切削机构的三维建模

将创建草图的方法设置为"在平面上","平面方法"设置为"自动判断","参考"设置为"水平";"原点方法"设置为"使用工作部件原点","指定坐标系"设置为 Y-Z 平面,单击"确定"按钮,进入草图任务环境,如图 2-4-6 所示。

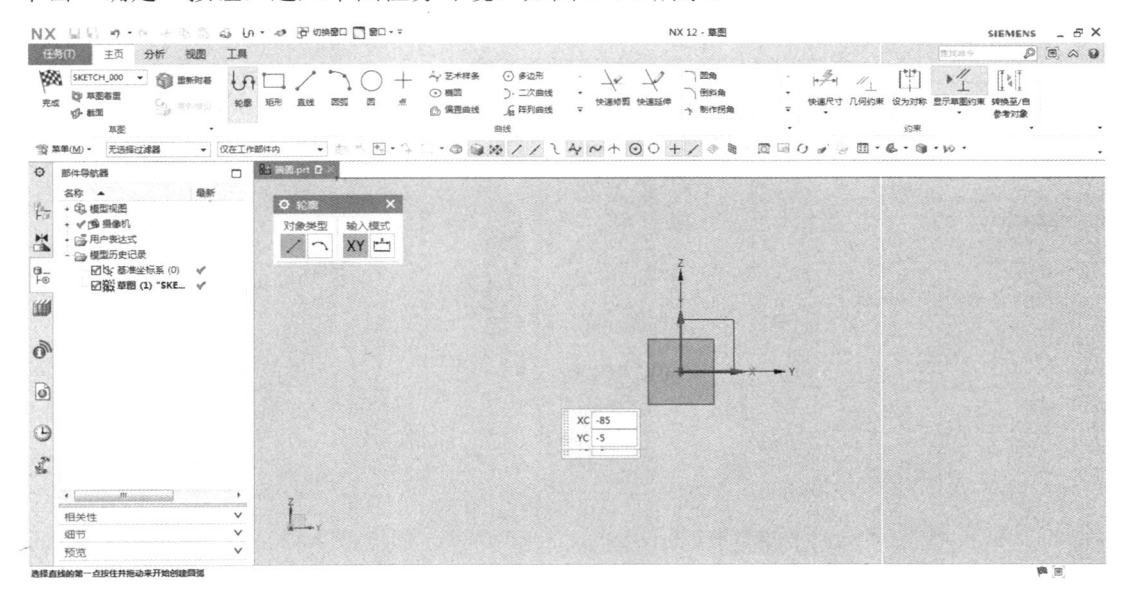

图 2-4-6　草图任务环境

绘制如图 2-4-7 所示的草图(具体的绘制过程及操作步骤可参考项目 1 中的草图训练,此处不再赘述)。

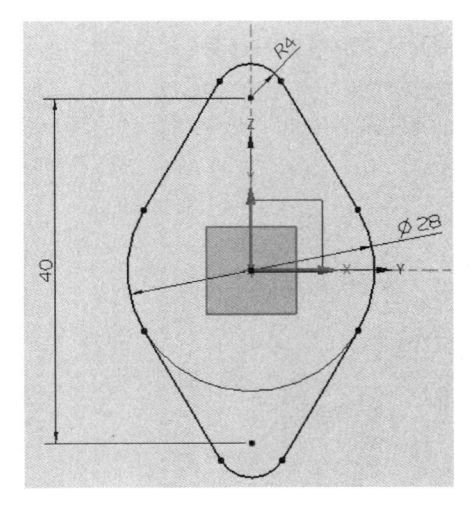

图 2-4-7　截面草图

绘制草图完成后,单击"完成" 图标,返回"拉伸"对话框,如图 2-4-8 所示。将"指定矢量"设置为往 X 轴正方向拉伸(单击"方向" 图标,可以切换正反方向),"开始"设置为"值";"距离"设置为 0,"结束"设置为"值","距离"设置为 8,"布尔"设置为"无";单击"确定"按钮,即可完成拉伸,如图 2-4-9 所示。

69

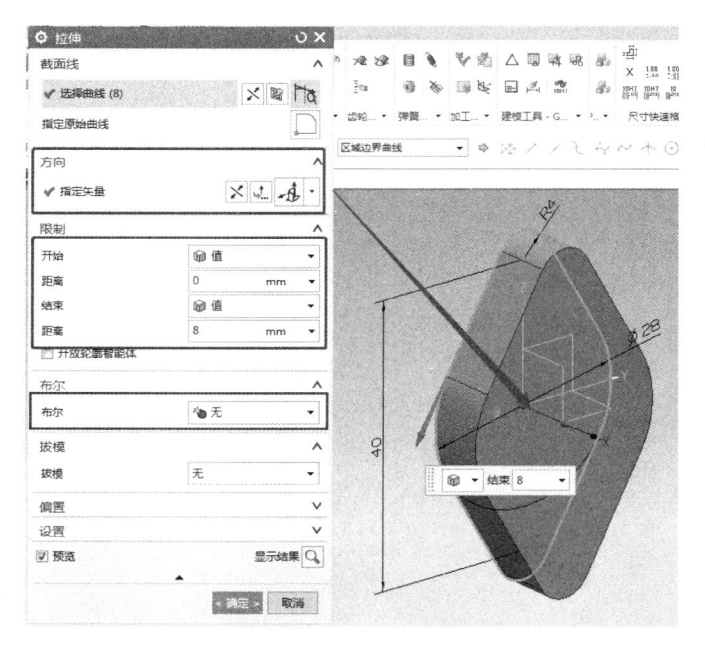

图 2-4-8 "拉伸"对话框 2　　　　　图 2-4-9 拉伸完成后的特征

步骤 3：创建 ϕ26 的圆柱

单击"圆柱"图标，弹出"圆柱"对话框，如图 2-4-10 所示。将"指定矢量"设置为 X 轴，"指定点"设置为坐标原点（0,0,0）；"直径"设置为 26，"高度"设置为 2；"布尔"设置为"合并"，使要创建的圆柱和步骤 2 中创建的拉伸部分合并为一个整体；单击"确定"按钮，即可创建 ϕ26 的圆柱，如图 2-4-11 所示。

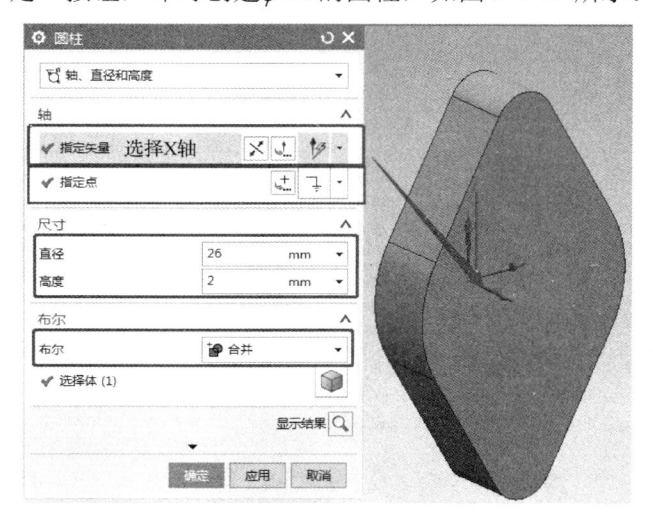

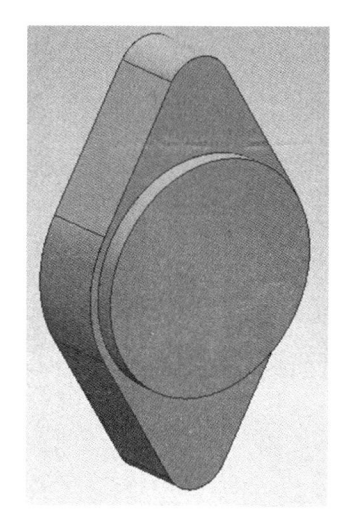

图 2-4-10 "圆柱"对话框 1　　　　　图 2-4-11 创建完成后的 ϕ26 的圆柱

步骤 4：创建 ϕ28 的圆柱

单击"圆柱"图标，弹出"圆柱"对话框，如图 2-4-12 所示。将"指定矢量"设置

项目 2
自动滑移切削机构的三维建模

为 X 轴,"指定点"设置为选择步骤 3 中创建的圆柱的右端圆心;"直径"设置为 28,"高度"设置为 19;"布尔"设置为"合并",使要创建的圆柱和步骤 3 中创建的圆柱合并为一个整体;单击"确定"按钮,即可创建 $\phi 28$ 的圆柱,如图 2-4-13 所示。

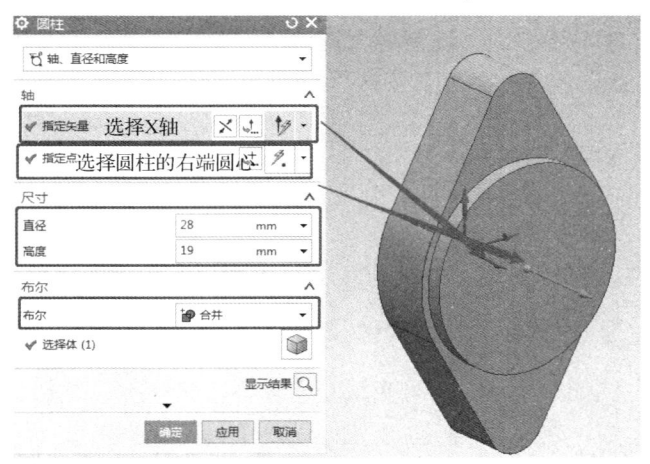

图 2-4-12 "圆柱"对话框 2　　　　图 2-4-13 创建完成后的 $\phi 28$ 的圆柱

步骤 5:创建 $\phi 18$ 的通孔

单击"孔"图标(或选择"菜单"→"插入"→"设计特征"→"孔"命令),弹出"孔"对话框,如图 2-4-14 所示。将创建孔的方法设置为"常规孔","指定点"设置为圆柱面的圆心;"孔方向"设置为"垂直于面","直径"设置为 18;"深度限制"设置为"贯通体";"布尔"设置为"减去",单击"确定"按钮,即可创建 $\phi 18$ 的通孔,如图 2-4-15 所示。

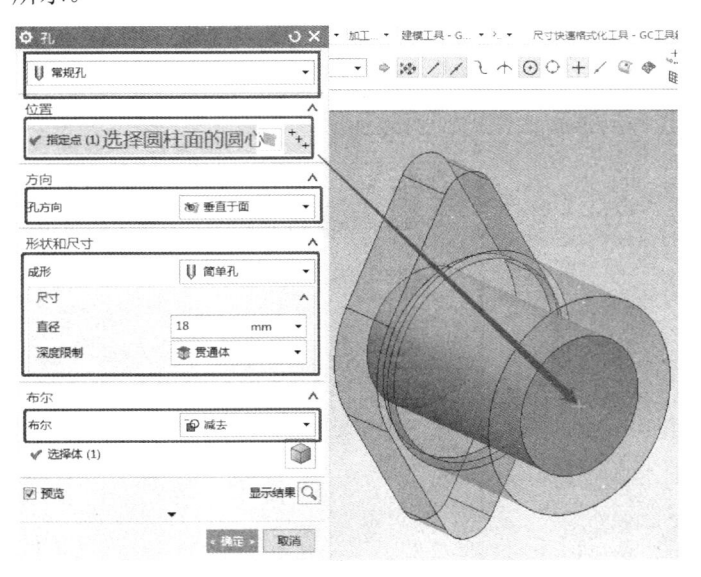

图 2-4-14 "孔"对话框 1　　　　图 2-4-15 创建完成后的 $\phi 18$ 的通孔

步骤 6：创建 $\phi 5$ 的底孔

单击"孔" 图标，弹出"孔"对话框，如图 2-4-16 所示。将创建孔的方法设置为"常规孔"，"指定点"设置为步骤 2 中 $R4$ 的圆心；"孔方向"设置为"垂直于面"，"成形"设置为"简单孔"；"直径"设置为 5，"深度限制"设置为"贯通体"；"布尔"设置为"减去"，单击"确定"按钮，即可创建 $\phi 5$ 的底孔，如图 2-4-17 所示。

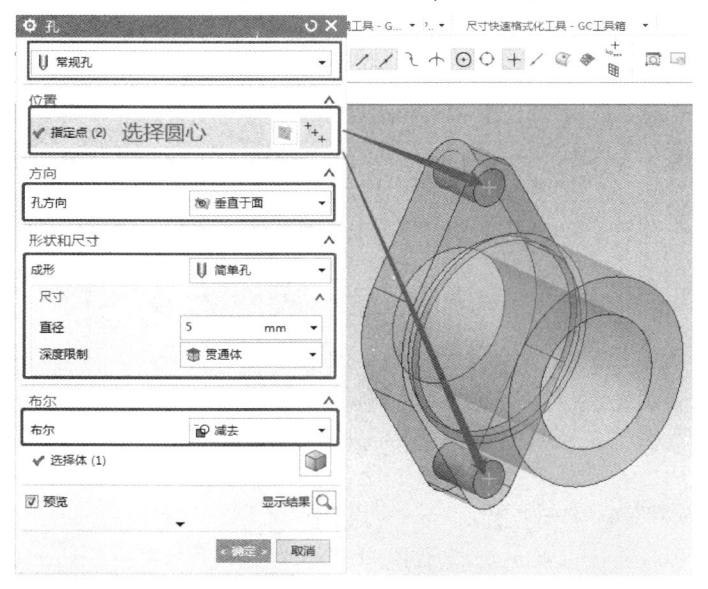

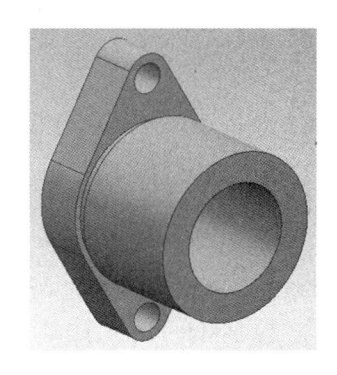

图 2-4-16　"孔"对话框 2　　　　图 2-4-17　创建完成后的 $\phi 5$ 的底孔

步骤 7：倒斜角

在底孔的两端倒斜角。单击"倒斜角" 图标，弹出"倒斜角"对话框，如图 2-4-18 所示。将"选择边"设置为底孔两端的边，"横截面"设置为"偏置和角度"，"距离"设置为 1；"角度"设置为 45°，单击"确定"按钮，即可倒出距离为 1mm、角度为 45°的斜角。

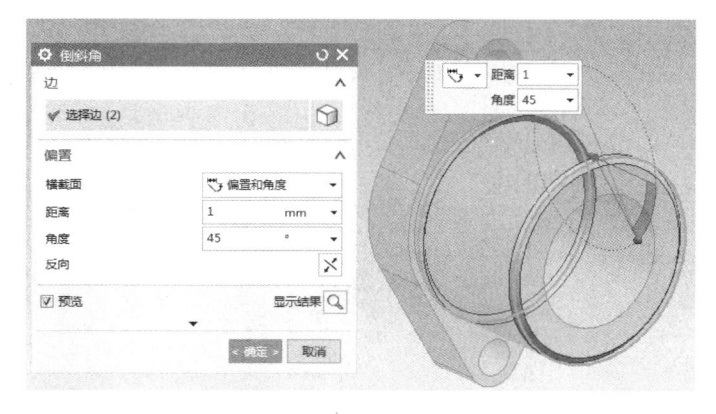

图 2-4-18　"倒斜角"对话框

项目 2
自动滑移切削机构的三维建模

用同样的方法，把端盖的其他锐边倒出距离为 0.5mm、角度为 45°的斜角。倒斜角完成后，端盖的三维建模就完成了，如图 2-4-19 所示。

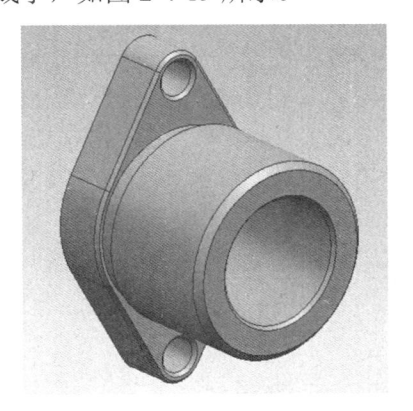

图 2-4-19　三维建模完成的端盖

步骤 8：保存文件

完成端盖的三维建模后，保存文件。选择"文件"→"保存"→"保存"命令（或直接单击"保存"图标）保存文件。单击界面右上角的"关闭"✕按钮关闭 NX 12.0。

课后技能提升训练

1. 完成如图 2-4-20 所示的箱体的三维建模。

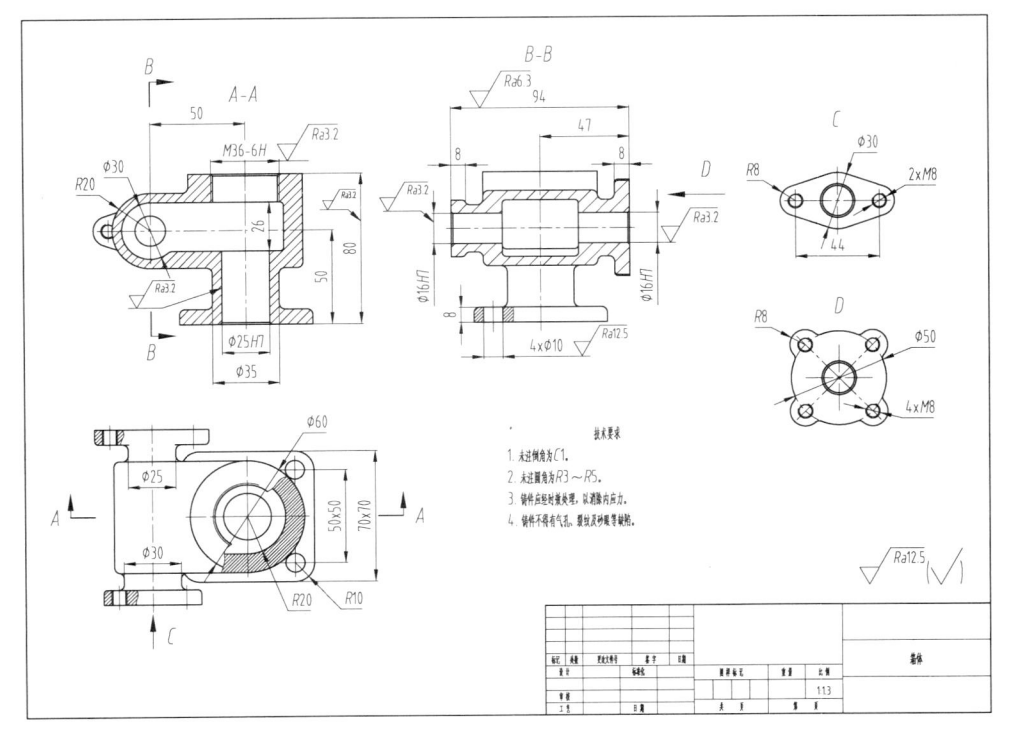

图 2-4-20　箱体

2. 完成如图 2-4-21 所示的缸体的三维建模。

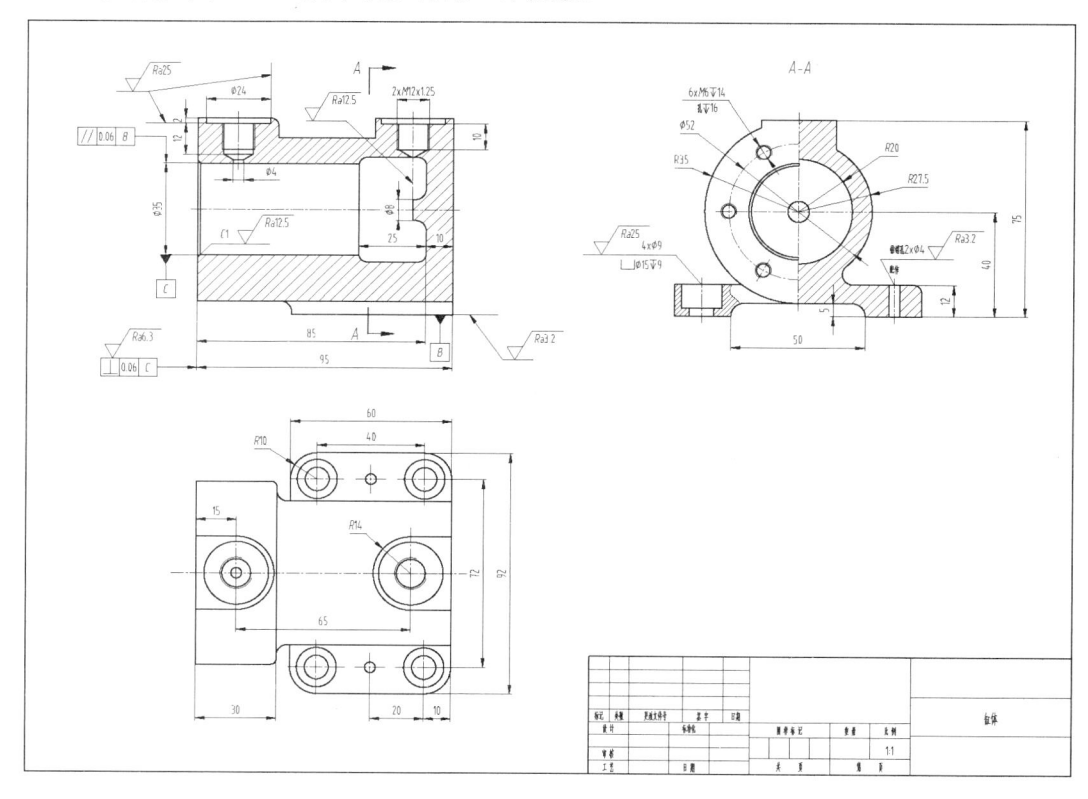

图 2-4-21 缸体

任务 2.5　移动滑块的三维建模

任务简介

移动滑块是自动滑移切削机构中一个较为简单的零件。如图 2-5-1 所示为移动滑块的零件图纸。首先对移动滑块的零件图纸进行基本的形状分析、尺寸分析，然后确定正确的建模思路，通过综合运用基本体素（圆柱）、拉伸、孔、螺旋扫掠、布尔运算等特征操作完成移动滑块的三维建模。

任务内容

（1）创建圆柱。
（2）创建拉伸。
（3）绘制草图。
（4）创建与定位孔。
（5）倒斜角。

（6）创建螺旋线、螺旋扫掠。
（7）求减。

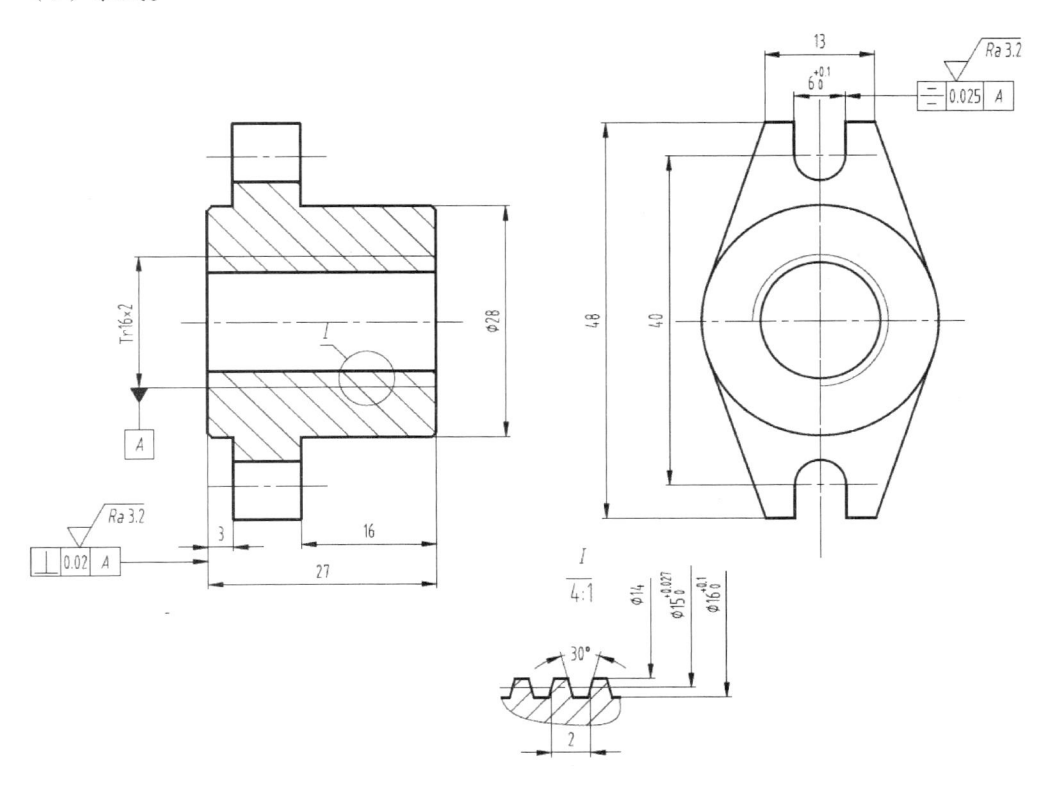

图 2-5-1　移动滑块的零件图纸

建模思路

移动滑块是一个较为简单的零件，主要特征有圆柱、拉伸、孔等。该类零件建模的方法有很多种，主体部分可以通过基本体素中的圆柱命令得到，其他部分可以通过绘制轮廓草图并拉伸得到，梯形螺纹可以通过螺旋扫掠命令得到。移动滑块的三维建模思路如表 2-5-1 所示。

表 2-5-1　移动滑块的三维建模思路表

创建φ28的圆柱	拉伸两端凸耳部分	创建梯形螺纹底孔	倒斜角

续表

创建螺旋线	绘制梯形螺旋扫掠用的截面草图	创建螺旋扫掠	求减
	扫掠截面草图		

建模过程

步骤1：新建文件

启动 NX 12.0，单击"新建"按钮，弹出"新建"对话框，如图 2-5-2 所示。选择"模型"选项卡中的"模型"选项，单位默认是"毫米"，否则在"单位"下拉列表中选择"毫米"选项；在"名称"文本框中输入文件名"移动滑块"，在"文件夹"文本框中选择相应的存放目录；单击"确定"按钮，进入 NX 12.0 的建模模块界面，如图 2-5-3 所示。

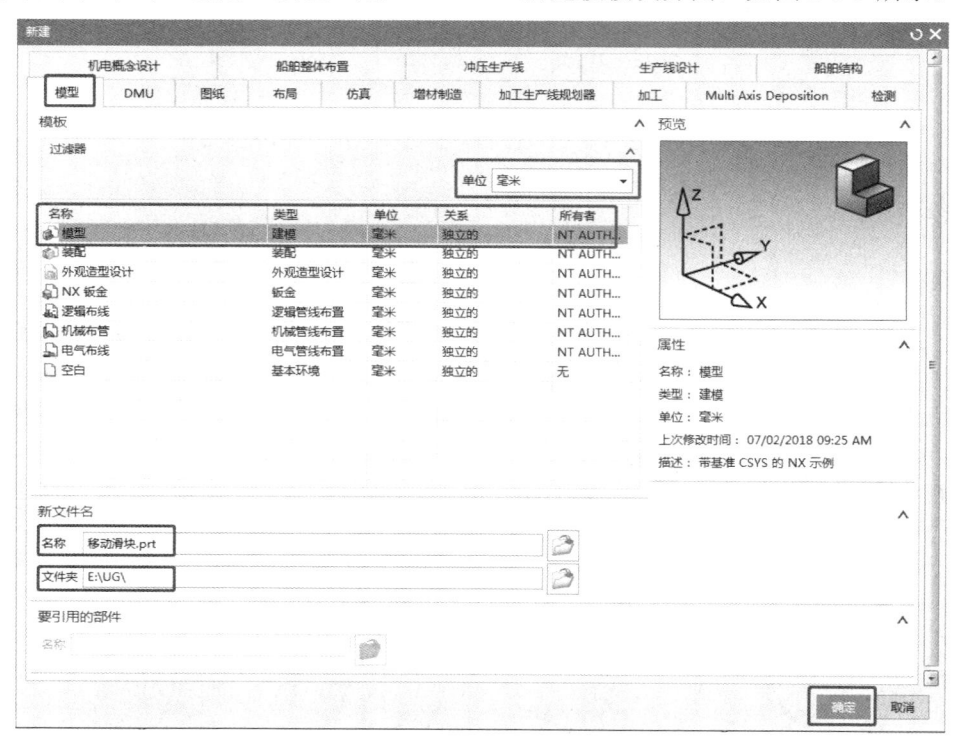

图 2-5-2 "新建"对话框

项目 2
自动滑移切削机构的三维建模

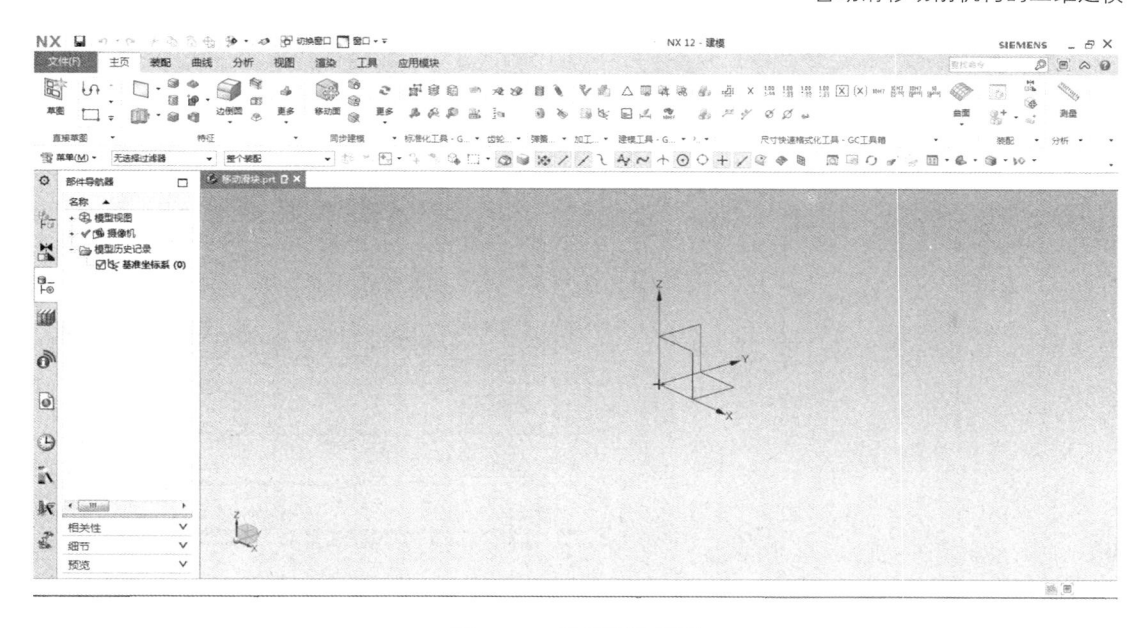

图 2-5-3 建模模块界面

步骤 2：创建 $\phi 28$ 的圆柱

单击"圆柱"图标，弹出"圆柱"对话框，如图 2-5-4 所示。将"指定矢量"设置为 Y 轴，"指定点"设置为坐标原点（0,0,0），"直径"设置为 28；"高度"设置为 27，单击"确定"按钮，即可创建 $\phi 28$ 的圆柱，如图 2-5-5 所示。

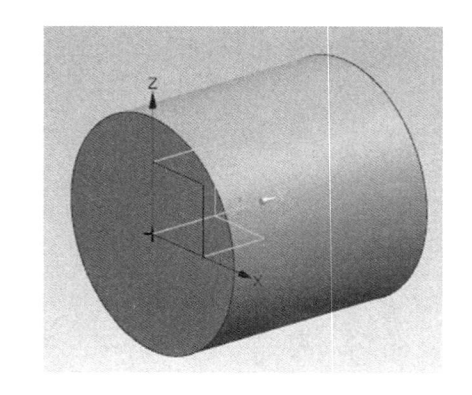

图 2-5-4 "圆柱"对话框　　图 2-5-5 创建完成后的 $\phi 28$ 的圆柱

步骤 3：拉伸两端凸耳部分

单击"拉伸"图标，弹出"拉伸"对话框，如图 2-5-6 所示。单击"绘制截面"图标，弹出"创建草图"对话框，如图 2-5-7 所示。

77

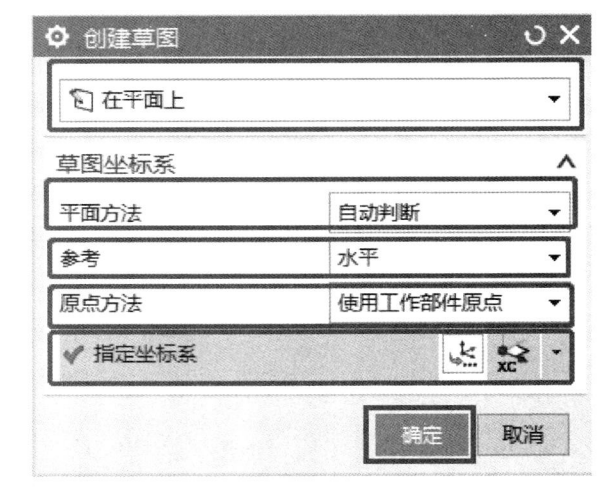

图 2-5-6 "拉伸"对话框 1　　　　　　图 2-5-7 "创建草图"对话框 1

将创建草图的方法设置为"在平面上","平面方法"设置为"自动判断","参考"设置为"水平";"原点方法"设置为"使用工作部件原点","指定坐标系"设置为 X-Z 平面;单击"确定"按钮,进入草图任务环境,如图 2-5-8 所示。

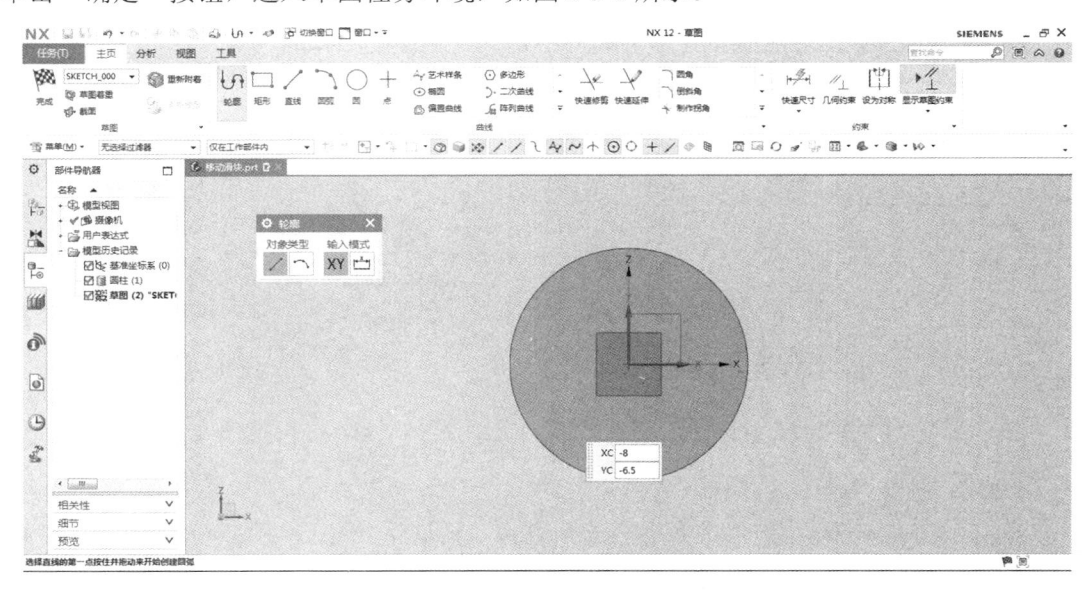

图 2-5-8　草图任务环境

项目 2
自动滑移切削机构的三维建模

绘制如图 2-5-9 所示的草图(具体的绘制过程及操作步骤可参考项目 1 中的草图训练,此处不再赘述)。

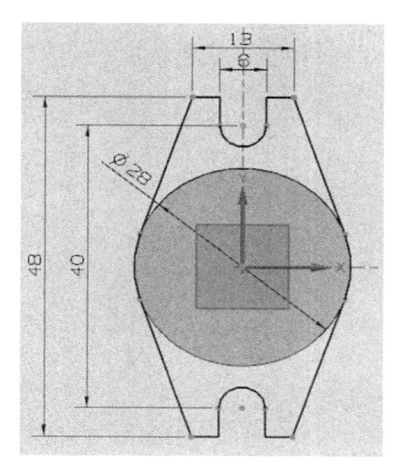

图 2-5-9 截面草图

绘制草图完成后,单击"完成" 🏁 图标,返回"拉伸"对话框,如图 2-5-10 所示。将"指定矢量"设置为往 Y 轴正方向拉伸(单击"方向" ✕ 图标,可以切换正反方向);"开始"设置为"值","距离"设置为 3(是指从高度 3 的位置开始拉伸);"结束"设置为"值","距离"设置为 11(是指拉伸到 11 的高度为止,根据图纸计算得到 27-16=11);"布尔"设置为"合并",使要拉伸部分和步骤 2 中创建的圆柱合并为一个整体,单击"确定"按钮,即可完成拉伸,如图 2-5-11 所示。

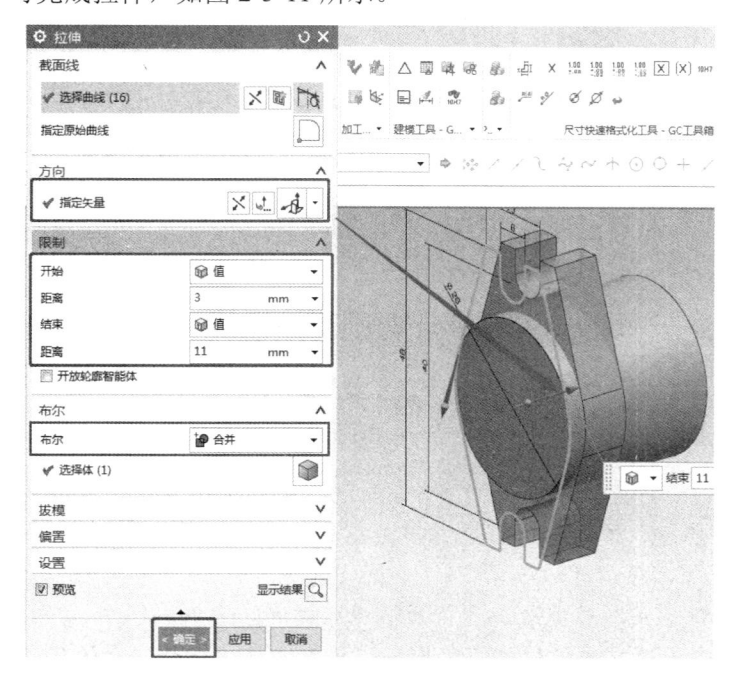

图 2-5-10 "拉伸"对话框 2

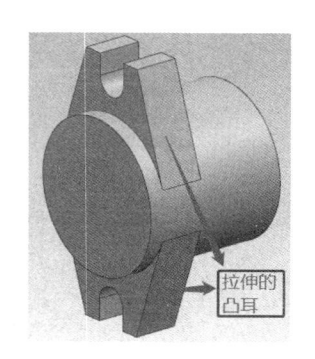

图 2-5-11 拉伸的凸耳

步骤 4：创建梯形螺纹底孔

根据标注 Tr16×2 可知，移动滑块中间是梯形螺纹，螺纹公称直径是 16mm，查标注得到螺纹的底孔直径是 14mm，所以先创建一个 $\phi 14$ 的底孔。单击"孔"图标，弹出"孔"对话框，如图 2-5-12 所示。将创建孔的方法设置为"常规孔"，"指定点"设置为圆柱的圆心（见图 2-5-13）；"孔方向"设置为"垂直于面"，"成形"设置为"简单孔"，"直径"设置为 14；"深度限制"设置为"贯通体"，"布尔"设置为"减去"，单击"确定"按钮，即可创建梯形螺纹底孔，如图 2-5-14 所示。

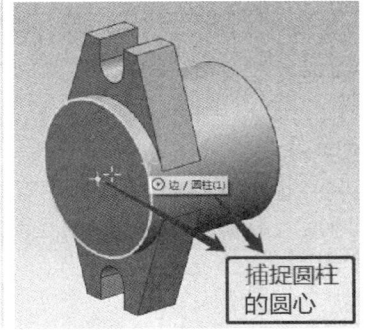

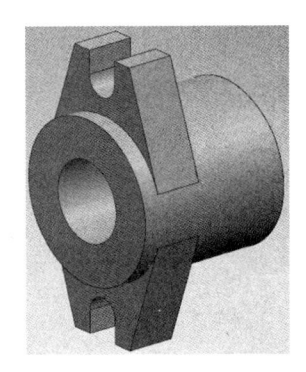

图 2-5-12 "孔"对话框　　图 2-5-13 捕捉圆柱的圆心　　图 2-5-14 创建完成后的底孔

🔗 捕捉点知识链接

NX 提供的"快速捕捉"工具栏，如图 2-5-15 所示。对象捕捉点是和选择条配合使用的。

图 2-5-15 "快速捕捉"工具栏

（1）"启动/清除捕捉"图标：可以捕捉对象上的点，或者清除所有的捕捉点设置。
（2）"端点"图标：允许选择曲线的端点。
（3）"中心"图标：允许选定线性直线、开放圆弧和线性边的中点。
（4）"控制点"图标：允许选择曲线的端点和中点、现有的点和样条线上的节点。
（5）"极点"图标：允许选择曲线的端点和中点、现有的点和样条上的节点。

（6）"定义点" 图标：允许选择样条和曲面的定义点。

（7）"交点" 图标：允许选择两条曲线之间的（投影）交点。

（8）"圆心" 图标：允许选择椭圆和圆弧的中心点。

（9）"象限点" 图标：允许选择椭圆和圆弧的象限点。

（10）"点" 图标：允许选择现有的点。

（11）"点在曲线上" 图标：允许选择曲线上最接近光标中心的点。

（12）"面上的点" 图标：允许选择面上最接近光标中心的点。

（13）"小平面顶点上的点" 图标：允许选择小平面上最接近光标中心的顶点。

（14）"有界栅格上的点" 图标：允许选择有界栅格上的捕捉点。

步骤 5：倒斜角

在底孔的两端倒斜角。单击"倒斜角" 图标，弹出"倒斜角"对话框，如图 2-5-16 所示。将"选择边"设置为底孔两端的边，"横截面"设置为"对称"，"距离"设置为 1，单击"确定"按钮，即可倒出距离为 1mm 的斜角。

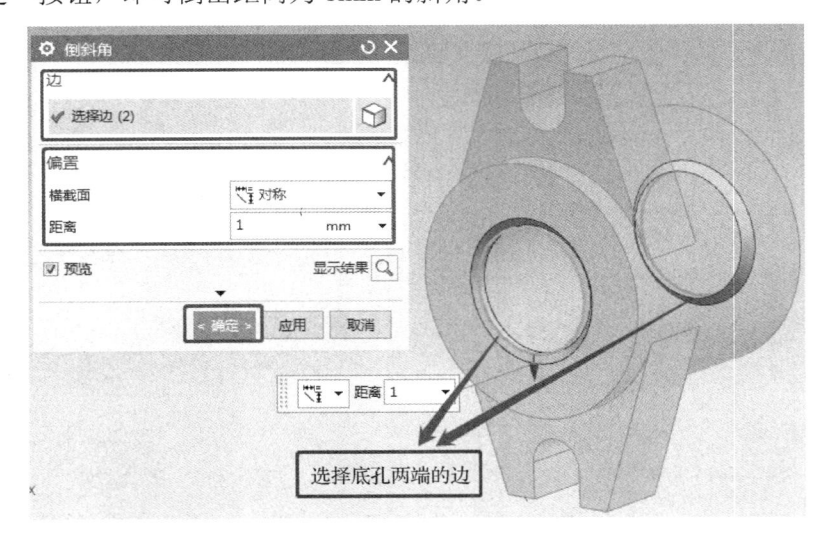

图 2-5-16 "倒斜角"对话框

步骤 6：创建螺旋线

由于移动滑块的中间是梯形螺纹，因此要创建梯形螺纹，在此之前必须创建螺旋线。单击功能区的"曲线"选项卡，单击"螺旋" 图标，弹出"螺旋"对话框。在"螺旋"对话框中，需要设置创建螺旋线的方法、方位、大小、螺距、长度，如图 2-5-17 所示。

具体步骤如下。

（1）设置创建螺旋线的方法。创建螺旋线有 2 种方法：沿矢量和沿脊线。这里选择沿矢量方法。在"螺旋"对话框中，将创建螺旋的方法设置为"沿矢量"。

（2）设置螺旋线的方位：在"螺旋"对话框中，单击"坐标系对话框" 图标（见图 2-5-18），弹出"坐标系"对话框，如图 2-5-19 所示。将创建坐标系的方法设置为"X 轴,Y

轴，原点"，单击"点对话框"图标（见图 2-5-19 所示的红色圆圈位置），弹出"点"对话框，如图 2-5-20 所示。将"Y"设置为 1，其他参数采用默认设置（确定螺旋线起始的中心位置为 Y 轴的 1mm 处），单击"确定"按钮，返回"坐标系"对话框。

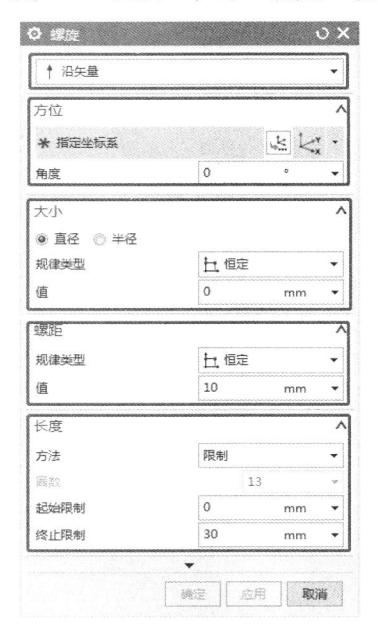

图 2-5-17 "螺旋"对话框 1

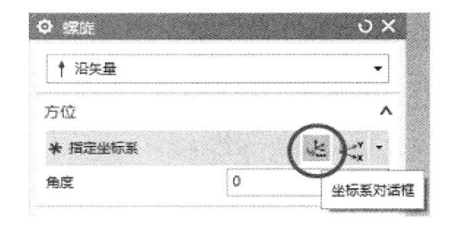

图 2-5-18 "螺旋"对话框 2

图 2-5-19 "坐标系"对话框

图 2-5-20 "点"对话框

将"X 轴"选区的"指定矢量"设置为 X 轴方向，如图 2-5-21 所示。

将"Y 轴"选区的"指定矢量"设置为 Z 轴方向，如图 2-5-22 所示。

设置好"原点""X 轴""Y 轴"，坐标系就确定完毕了。

（3）输入参数。由图 2-5-1 可知梯形螺纹 Tr16×2 的公称直径是 16、螺距是 2、长度是贯通整个零件的长度，所以在"螺旋"对话框中，输入如图 2-5-23 所示的参数，单击"确定"按钮，即可创建螺旋线，如图 2-5-24 所示。

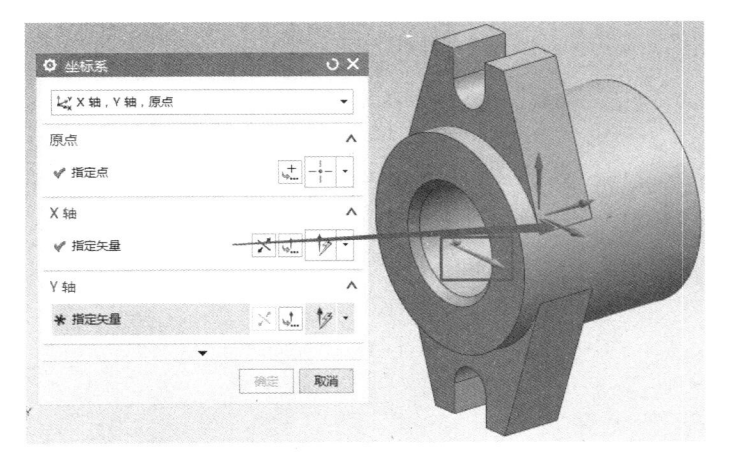

图 2-5-21 设置"X 轴"

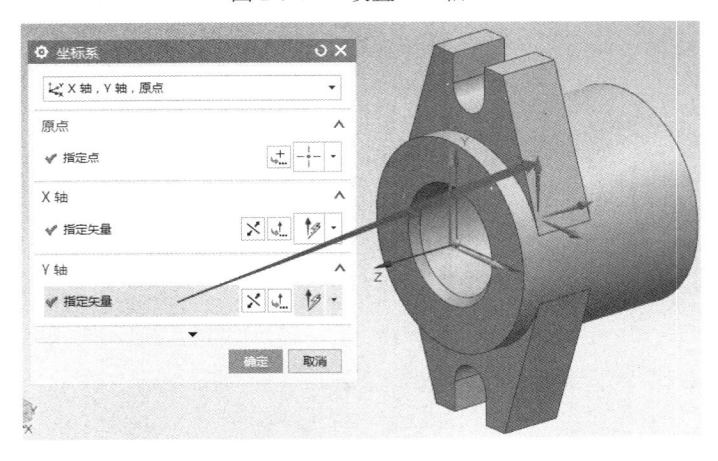

图 2-5-22 设置"Y 轴"

图 2-5-23 螺旋参数

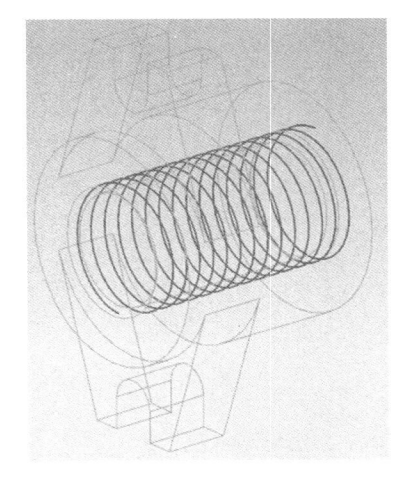

图 2-5-24 创建完成后的螺旋线

步骤 7：绘制梯形螺旋扫掠用的截面草图

单击"草图" 图标，弹出"创建草图"对话框，如图 2-5-25 所示。将创建草图的方法设置为"在平面上"，"平面方法"设置为"新平面"，"指定平面"设置为 Y-Z 平面；"指定矢量"设置为 Y 轴，"原点方法"设置为"指定点"，"指定点"设置为"端点"，并选择步骤 6 中创建的螺旋线。参数设置完成后的截面草图如图 2-5-26 所示。

图 2-5-25　"创建草图"对话框 2 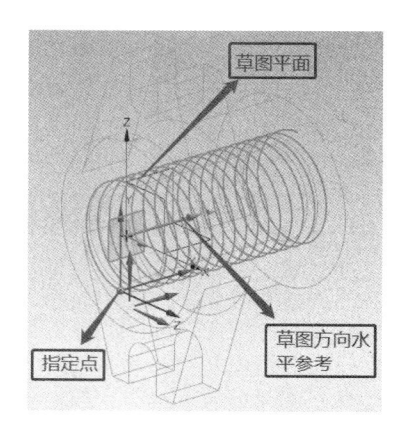　　　图 2-5-26　参数设置完成后的截面草图

单击"确定"按钮，进入草图任务环境，绘制截面草图（具体绘制方法参考项目 1 中的草图训练，此处不再赘述）。绘制完成后的截面草图如图 2-5-27 所示。

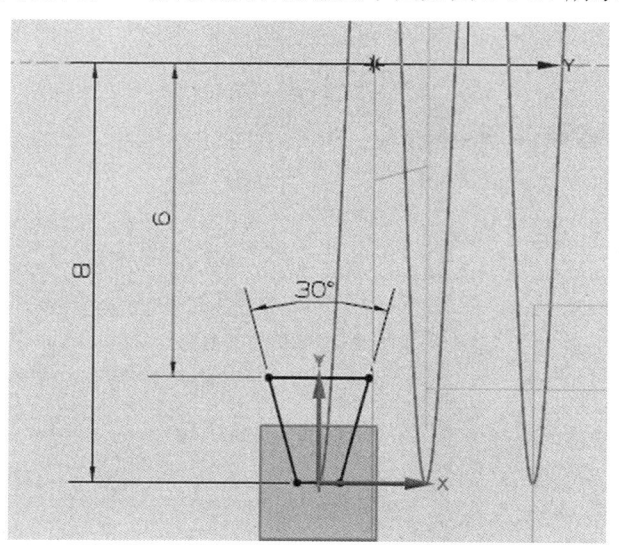

图 2-5-27　绘制完成后的截面草图

步骤 8：创建螺旋扫掠

选择"菜单"→"插入"→"扫掠"→"扫掠"命令，弹出"扫掠"对话框，如图 2-5-28

项目 2
自动滑移切削机构的三维建模

所示。将"截面"选区的"选择曲线"设置为步骤 7 中绘制的截面草图,"引导线"选区的"选择曲线"设置为步骤 6 中创建的螺旋线;"方向"设置为"矢量方向","指定矢量"设置为 Y 轴,单击"确定"按钮,即可创建螺旋扫掠,如图 2-5-29 所示。

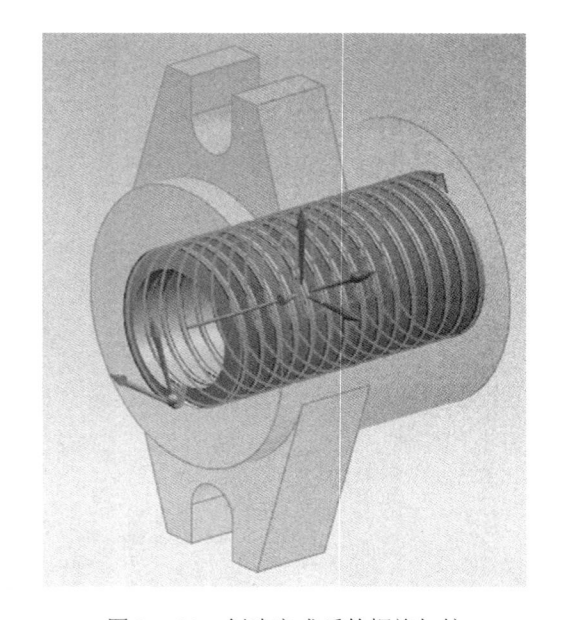

图 2-5-28 "扫掠"对话框   图 2-5-29 创建完成后的螺旋扫掠

步骤 9:求减

螺旋扫掠体创建完成后,用求减命令切出梯形螺纹。单击"求减"图标,弹出"减去"对话框,如图 2-5-30 所示。将"目标"选区的"选择体"设置为由圆柱等合并的体,"工具"选区的"选择体"设置为步骤 8 中创建的螺旋扫掠体,单击"确定"按钮,求减完成后,即可得到梯形螺纹如图 2-5-31 所示。

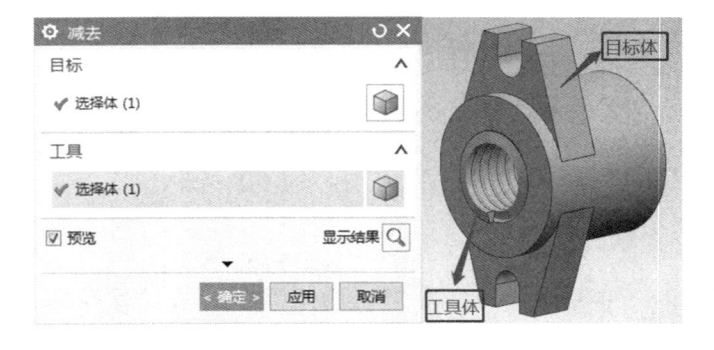

图 2-5-30 "减去"对话框

85

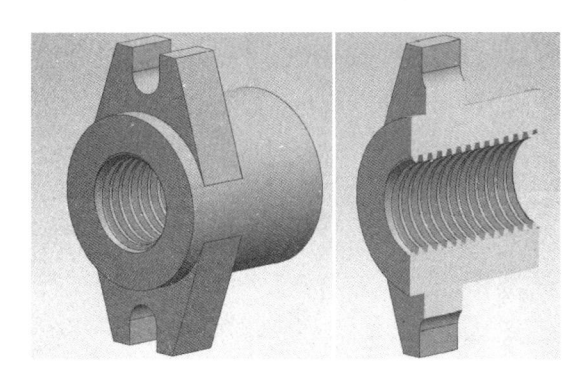

图 2-5-31 求减完成后得到的梯形螺纹

对移动滑块的两端倒圆角。单击"边倒圆" 图标,弹出"边倒圆"对话框,如图 2-5-32 所示。选择需要倒圆角的 2 条边,单击"确定"按钮,即可完成倒圆角。三维建模完成后的移动滑块如图 2-5-33 所示。

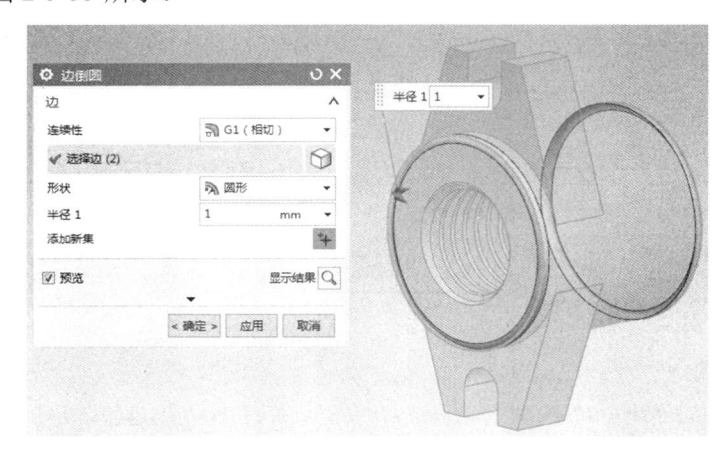

图 2-5-32 "边倒圆"对话框

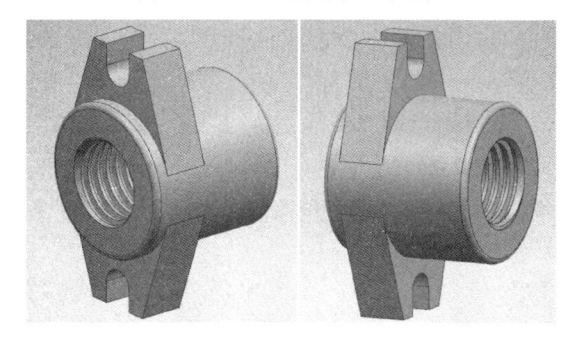

图 2-5-33 三维建模完成后的移动滑块

步骤 10:保存文件

完成移动滑块的三维建模后,保存文件。选择"文件"→"保存"→"保存"命令(或直接单击"保存" 图标)保存文件。单击界面右上角的"关闭" 按钮关闭 NX 12.0。

项目 2
自动滑移切削机构的三维建模

课后技能提升训练

1. 完成如图 2-5-34 所示的拨叉的三维建模。

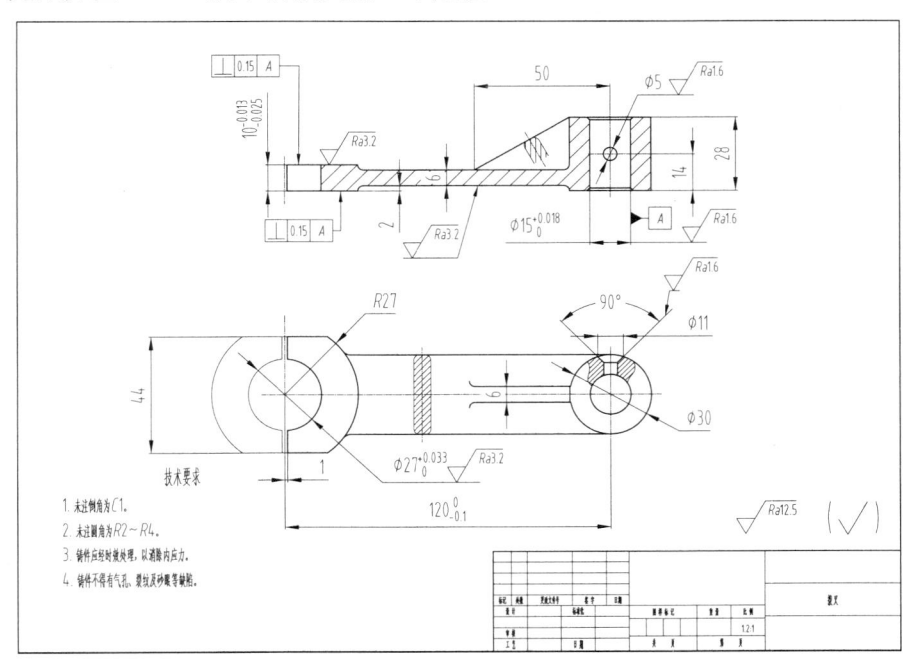

图 2-5-34 拨叉

2. 完成如图 2-5-35 所示的支架的三维建模。

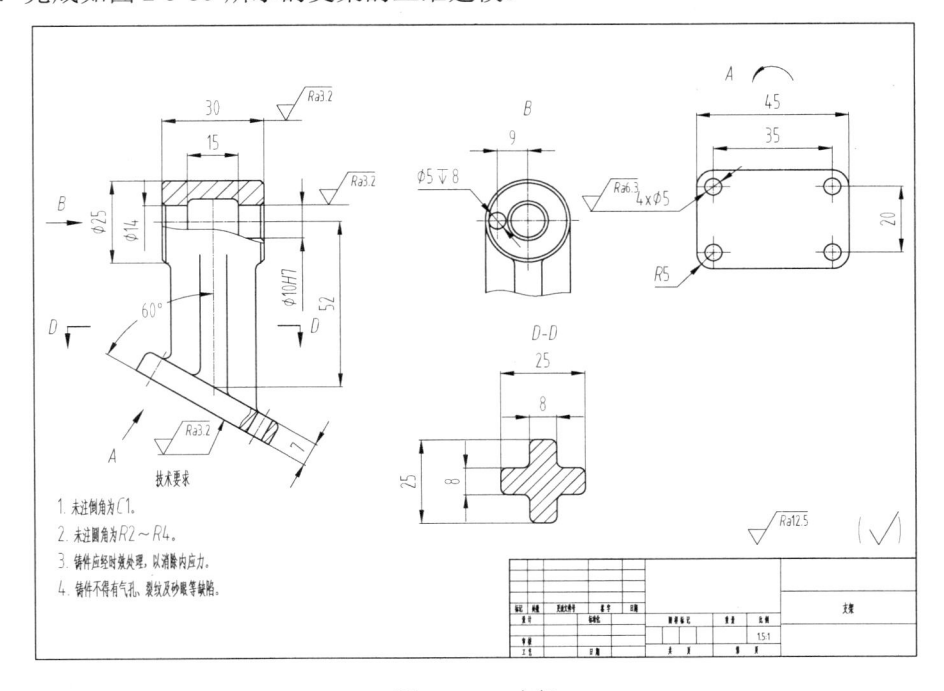

图 2-5-35 支架

任务 2.6　支撑座的三维建模

任务简介

支撑座是自动滑移切削机构中一个较为简单的零件。如图 2-6-1 所示为支撑座的零件图纸。首先对支撑座的零件图纸进行基本的形状分析、尺寸分析，然后确定合理的建模思路，通过综合运用基本体素（圆柱、长方体）、拉伸、孔、布尔运算等特征操作完成支撑座的三维建模。

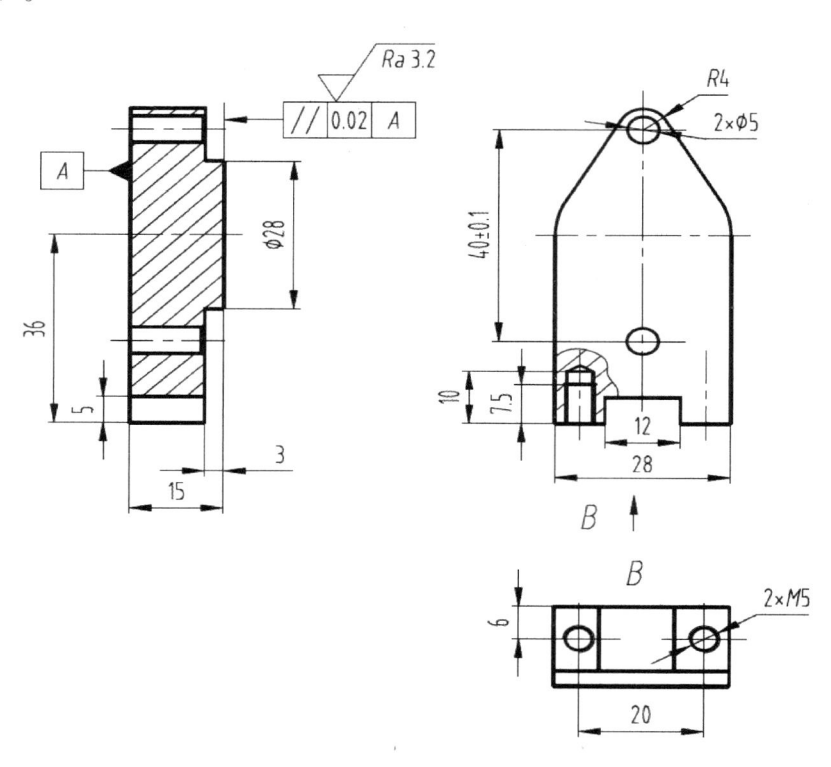

图 2-6-1　支撑座的零件图纸

任务内容

（1）创建拉伸。
（2）绘制草图。
（3）创建孔。

建模思路

支撑座是一个较为简单的零件，主要特征有圆柱、长方体、孔等。该类零件建模的方法有很多种，可以通过拉伸命令先拉伸主体，然后创建圆柱，最后创建孔特征。整个零件

项目 2
自动滑移切削机构的三维建模

较为简单,所以创建步骤只需 3 步。支撑座的三维建模思路如表 2-6-1 所示。

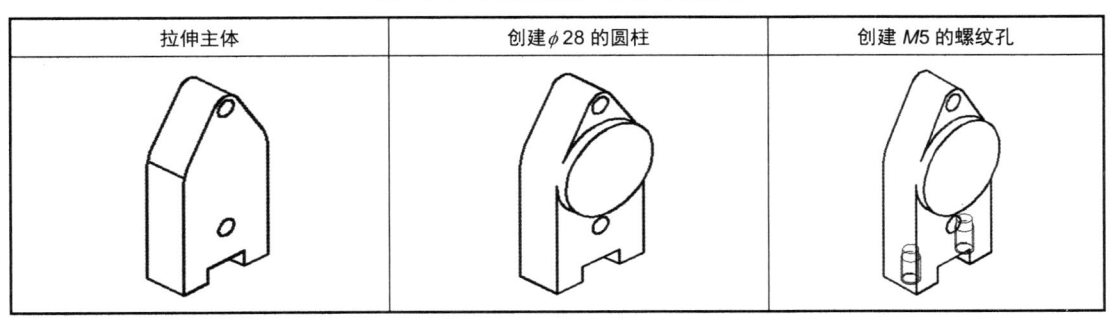

表 2-6-1　支撑座的三维建模思路表

拉伸主体	创建 $\phi 28$ 的圆柱	创建 M5 的螺纹孔

建模过程

步骤 1:新建文件

启动 NX 12.0,单击"新建"按钮,弹出"新建"对话框,如图 2-6-2 所示。选择"模型"选项卡中的"模型"选项,单位默认是"毫米",否则在"单位"下拉列表中选择"毫米"选项;在"名称"文本框中输入文件名"支撑座",在"文件夹"文本框中选择相应的存放目录,单击"确定"按钮,进入 NX 12.0 的建模模块界面,如图 2-6-3 所示。

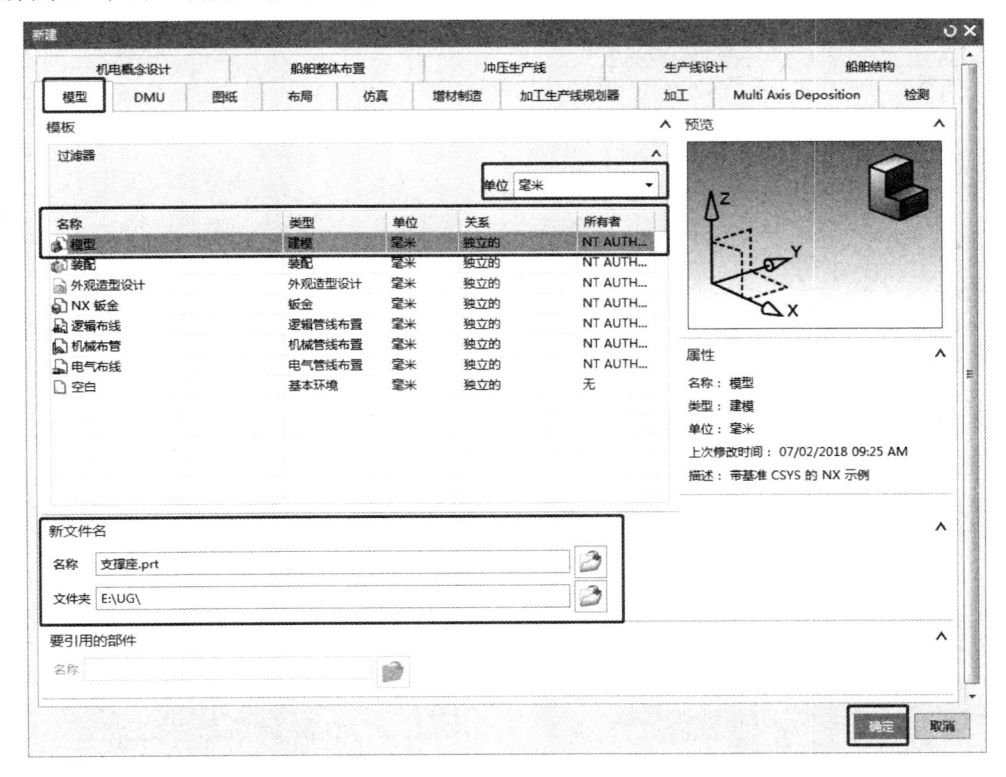

图 2-6-2　"新建"对话框

NX 三维造型与装配项目教程

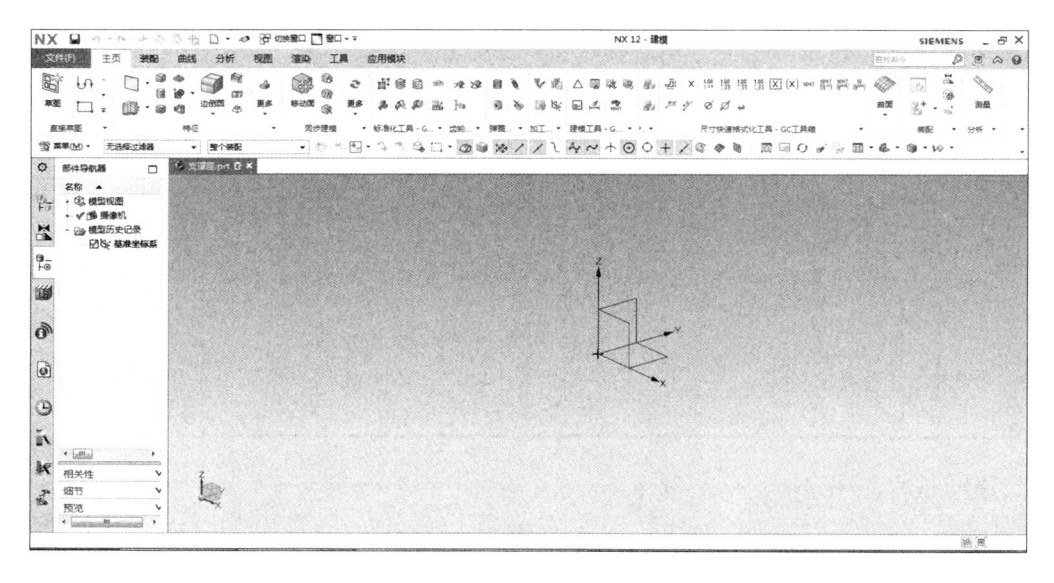

图 2-6-3　建模模块界面

步骤 2：拉伸主体

单击"拉伸"图标，弹出"拉伸"对话框，如图 2-6-4 所示。单击"绘制截面"图标，弹出"创建草图"对话框，如图 2-6-5 所示。

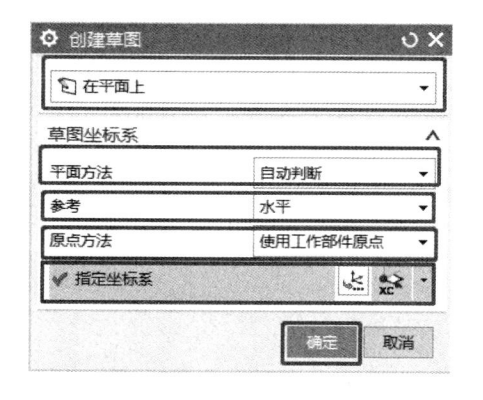

图 2-6-4　"拉伸"对话框 1　　　　图 2-6-5　"创建草图"对话框 1

项目 2
自动滑移切削机构的三维建模

将创建草图的方法设置为"在平面上","平面方法"设置为"自动判断","参考"设置为"水平";"原点方法"设置为"使用工作部件原点","指定坐标系"设置为 Y-Z 平面;单击"确定"按钮,进入草图任务环境,如图 2-6-6 所示。

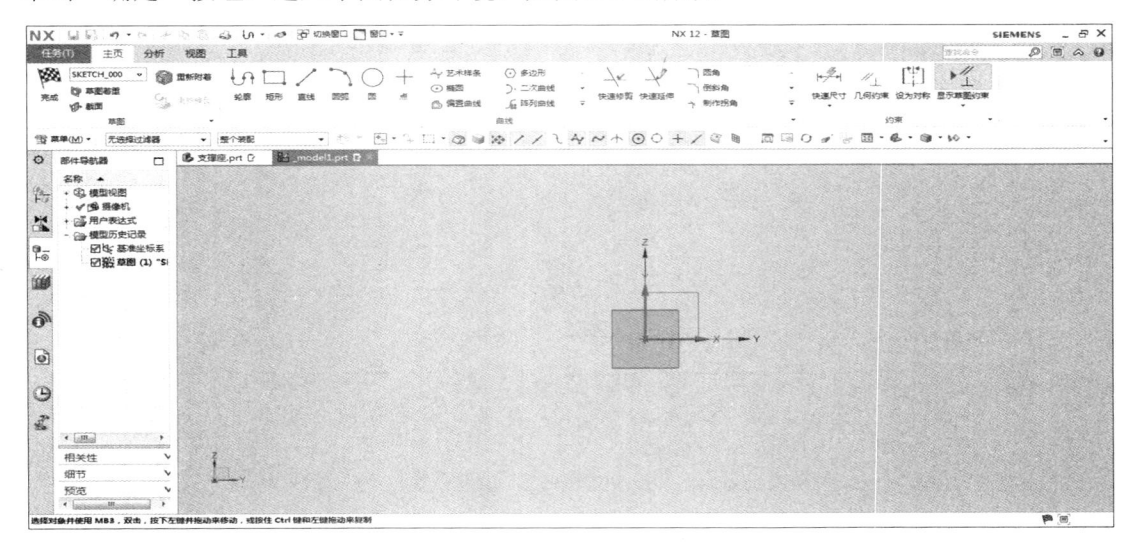

图 2-6-6　草图任务环境 1

绘制如图 2-6-7 所示的草图(具体的绘制过程及操作步骤可参考项目 1 中的草图训练,此处不再赘述)。

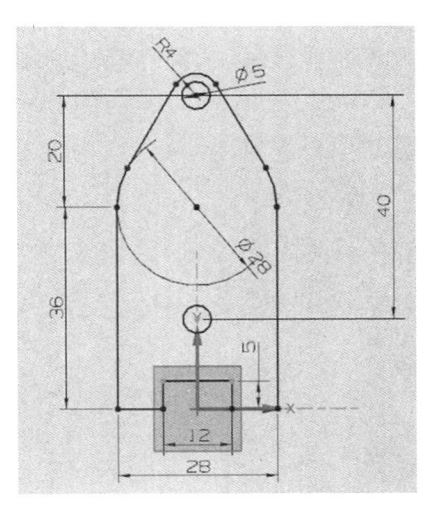

图 2-6-7　截面草图

绘制草图完成后,单击"完成"图标,返回"拉伸"对话框,如图 2-6-8 所示。将"指定矢量"设置为往 X 轴正方向拉伸(单击"方向"图标,可以切换正反方向),"开始"设置为"值";"距离"设置为 0(是指从高度 0 的位置开始拉伸),"结束"设置为"值","距离"设置为 12(是指拉伸到 12 的高度为止);"布尔"设置为"无",单击"确定"按钮,即可完成拉伸,如图 2-6-9 所示。

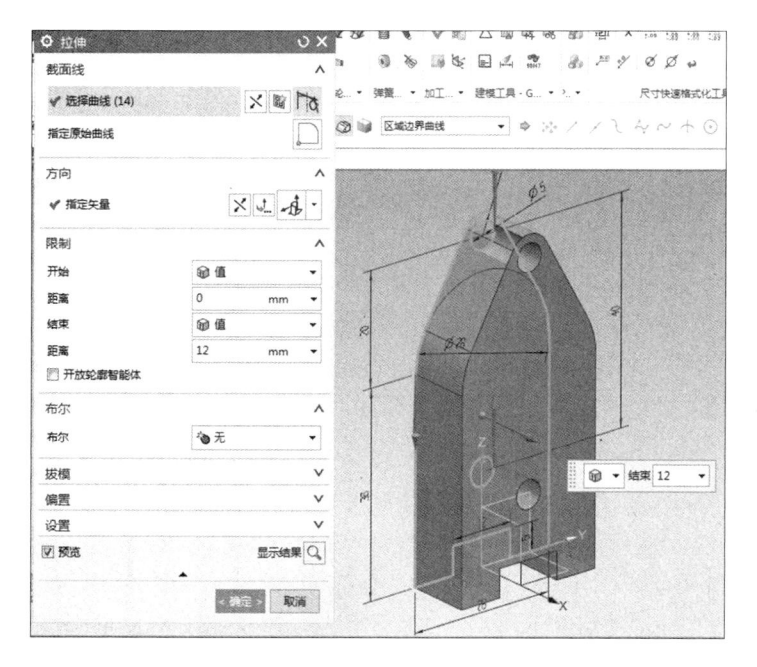

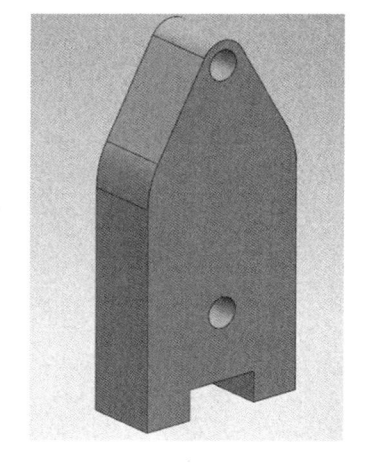

图 2-6-8 "拉伸"对话框 2　　　　图 2-6-9 拉伸的主体

步骤 3：创建 $\phi 28$ 的圆柱

单击"圆柱"图标，弹出"圆柱"对话框，如图 2-6-10 所示。将"指定矢量"设置为 X 轴，"指定点"设置为 捕捉圆心，"直径"设置为 28；"高度"设置为 3，"布尔"设置为"合并"（与步骤 2 中拉伸的主体合并）；单击"确定"按钮，即可创建 $\phi 28$ 的圆柱，如图 2-6-11 所示。

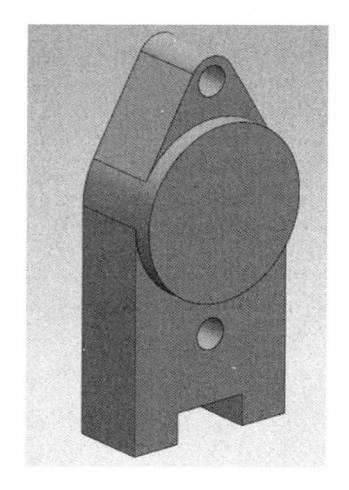

图 2-6-10 "圆柱"对话框　　　　图 2-6-11 创建完成后的 $\phi 28$ 的圆柱

步骤 4：创建 M5 的螺纹孔

单击"孔"图标，弹出"孔"的对话框，如图 2-6-12 所示。将创建孔的方法设置为

项目 2
自动滑移切削机构的三维建模

"螺纹孔",单击"绘制截面"图标,弹出"创建草图"对话框,如图 2-6-13 所示。

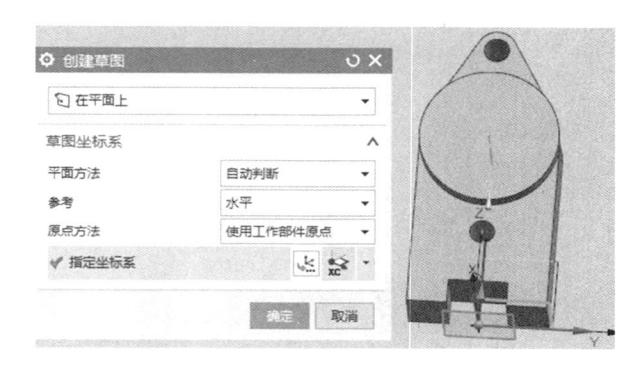

图 2-6-12 "孔"对话框   图 2-6-13 "创建草图"对话框 2

将创建草图的方法设置为"在平面上","平面方法"设置为"自动判断","参考"设置为"水平";"原点方法"设置为"使用工作部件原点","指定坐标系"设置为 X-Y 平面;单击"确定"按钮,进入草图任务环境,如图 2-6-14 所示。

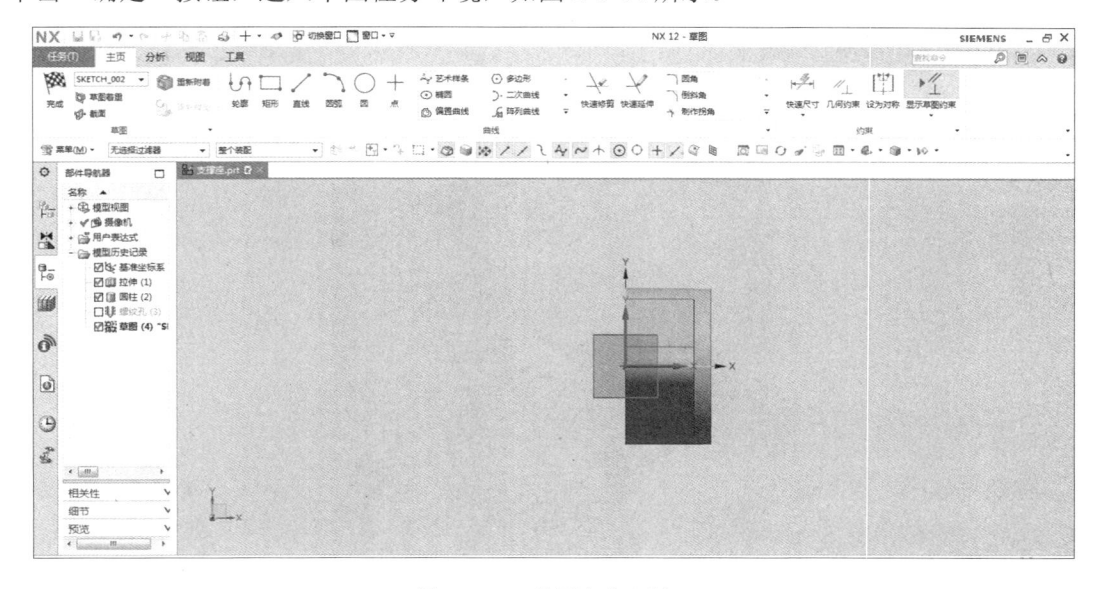

图 2-6-14 草图任务环境 2

在草图任务环境下，单击"点" ✛ 图标，定 2 个点（*M*5 螺纹孔的孔心），定出的点如图 2-6-15 所示。单击"完成" 图标，返回"孔"对话框，将"大小"设置为"M5×0.8"，"螺纹深度"设置为 7.5（螺纹的深度），"深度限制"设置为"值"；"深度"设置为 10（孔的深度），其他参数采用默认设置，如图 2-6-16 所示。单击"确定"按钮，即可创建 *M*5 的螺纹孔，如图 2-6-17 所示。

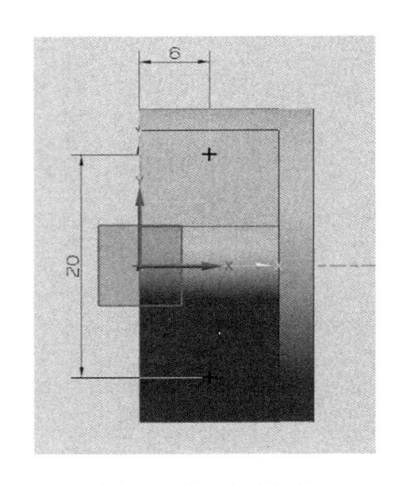

图 2-6-15　草图定点　　　　　　　　图 2-6-16　孔的参数

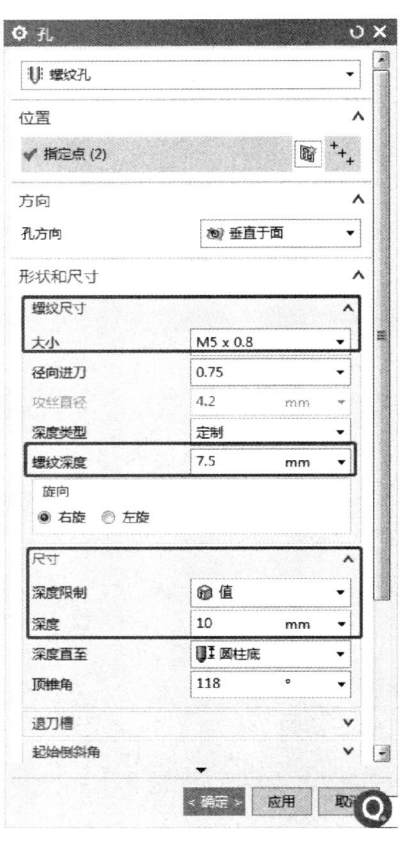

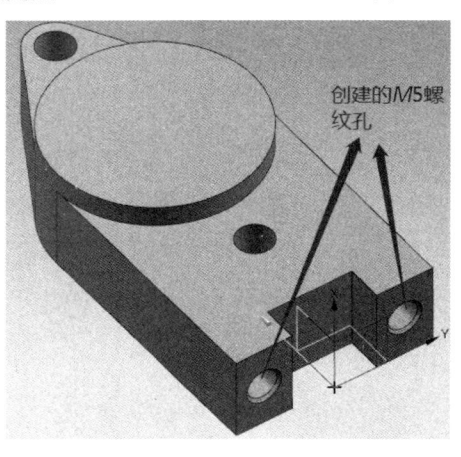

图 2-6-17　创建完成后的 *M*5 的螺纹孔

步骤 5：保存文件

创建完成 M5 的螺纹孔后，支撑座的三维建模就完成了。完成支撑座的三维建模后，保存文件。选择"文件"→"保存"→"保存"命令（或直接单击"保存" 图标）保存文件。单击界面右上角的"关闭" ✕ 按钮关闭 NX 12.0。

课后技能提升训练

1. 完成如图 2-6-18 所示的阀体的三维建模。

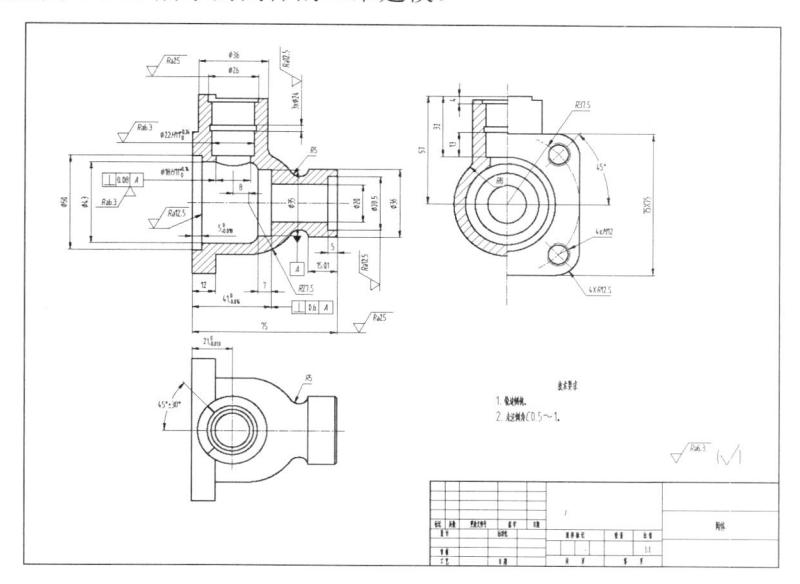

图 2-6-18　阀体

2. 完成如图 2-6-19 所示的端盖的三维建模。

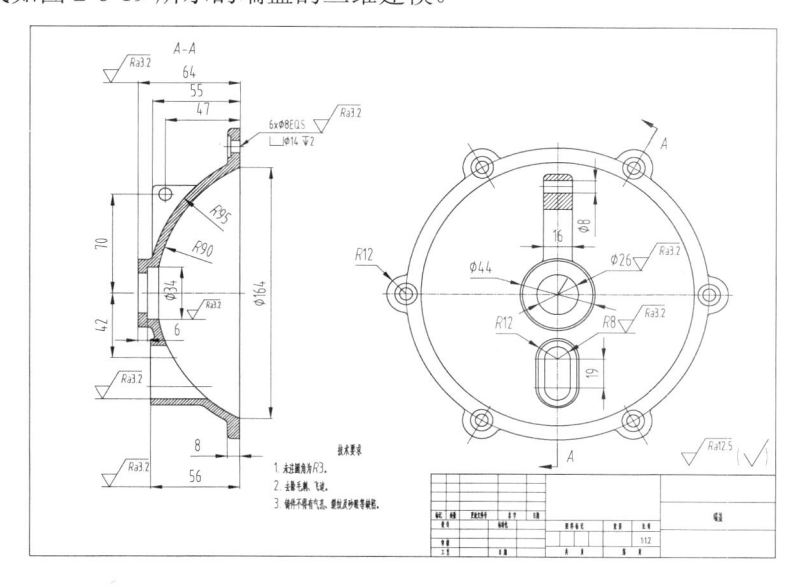

图 2-6-19　端盖

任务 2.7　箱盖的三维建模

任务简介

箱盖是自动滑移切削机构中一个简单的箱体类零件。如图 2-7-1 所示为箱盖的零件图纸。首先对箱盖的零件图纸进行基本的形状分析、尺寸分析，然后确定合理的建模思路，通过综合运用拉伸、孔、布尔运算等特征操作完成箱盖的三维建模。箱盖的建模过程相对简单。

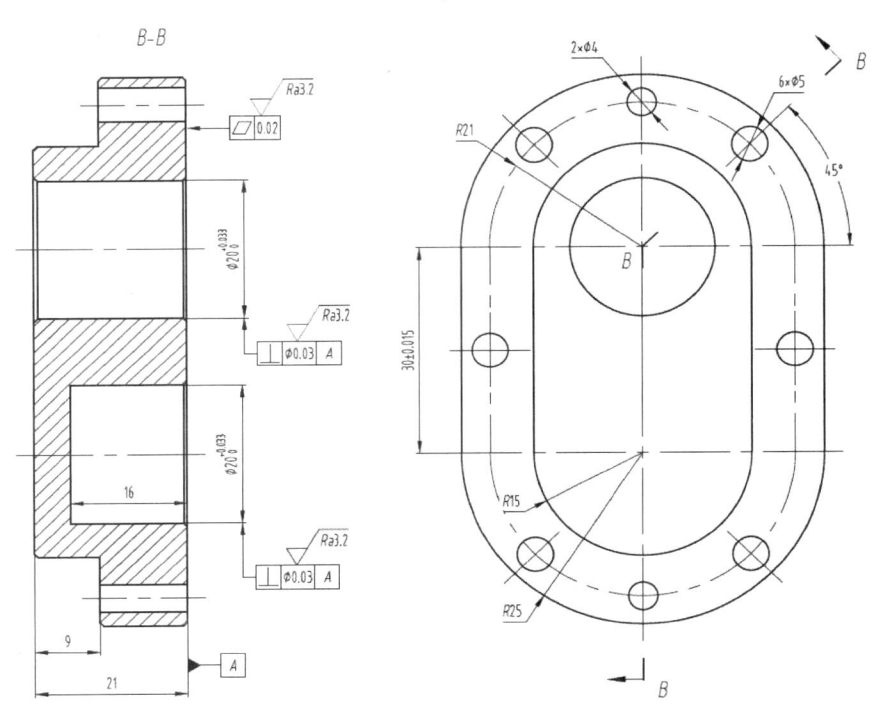

图 2-7-1　箱盖的零件图纸

任务内容

（1）创建拉伸。
（2）绘制草图。
（3）创建孔。

建模思路

箱盖是一个较为简单的箱体类零件，整体形状结构较为简单，建模不复杂。该类零件建模的方法有很多种，可以先通过拉伸命令拉伸主体，然后创建孔，最后倒圆角或倒斜角。箱盖的三维建模思路如表 2-7-1 所示。

项目 2
自动滑移切削机构的三维建模

表 2-7-1 箱盖的三维建模思路表

拉伸主体	拉伸第 2 部分	创建 $\phi 20$ 的孔
创建 $\phi 20$ 的孔	创建 $\phi 5$ 的通孔	创建 $\phi 4$ 的通孔、倒圆角或倒斜角

建模过程

步骤 1：新建文件

启动 NX 12.0，单击"新建"按钮，弹出"新建"对话框，如图 2-7-2 所示。选择"模型"选项卡中的"模型"选项，单位默认是"毫米"，否则在"单位"下拉列表中选择"毫米"选项；在"名称"文本框中输入文件名"箱盖"，在"文件夹"文本框中选择相应的存放目录，单击"确定"按钮，进入 NX 12.0 的建模模块界面，如图 2-7-3 所示。

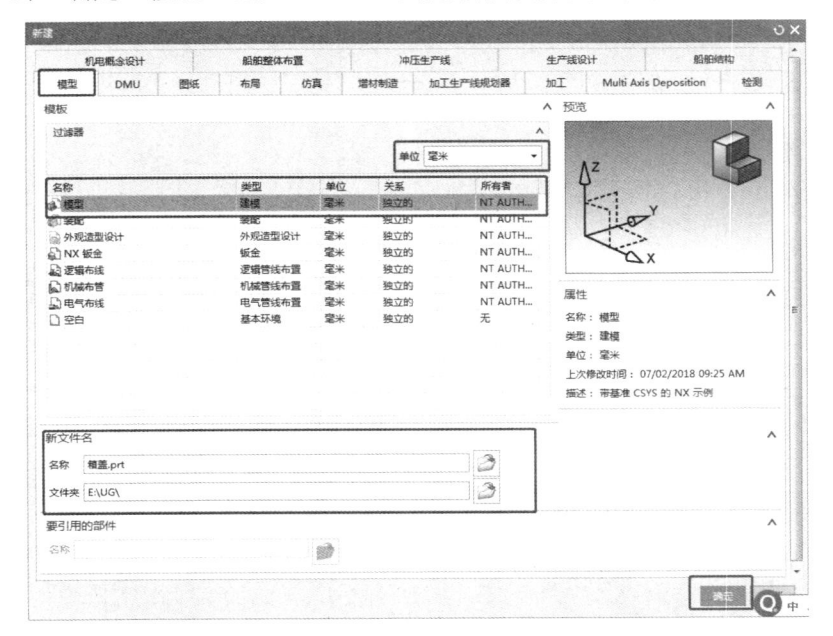

图 2-7-2 "新建"对话框

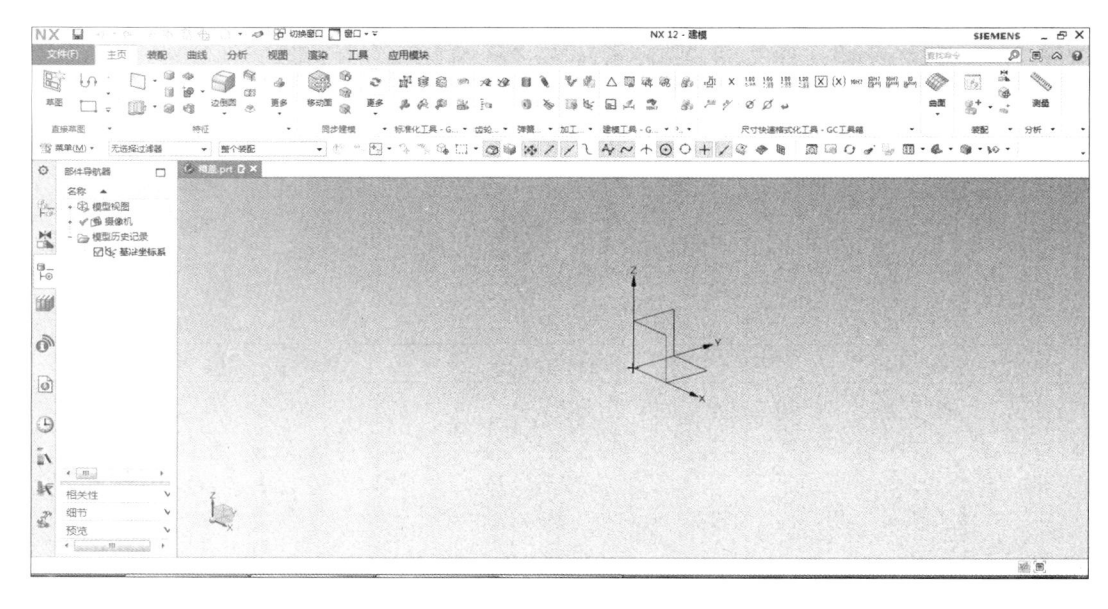

图 2-7-3　建模模块界面

步骤 2：拉伸主体

单击"拉伸" 图标，弹出"拉伸"对话框，如图 2-7-4 所示。单击"绘制截面" 图标，弹出"创建草图"对话框，如图 2-7-5 所示。

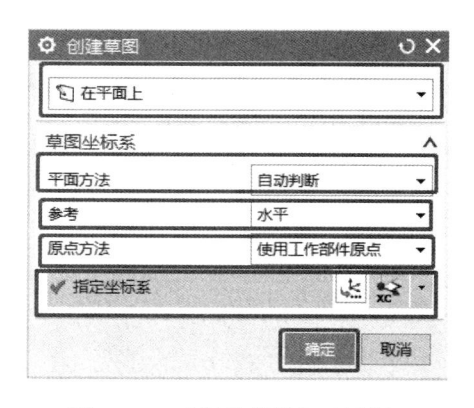

图 2-7-4　"拉伸"对话框 1　　　　图 2-7-5　"创建草图"对话框 1

项目 2
自动滑移切削机构的三维建模

将创建草图的方法设置为"在平面上","平面方法"设置为"自动判断","参考"设置为"水平";"原点方法"设置为"使用工作部件原点","指定坐标系"设置为 Y-Z 平面;单击"确定"按钮,进入草图任务环境,如图 2-7-6 所示。

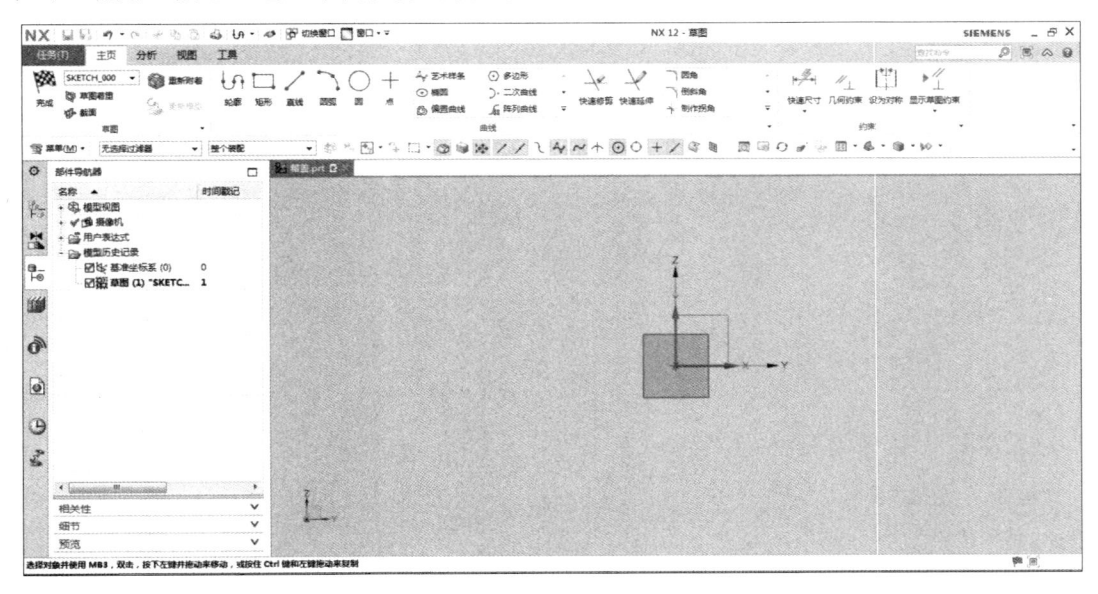

图 2-7-6 草图任务环境 1

绘制如图 2-7-7 所示的草图(具体的绘制过程及操作步骤可参考项目 1 中的草图训练,此处不再赘述)。

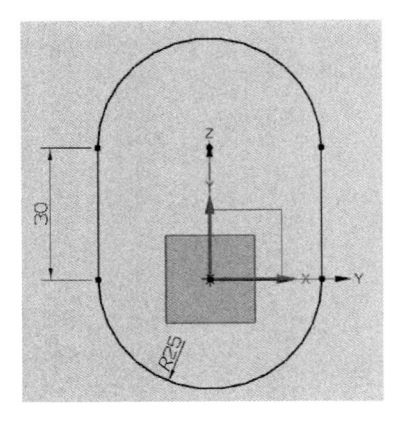

图 2-7-7 截面草图 1

绘制草图完成后,单击"完成"图标,返回"拉伸"对话框,如图 2-7-8 所示。将"指定矢量"设置为往 X 轴正方向拉伸(单击"方向"图标,可以切换正反方向),"开始"设置为"值";"距离"设置为 0(是指从高度 0 的位置开始拉伸),"结束"设置为"值","距离"设置为 12;"布尔"设置为"无",单击"确定"按钮,即可完成拉伸,如图 2-7-9 所示。

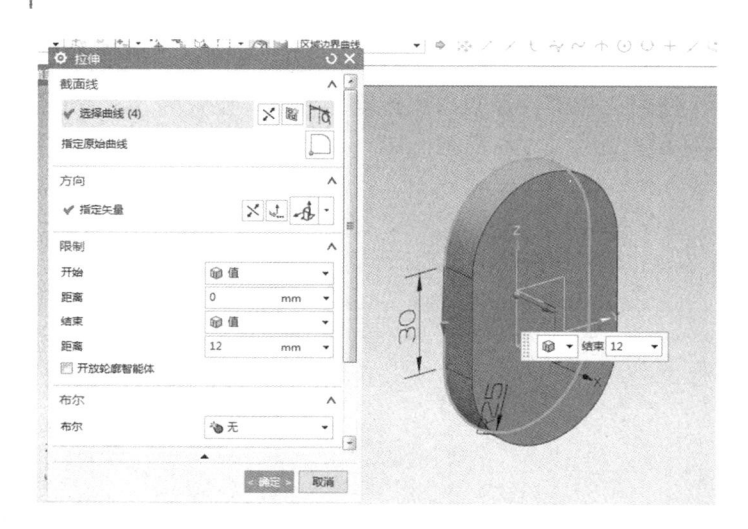

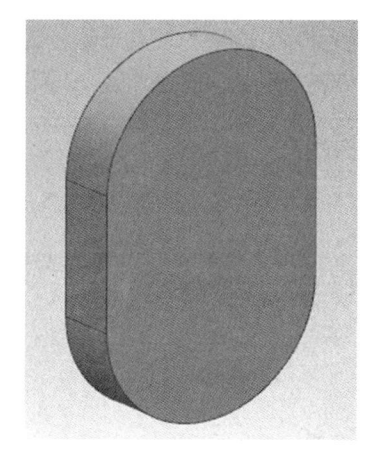

图 2-7-8 "拉伸"对话框 2　　　　　　　　　　图 2-7-9 拉伸的主体

步骤 3：拉伸第 2 部分

单击"拉伸" 图标，弹出"拉伸"对话框，如图 2-7-10 所示。单击"绘制截面" 图标，弹出"创建草图"对话框，如图 2-7-11 所示。

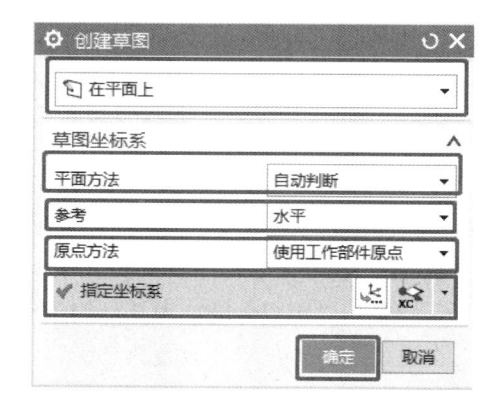

图 2-7-10 "拉伸"对话框 3　　　　　　　　图 2-7-11 "创建草图"对话框 2

将创建草图的方法设置为"在平面上","平面方法"设置为"自动判断","参考"设置为"水平";"原点方法"设置为"使用工作部件原点","指定坐标系"设置为 Y-Z 平面;单击"确定"按钮,进入草图任务环境,如图 2-7-12 所示。

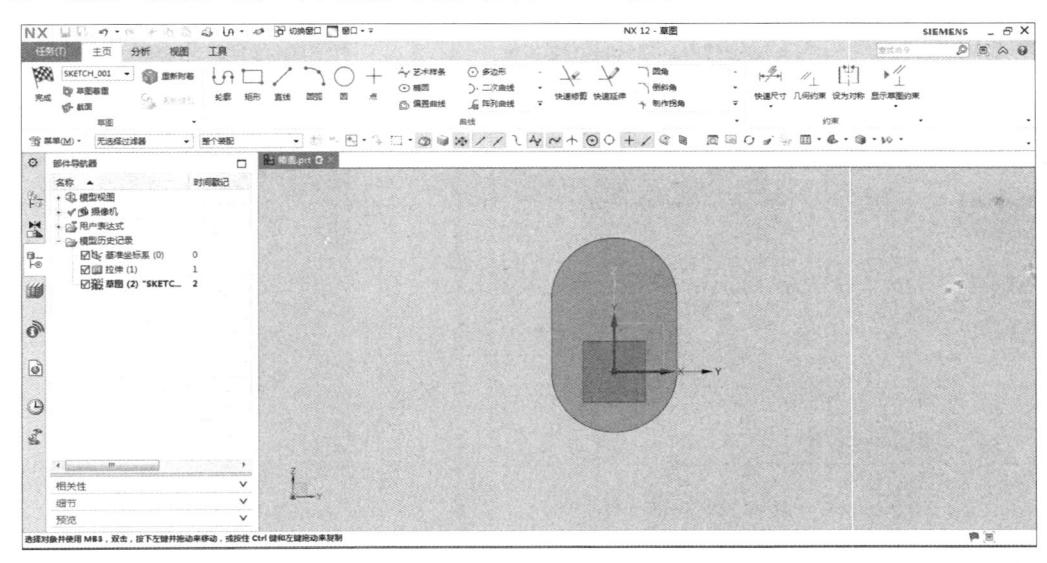

图 2-7-12　草图任务环境 2

绘制如图 2-7-13 所示的草图(具体的绘制过程及操作步骤可参考项目 1 中的草图训练,此处不再赘述)。

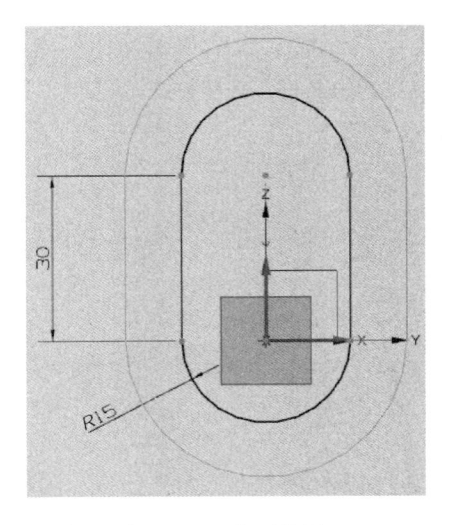

图 2-7-13　截面草图 2

绘制草图完成后,单击"完成"图标,返回"拉伸"对话框,如图 2-7-14 所示。将"指定矢量"设置为往 X 轴负方向拉伸(单击"方向"图标,可以切换正反方向);"开始"设置为"值","距离"设置为 0,"结束"设置为"值","距离"设置为 9;"布尔"设置为"合并",单击"确定"按钮,即可完成拉伸,如图 2-7-15 所示。

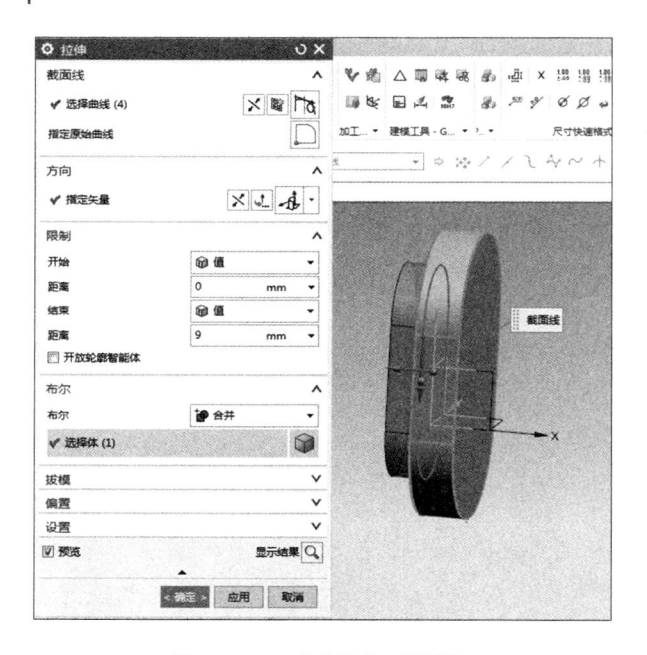

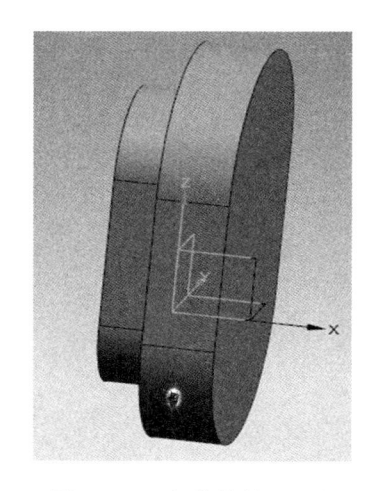

图 2-7-14 "拉伸"对话框 4　　　　图 2-7-15 拉伸的第 2 部分

步骤 4：创建 $\phi 20$ 的孔

单击"孔"图标，弹出"孔"对话框，如图 2-7-16 所示。将创建孔的方法设置为"常规孔"，"指定点"设置为圆心，"成形"设置为"简单孔"；"直径"设置为 20，"深度限制"设置为"贯通体"，"布尔"设置为"减去"；单击"确定"按钮，即可创建 $\phi 20$ 的孔，如图 2-7-17 所示。

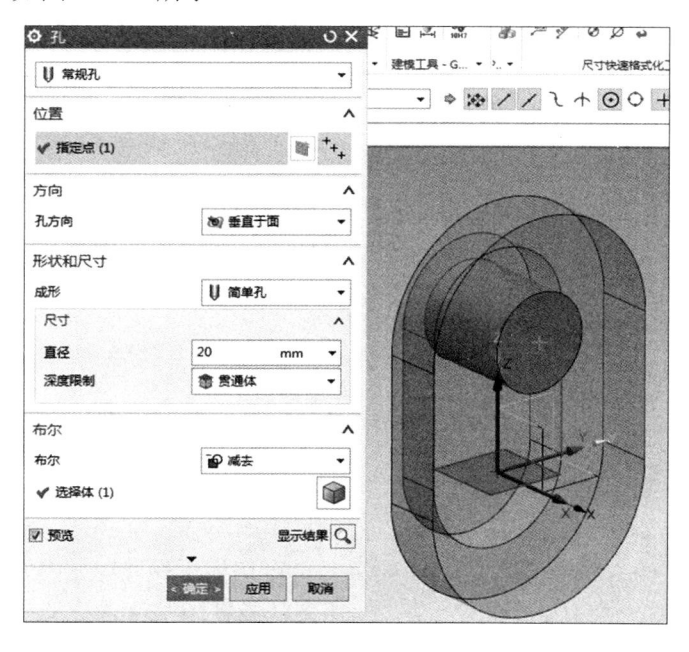

图 2-7-16 "孔"对话框 1　　　　图 2-7-17 创建完成后的 $\phi 20$ 的孔

用同样的方法创建另一个ϕ20 深度 16 的孔，具体步骤不再详述。创建完成后的ϕ20 的孔如图 2-7-18 所示。

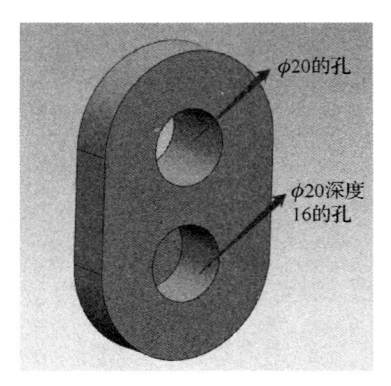

图 2-7-18 创建完成后的ϕ20 的孔

步骤 5：创建ϕ5 的通孔和ϕ4 的通孔

单击"孔"图标，弹出"孔"对话框，如图 2-7-19 所示。将创建孔的方法设置为"常规孔"，单击"绘制截面"图标，弹出"创建草图"对话框，如图 2-7-20 所示。

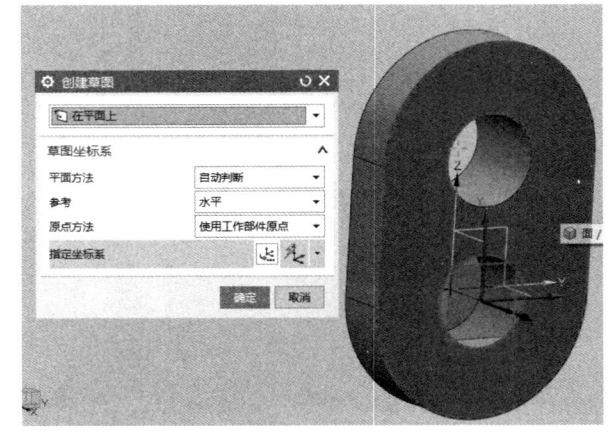

图 2-7-19 "孔"对话框 2　　　　图 2-7-20 "创建草图"对话框 3

将创建草图的方法设置为"在平面上"，"平面方法"设置为"自动判断"，"参考"设置为"水平"；"原点方法"设置为"使用工作部件原点"，"指定坐标系"设置为箱盖右侧平面；单击"确定"按钮，进入草图任务环境，如图 2-7-21 所示。

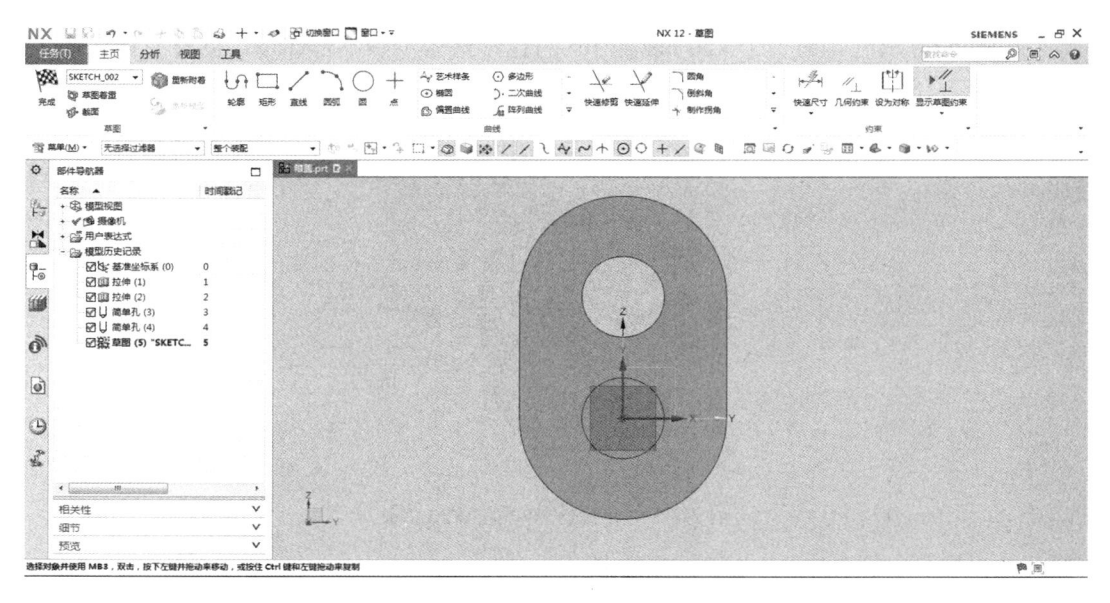

图 2-7-21 草图任务环境 3

在草图任务环境下,单击"点" ✚ 图标,定 6 个点($\phi 5$ 通孔的孔心),定好的点如图 2-7-22 所示。单击"完成" 🏁 图标,返回"孔"对话框,将"直径"设置为 5,"深度限制"设置为"贯通体",其他参数采用默认设置,如图 2-7-23 所示。单击"确定"按钮,即可创建 $\phi 5$ 的通孔,如图 2-7-24 所示。

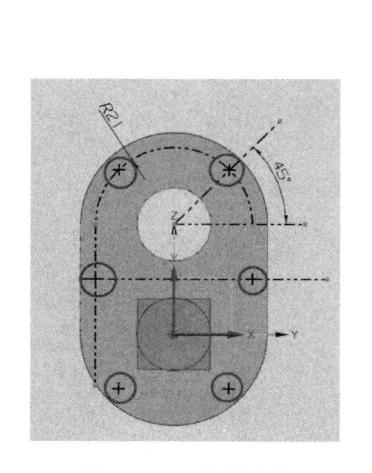

图 2-7-22 草图定点　　图 2-7-23 孔的参数　　图 2-7-24 创建完成后的 6 个 $\phi 5$ 的通孔

用同样的方法创建 2 个 $\phi 4$ 的通孔。创建完成后的 2 个 $\phi 4$ 的通孔如图 2-7-25 所示。

步骤 6:倒圆角或倒斜角

创建完成所有的孔后,箱盖的三维建模就完成了。对锐边倒 $R1$ 的圆角或倒出距离为

0.5mm、角度为 45°的斜角。三维建模完成后的箱盖如图 2-7-26 所示。

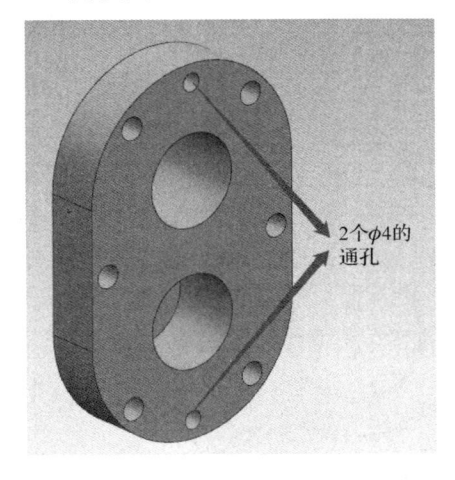

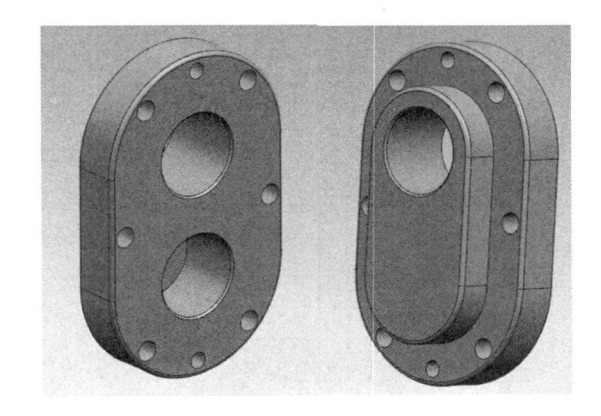

图 2-7-25　创建完成后的 2 个 $\phi 4$ 的通孔

图 2-7-26　三维建模完成后的箱盖

步骤 7：保存文件

完成箱盖的三维建模后，保存文件。选择"文件"→"保存"→"保存"命令（或直接单击"保存"图标）保存文件。单击界面右上角的"关闭"×按钮关闭 NX 12.0。

课后技能提升训练

1. 完成如图 2-7-27 所示的支撑座的三维建模。

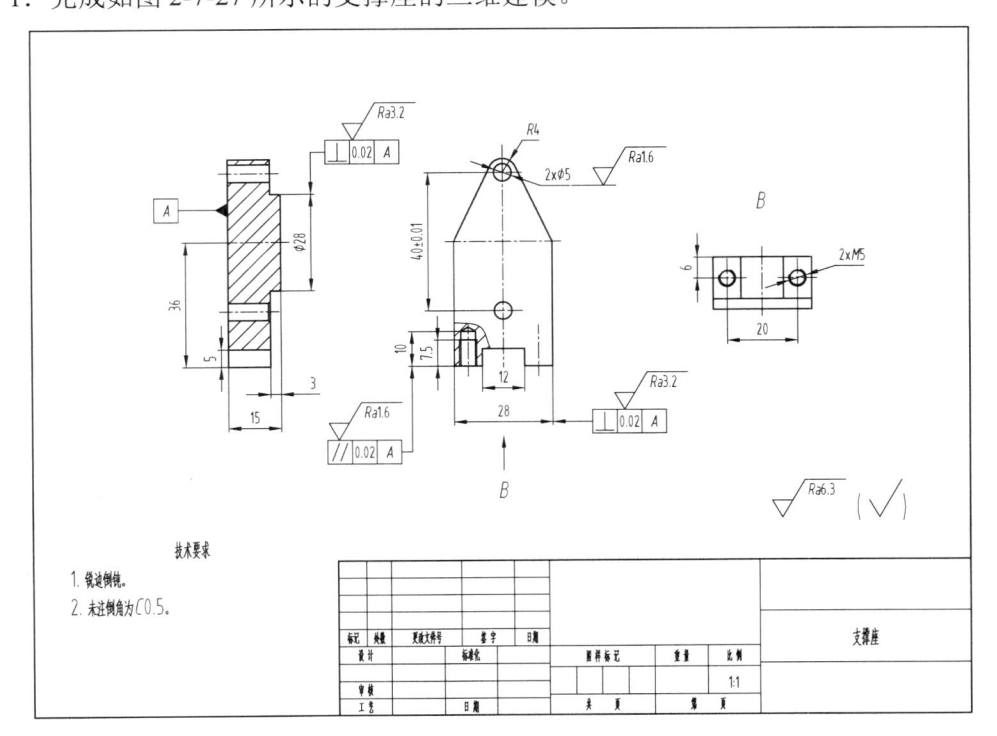

图 2-7-27　支撑座

2. 完成如图 2-7-28 所示的调节盘的三维建模。

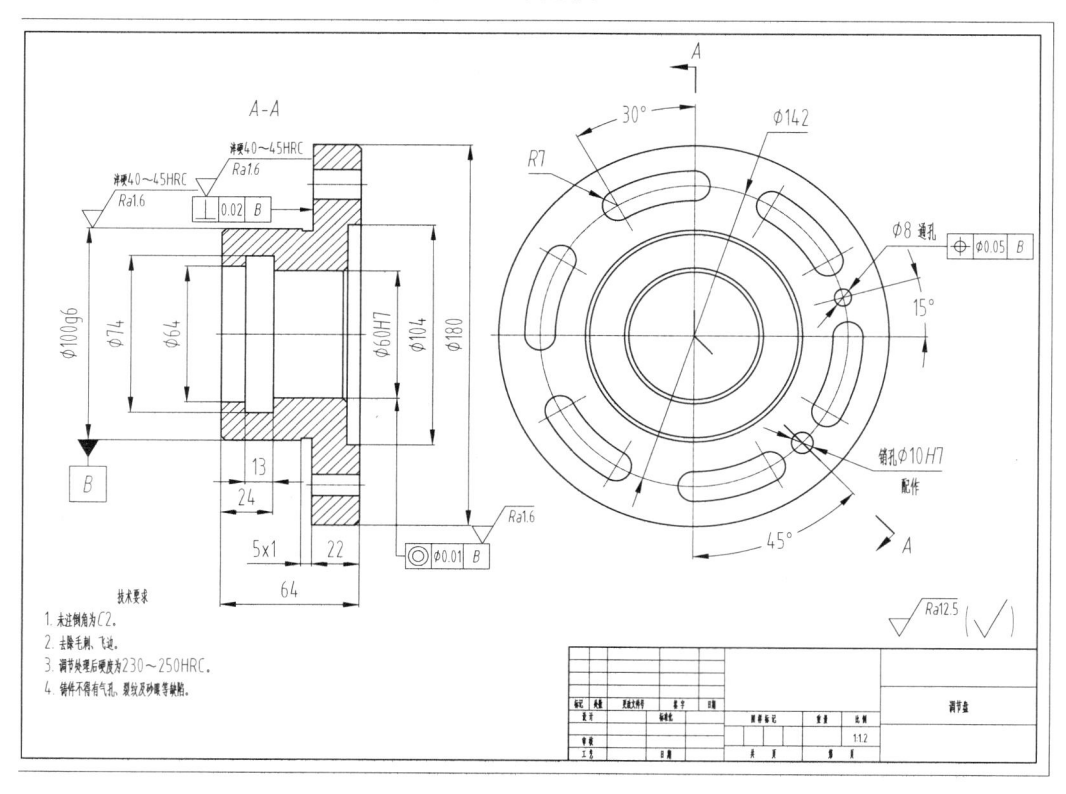

图 2-7-28 调节盘

任务 2.8　箱体的三维建模

任务简介

箱体是自动滑移切削机构中一个较为复杂的箱体类零件。如图 2-8-1 所示为箱体的零件图纸。首先对箱体的零件图纸进行基本的形状分析、尺寸分析，然后确定合理的建模思路，通过综合运用长方体、拉伸、凸起、孔、布尔运算等特征操作完成箱体的三维建模。对初学者来说，整个建模过程相对有点难度，所以必须读懂图纸，锻炼看图读图的能力，同时要有清晰的三维建模的思路。

任务内容

（1）创建长方体、圆柱。
（2）绘制草图。
（3）创建凸起。
（4）创建基准平面。

项目 2
自动滑移切削机构的三维建模

（5）创建腔体。

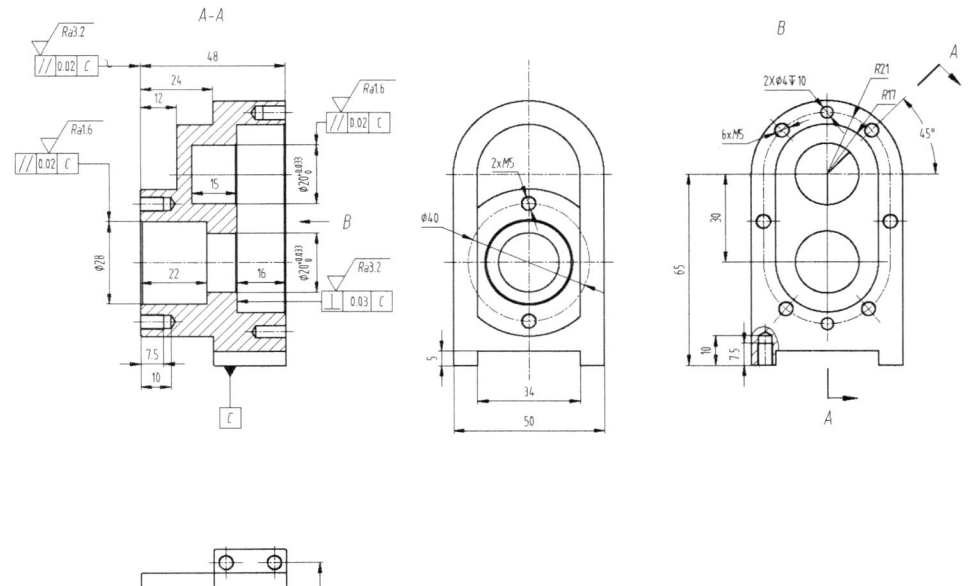

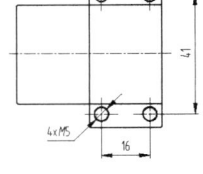

图 2-8-1　箱体的零件图纸

建模思路

箱体是一个较为复杂的箱体类零件，整体形状结构稍微复杂，但建模过程不复杂。该类零件建模的方法有很多种，首先可以通过长方体、圆柱、拉伸等命令创建主体，也可以使用凸起命令创建主体，然后创建各种孔特征。箱体的零件图纸虽然看着较为复杂，但是建模思路不难，步骤也较为简单，所以三维建模可以采用多种不同的命令。箱体的三维建模思路如表 2-8-1 所示。

表 2-8-1　箱体的三维建模思路表

创建主体	创建后面特征	创建底部腔体

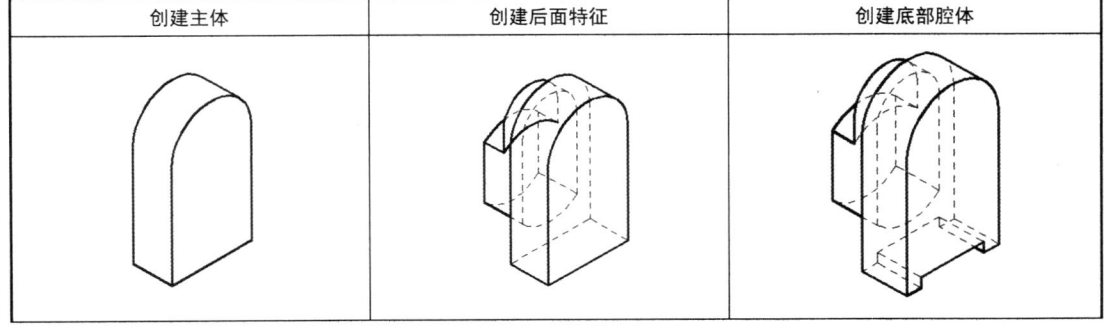

续表

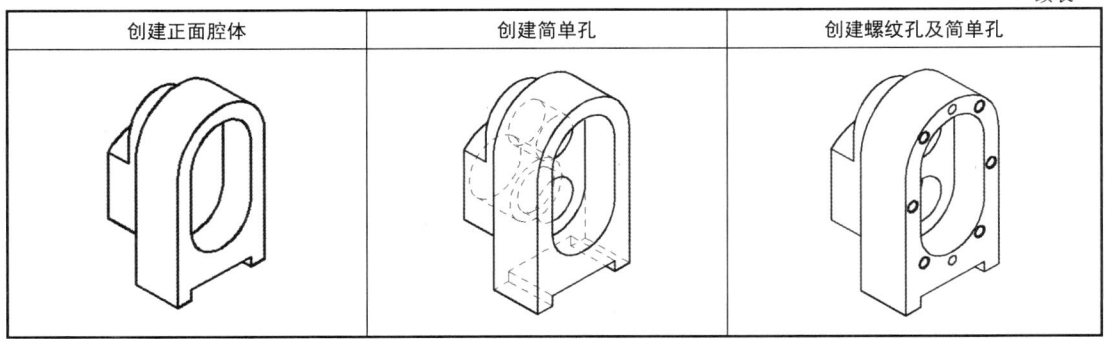

创建正面腔体	创建简单孔	创建螺纹孔及简单孔

建模过程

步骤 1：新建文件

启动 NX 12.0，单击"新建"按钮，弹出"新建"对话框，如图 2-8-2 所示。选择"模型"选项卡中的"模型"选项，单位默认是"毫米"，否则在"单位"下拉列表中选择"毫米"选项；在"名称"文本框中输入文件名"箱体"，在"文件夹"文本框中选择相应的存放目录，单击"确定"按钮，进入 NX 12.0 的建模模块界面，如图 2-8-3 所示。

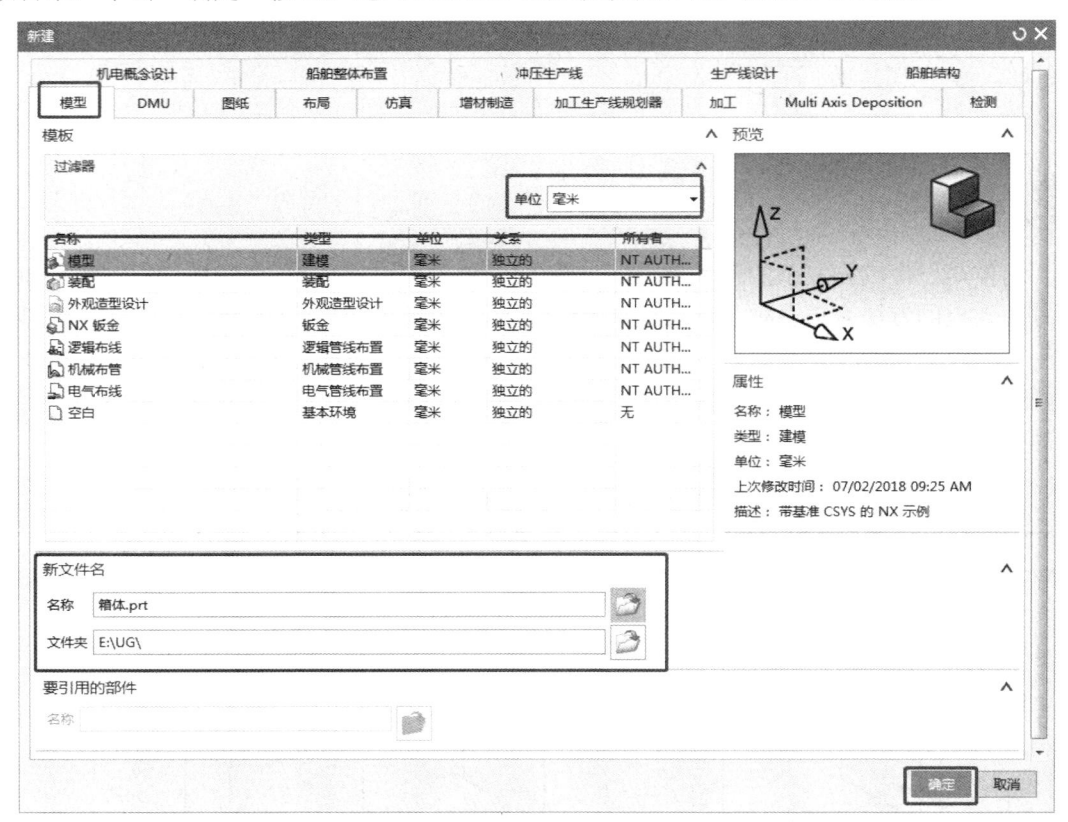

图 2-8-2 "新建"对话框

项目 2
自动滑移切削机构的三维建模

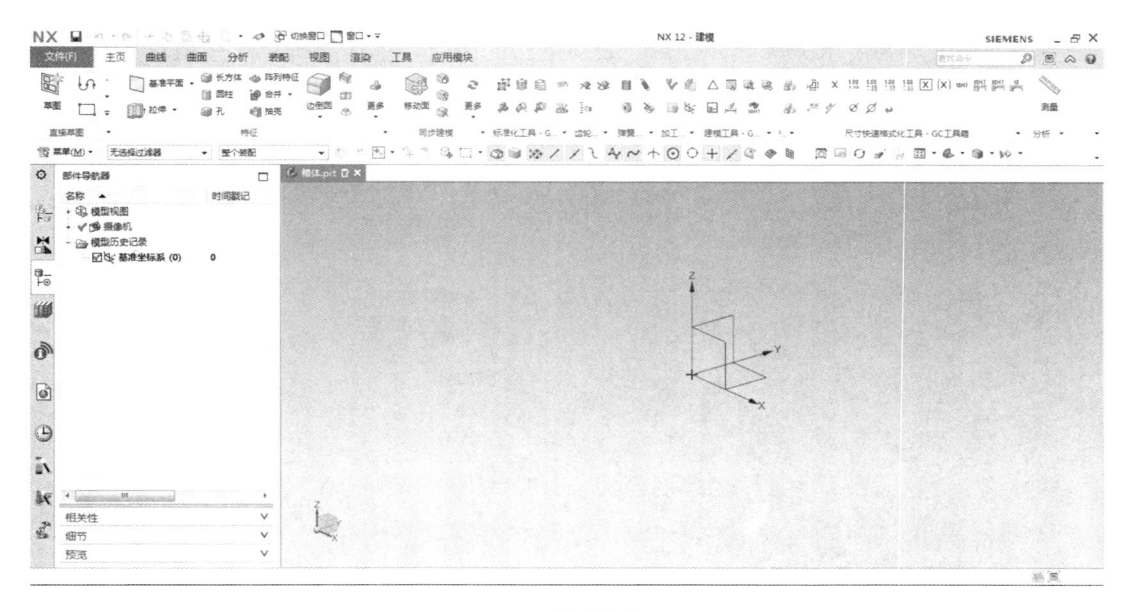

图 2-8-3 建模模块界面

步骤 2：创建长方体

单击"长方体"图标，弹出"长方体"对话框，如图 2-8-4 所示。将"长度"设置为 24，"宽度"设置为 50，"高度"设置为 65；单击"指定点"图标，弹出"点"对话框，如图 2-8-5 所示。将"XC"设置为-24，"YC"设置为-25，"ZC"设置为 0，单击"确定"按钮返回"长方体"对话框；单击"确定"按钮，即可创建长方体，如图 2-8-6 所示。

图 2-8-4 "长方体"对话框　　　　图 2-8-5 "点"对话框 1

步骤 3：创建圆柱

单击"圆柱"图标，弹出"圆柱"对话框，如图 2-8-7 所示。将创建圆柱的方法设置为"轴、直径和高度"，"指定矢量"设置为"XC 轴"，单击"指定点"图标，弹出"点"

对话框,如图 2-8-8 所示。选择长方体上表面的边的中点,单击"确定"按钮返回"圆柱"对话框。将"直径"设置为 50,"高度"设置为 24,"布尔"设置为"合并",单击"确定"按钮,即可创建圆柱,如图 2-8-9 所示。

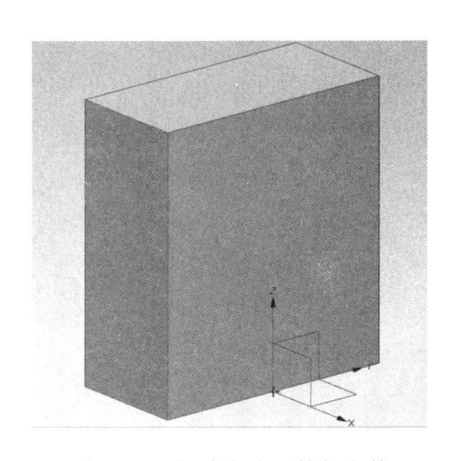

图 2-8-6　创建完成后的长方体

图 2-8-7　"圆柱"对话框

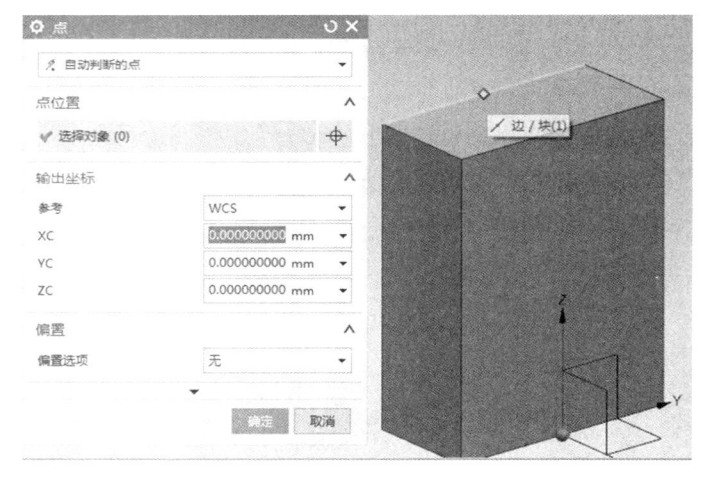

图 2-8-8　"点"对话框 2

图 2-8-9　创建完成后的圆柱

步骤 4:拉伸长方体

单击"拉伸" 图标,弹出"拉伸"对话框,如图 2-8-10 所示。单击"绘制截面" 图标,弹出"创建草图"对话框,如图 2-8-11 所示。

将创建草图的方法设置为"在平面上","平面方法"设置为"自动判断","参考"设置为"水平";"原点方法"设置为"使用工作部件原点","指定坐标系"设置为长方体的后平面;单击"确定"按钮,进入草图任务环境,如图 2-8-12 所示。

项目 2
自动滑移切削机构的三维建模

图 2-8-10 "拉伸"对话框 1

图 2-8-11 "创建草图"对话框 1

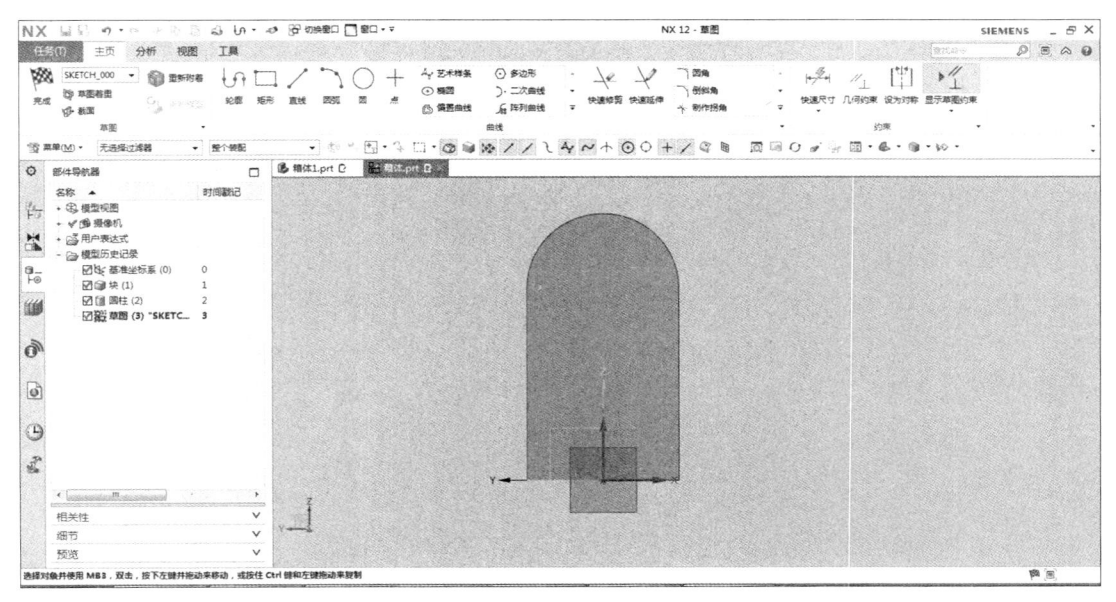

图 2-8-12 草图任务环境 1

绘制如图 2-8-13 所示的草图（具体的绘制过程及操作步骤可参考项目 1 中的草图训练，此处不再赘述）。

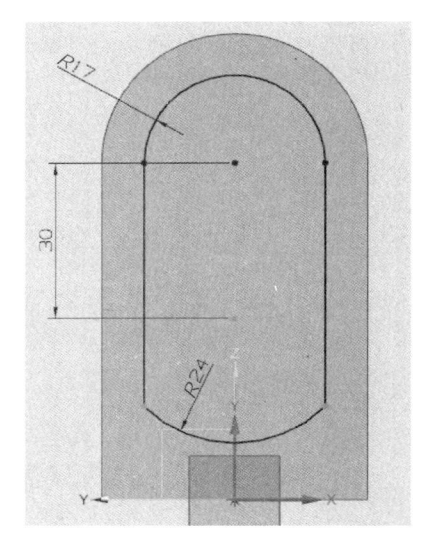

图 2-8-13　截面草图 1

绘制草图完成后，单击"完成" 图标，返回"拉伸"对话框，如图 2-8-14 所示。将"指定矢量"设置为往 X 轴负方向拉伸（单击"方向" 图标，可以切换正反方向），"开始"设置为"值"；"距离"设置为 0（是指从高度 0 的位置开始拉伸），"结束"设置为"值"，"距离"设置为 12；"布尔"设置为"合并"，单击"确定"按钮，即可完成拉伸，如图 2-8-15 所示。

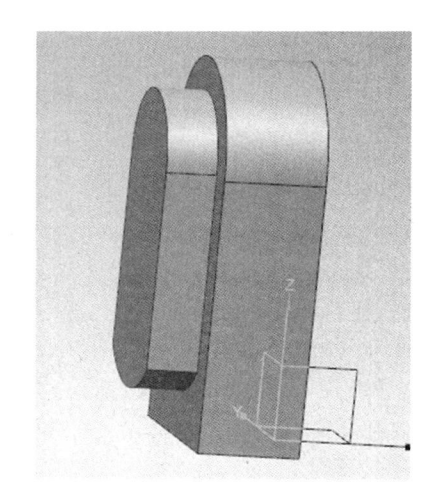

图 2-8-14　"拉伸"对话框 2　　　　图 2-8-15　拉伸完成后的主体

步骤 5：创建凸起

创建凸起要先创建基准平面。单击"基准平面" 图标，弹出"基准平面"对话框，

项目 2
自动滑移切削机构的三维建模

如图 2-8-16 所示。将创建基准平面的方法设置为"按某一距离","选择平面对象"设置为长方体的后平面,"距离"设置为 12,即可创建基准平面,如图 2-8-17 所示。

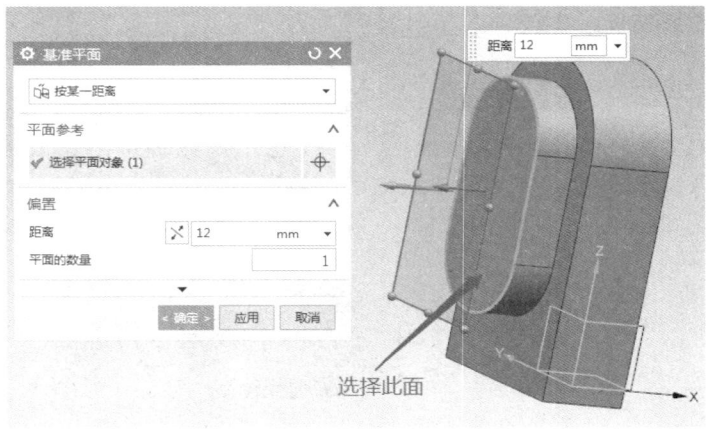

图 2-8-16 "基准平面"对话框　　　图 2-8-17 创建完成后的基准平面

绘制草图。在创建的基准平面上绘制如图 2-8-18 所示的草图(具体的绘制过程及操作步骤可参考项目 1 中的草图训练,此处不再赘述)。绘制完成后的草图如图 2-8-19 所示。

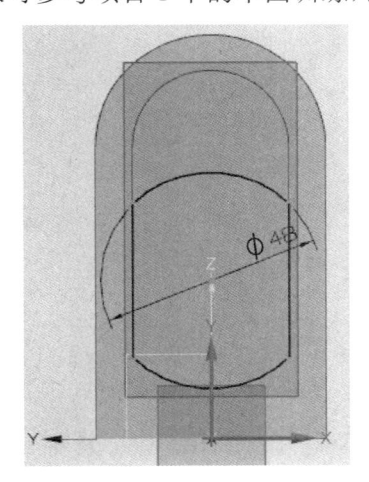

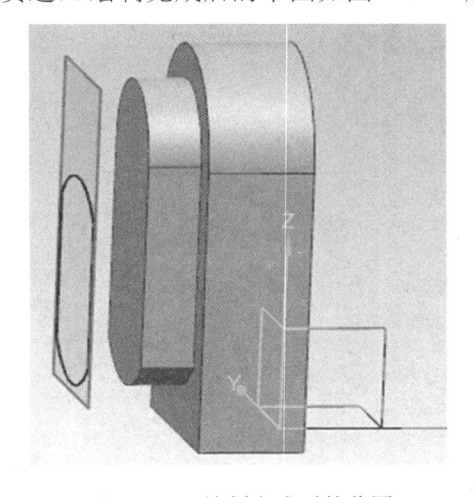

图 2-8-18 截面草图　　　图 2-8-19 绘制完成后的草图

绘制草图完成后,单击"完成"图标,返回建模模块界面。用凸起命令创建凸起。选择"菜单"→"插入"→"设计特征"→"凸起"命令,弹出"凸起"对话框(见图 2-8-10);将"选择曲线"设置为刚才绘制的截面草图,"选择面"设置为步骤 4 中拉伸的长方体的后平面;单击"确定"按钮,即可创建凸起,如图 2-8-21 所示。

步骤 6:创建矩形腔

"腔"命令在 NX 10.0 以下的版本中直接显示在设计特征中,在 NX 10.0 及以上的版本中被"凸起"命令代替。但是,NX 12.0 版本中保留了"腔"命令,所以可以用此命令创建某些特征。"腔"命令的路径为"菜单"→"插入"→"设计特征"→"腔",如图 2-8-22 所示。

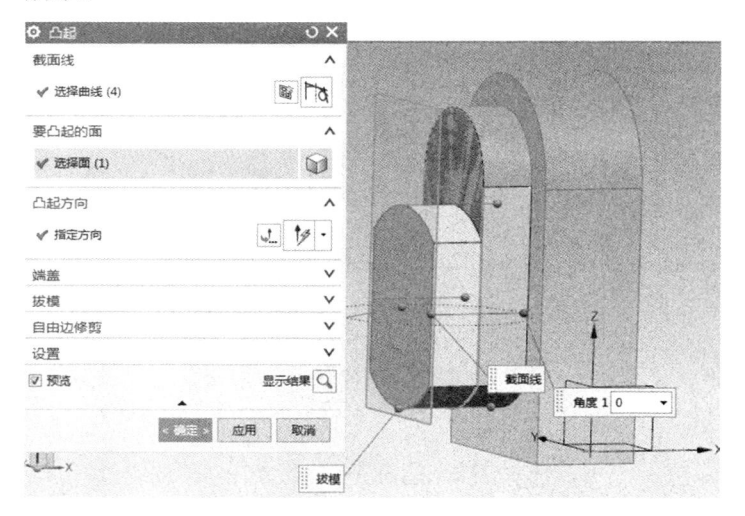

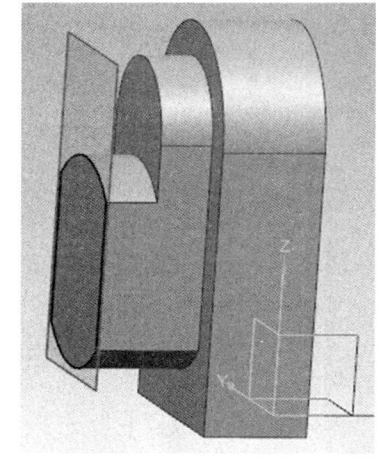

图 2-8-20　"凸起"对话框　　　　　图 2-8-21　创建完成后的凸起部分

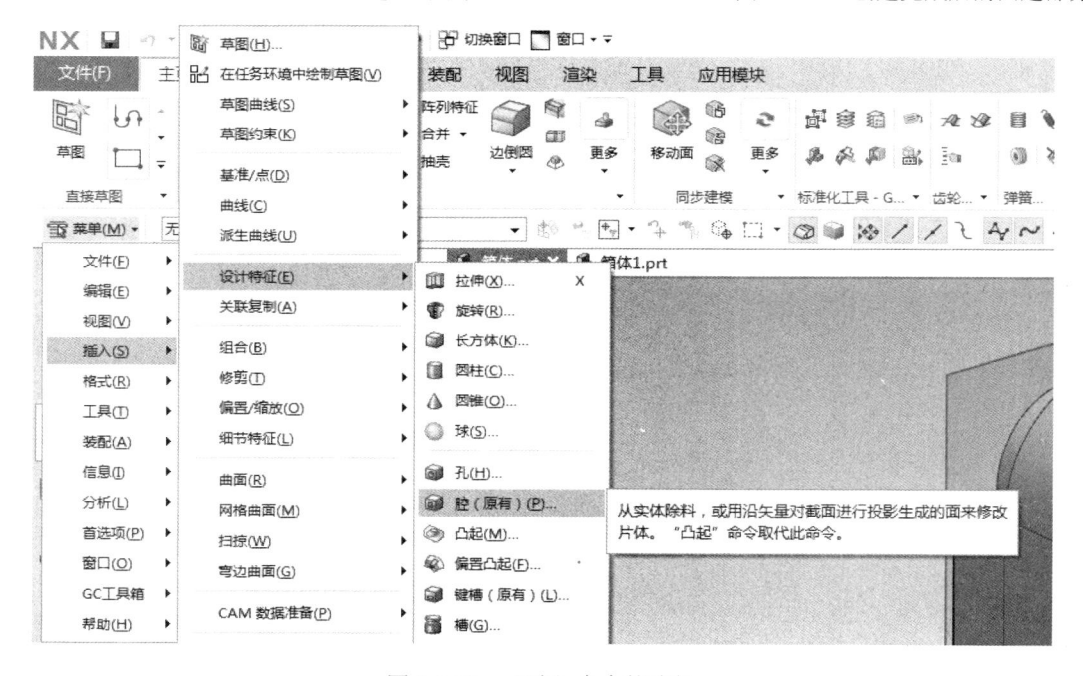

图 2-8-22　"腔"命令的路径

找到"腔"命令后,选择"腔"命令,弹出"腔"对话框,如图 2-8-23 所示。选择"矩形"选项,弹出"矩形腔"对话框,提示选择创建"矩形腔"的放置面,这里选择箱体的底面,如图 2-8-24 所示。

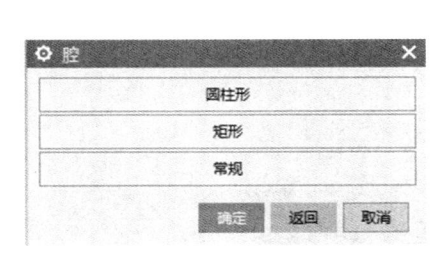

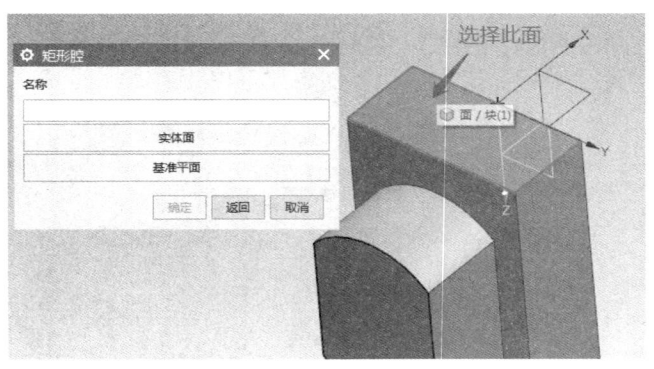

项目 2
自动滑移切削机构的三维建模

图 2-8-23　"腔"对话框　　　　图 2-8-24　选择矩形腔的放置面

选择完成放置面后，弹出"水平参考"对话框（注：水平参考是指矩形腔的长度方向），选择一个方向作为矩形腔的长度方向，可以选择 Y 轴或底面的任意一条边，如图 2-8-25 所示。选择完成后，弹出"矩形腔"对话框（输入参数对话框），将"长度"设置为 34，"宽度"设置为 24，"深度"设置为 5，如图 2-8-26 所示。

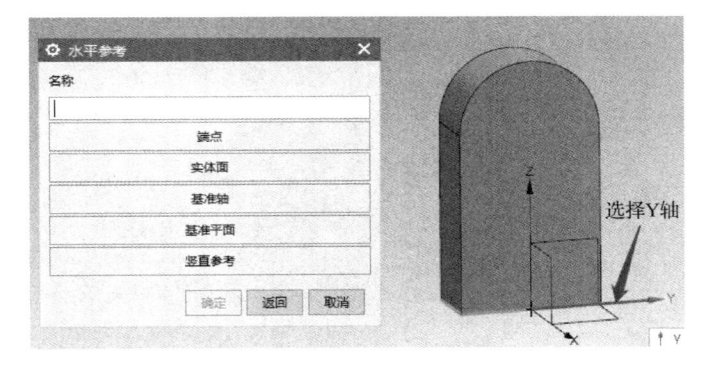

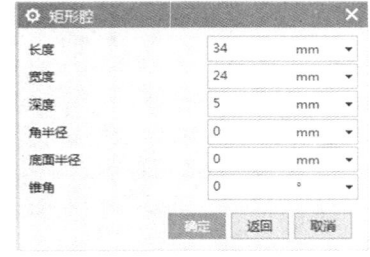

图 2-8-25　选择水平参考　　　　图 2-8-26　设置矩形腔参数

设置完成矩形腔的参数后，单击"确定"按钮，弹出"定位"对话框，如图 2-8-27 所示。单击"垂直"图标，弹出"垂直的"对话框，如图 2-8-28 所示。分别选择箱体底部的一条边和腔体的中心线，弹出"创建表达式"对话框（定位尺寸），将"p50"设置为 25，如图 2-8-29 所示，单击"确定"按钮。

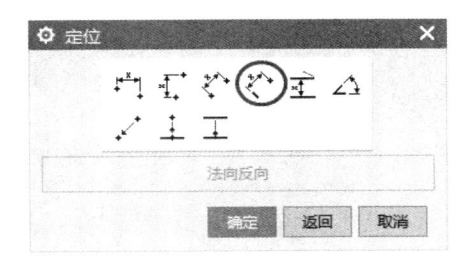

图 2-8-27　"定位"对话框 1　　　　图 2-8-28　"垂直的"对话框

因为需要 2 个定位尺寸才能精确定位腔体，所以要创建第 2 个定位尺寸。定位好第 1 个定位尺寸后，单击"确定"按钮返回"定位"对话框，如图 2-8-30 所示。单击"垂直的"

图标，重复上面的定位操作，但要选择不同的边，将"p51"设置为12，如图2-8-31所示。单击"确定"按钮，即可创建和定位腔体。创建完成后的腔体如图2-8-32所示。

图2-8-29 "创建表达式"对话框1

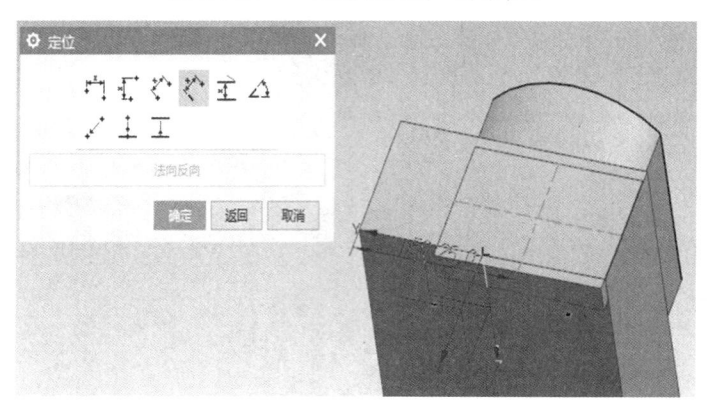

图2-8-30 "定位"对话框2

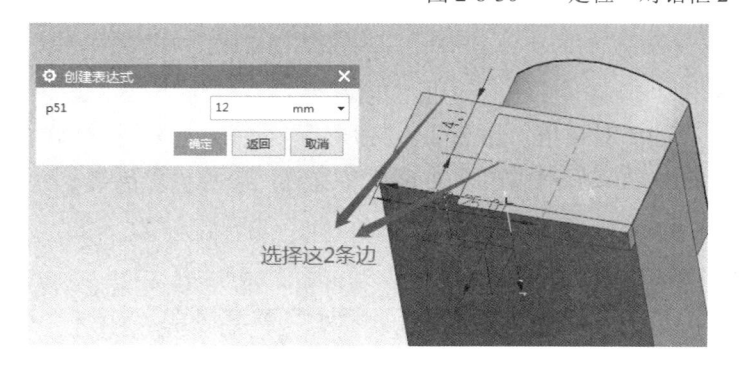

图2-8-31 "创建表达式"对话框2

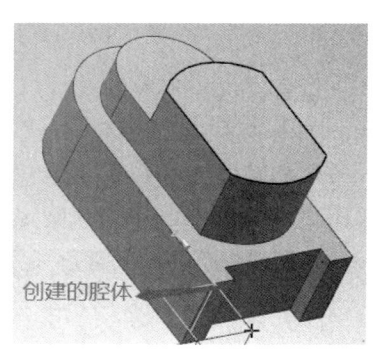

图2-8-32 创建完成后的腔体

步骤7：拉伸切除特征

单击"拉伸"图标，弹出"拉伸"对话框，如图2-8-33所示。单击"绘制截面"图标，弹出"创建草图"对话框，如图2-8-34所示。

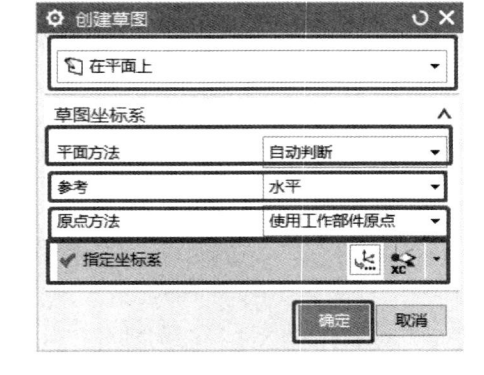

项目 2
自动滑移切削机构的三维建模

图 2-8-33 "拉伸"对话框 3　　　　图 2-8-34 "创建草图"对话框 2

将创建草图的方法设置为"在平面上","平面方法"设置为"自动判断","参考"设置为"水平";"原点方法"设置为"使用工作部件原点","指定坐标系"设置为 Y-Z 平面;单击"确定"按钮,进入草图任务环境,如图 2-8-35 所示。

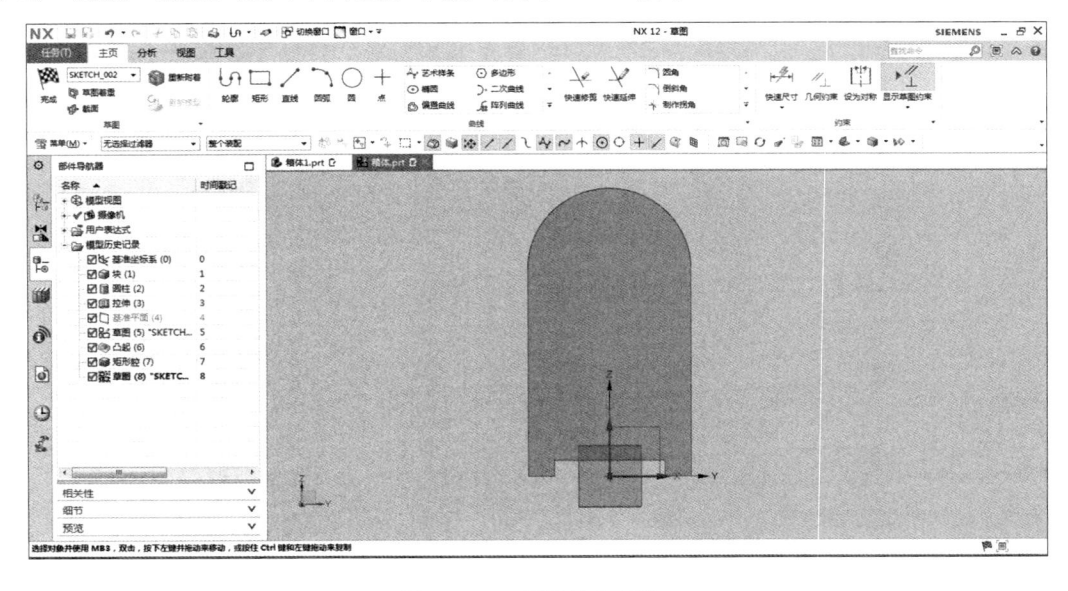

图 2-8-35　草图任务环境 2

绘制如图 2-8-36 所示的草图(具体的绘制过程及操作步骤可参考项目 1 中的草图训

117

练，此处不再赘述）。

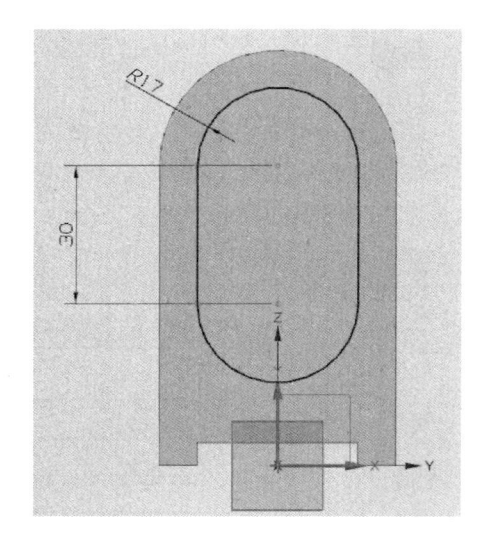

图 2-8-36　截面草图 2

绘制草图完成后，单击"完成" 图标，返回"拉伸"对话框，如图 2-8-37 所示。将"指定矢量"设置为往 X 轴负方向拉伸（单击"方向" 图标，可以切换正反方向），"开始"设置为"值"；"距离"设置为 0（是指从高度 0 的位置开始拉伸），"结束"设置为"值"，"距离"设置为 16；"布尔"设置为"减去"，单击"确定"按钮，即可完成拉伸，如图 2-8-38 所示。

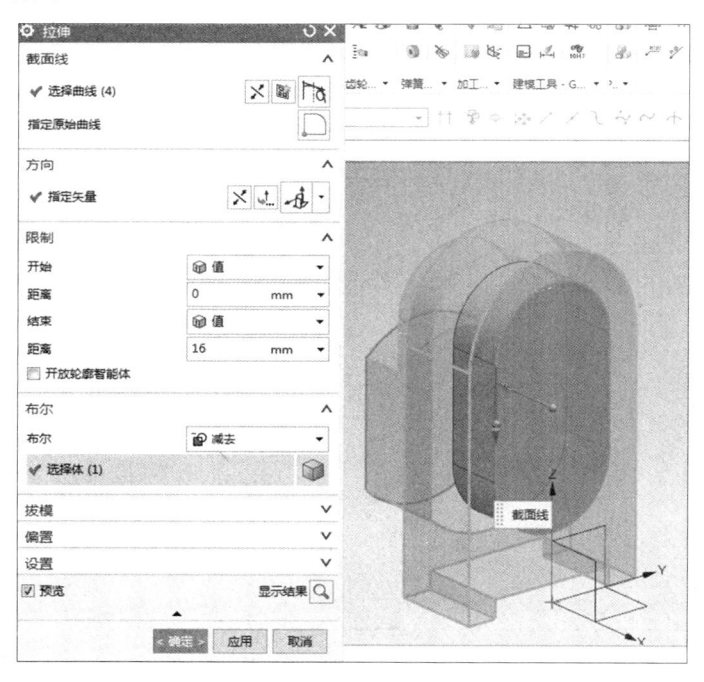

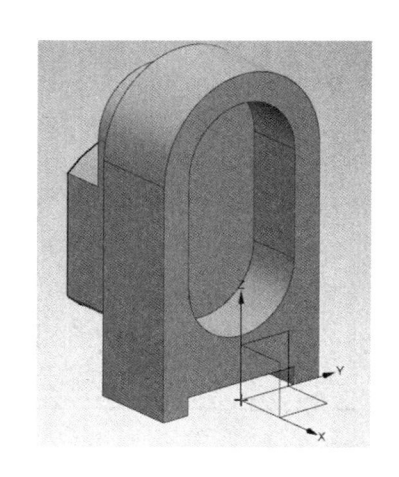

图 2-8-37　"拉伸"对话框 4　　　　　图 2-8-38　拉伸的切除特征

项目 2
自动滑移切削机构的三维建模

步骤 8：创建 $\phi 20$ 深度 15、$\phi 28$ 深度 22、$\phi 20$ 深度 10、$\phi 4$ 深度 10 的简单孔

创建 $\phi 20$ 深度 15 的简单孔。单击"孔"图标，弹出"孔"的对话框，将创建孔的方法设置为"常规孔"；"指定点"设置为步骤 7 中拉伸切除特征上部分的圆心（见图 2-8-39），定好孔的中心，"直径"设置为 20；"深度"设置为 15，"顶锥角"设置为 0°，"布尔"设置为"减去"；单击"确定"按钮，即可创建 $\phi 20$ 深度 15 的简单孔，如图 2-8-40 所示。

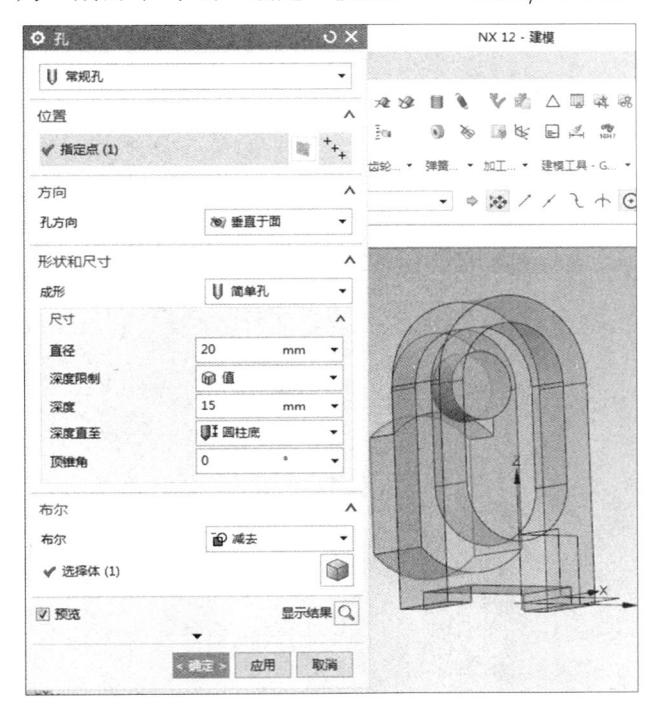

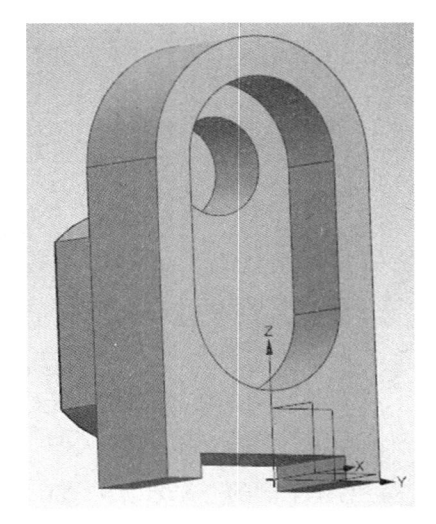

图 2-8-39 "孔"对话框 1　　　图 2-8-40 创建完成后的 $\phi 20$ 深度 15 的简单孔

用同样的方法创建 $\phi 28$ 深度 22 和 $\phi 20$ 深度 10 的简单孔，创建完成后，如图 2-8-41 所示。

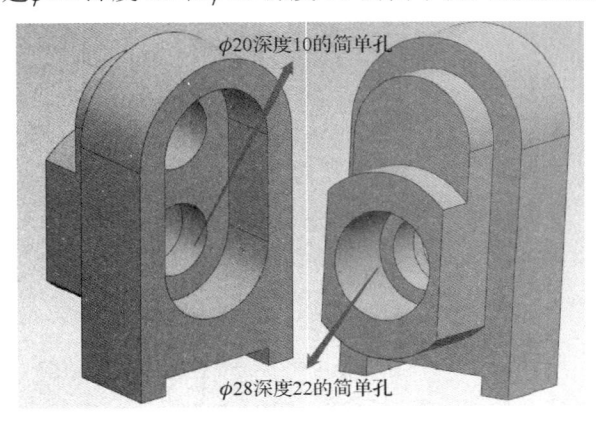

图 2-8-41 创建完成后的 $\phi 28$ 深度 22 和 $\phi 20$ 深度 10 的简单孔

创建 $\phi 4$ 深度 10 的简单孔。单击"孔"图标，弹出"孔"的对话框，如图 2-8-42

所示。将创建孔的方法设置为"常规孔",单击"绘制截面" 图标,弹出"创建草图"对话框,如图 2-8-43 所示。

图 2-8-42 "孔"对话框 1

图 2-8-43 "创建草图"对话框 3

将创建草图的方法设置为"在平面上","平面方法"设置为"自动判断","参考"设置为"水平";"原点方法"设置为"使用工作部件原点","指定坐标系"设置为 Y-Z 平面,单击"确定"按钮,进入草图任务环境。在草图任务环境下,单击"点" + 图标,定 2 个点($\phi 4$ 孔的孔心),定好的点如图 2-8-44 所示。

定好 2 个点后,单击"完成" 图标,返回"孔"对话框,将"直径"设置为 4;"深度"设置为 10,"顶锥角"设置为 120°,其他参数采用默认设置,如图 2-8-45 所示。单击"确定"按钮,即可创建 $\phi 4$ 深度 10 的简单孔,如图 2-8-46 所示。

步骤 9:创建 6 个 M5 的螺纹孔

单击"孔" 图标,弹出"孔"对话框,如图 2-8-47 所示。将创建孔的方法设置为"常规孔",单击"绘制截面" 图标,弹出"创建草图"对话框,如图 2-8-48 所示。

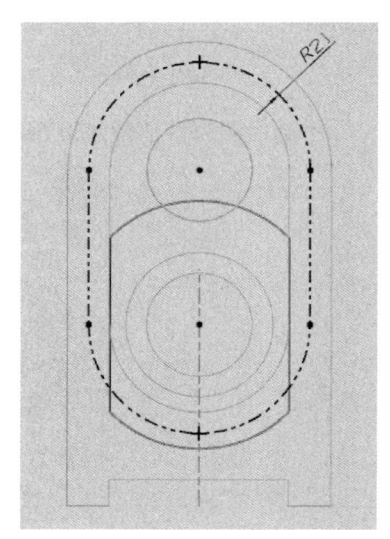

图 2-8-44 草图定点 1

图 2-8-45　孔的参数 1

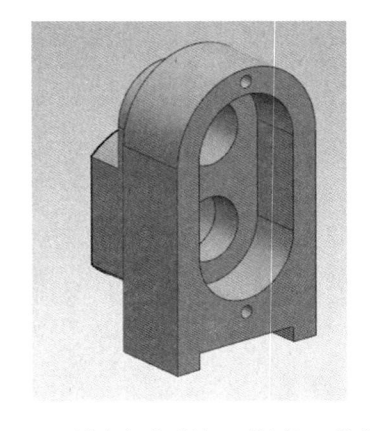

图 2-8-46　创建完成后的 φ4 深度 10 的简单孔

图 2-8-47　"孔"对话框 3

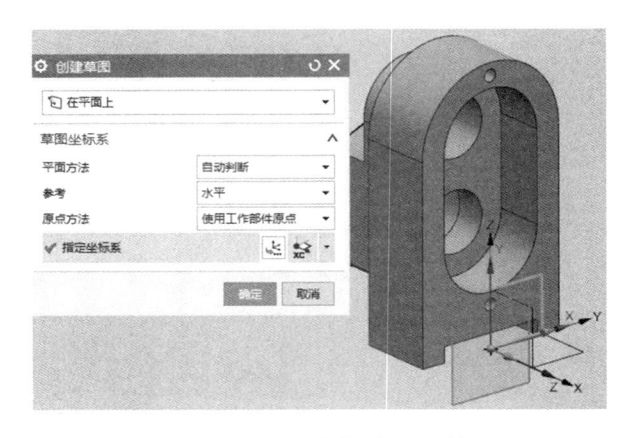

图 2-8-48　"创建草图"对话框 4

将创建草图的方法设置为"在平面上","平面方法"设置为"自动判断","参考"设置为"水平";"原点方法"设置为"使用工作部件原点","指定坐标系"设置为 Y-Z 平面;单击"确定"按钮,进入草图任务环境。在草图任务环境下,单击"点"+图标,定 6 个点(M5 的螺纹孔的孔心),定好的点如图 2-8-49 所示。

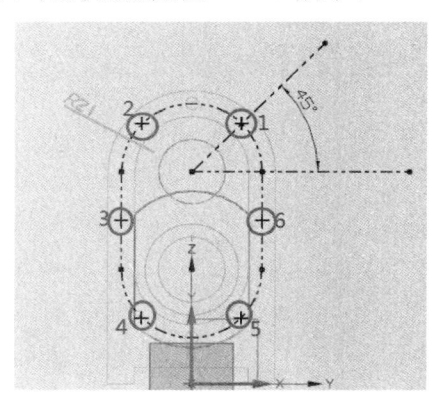

图 2-8-49 草图定点 2

定好 6 个点后,单击"完成"🏁图标,返回"孔"对话框;将创建孔的方法设置为"螺纹孔","大小"设置为"M5×0.8","螺纹深度"设置为 7.5;"深度限制"设置为"值","深度"设置为 10,"顶锥角"设置为 118°,其他参数采用默认设置,如图 2-8-50 所示。单击"确定"按钮,即可创建 M5 的螺纹孔,如图 2-8-51 所示。

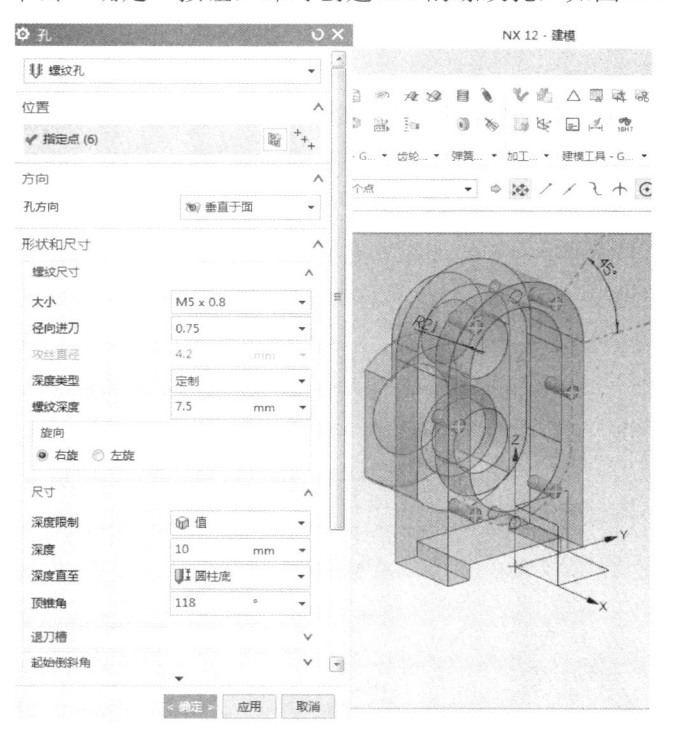

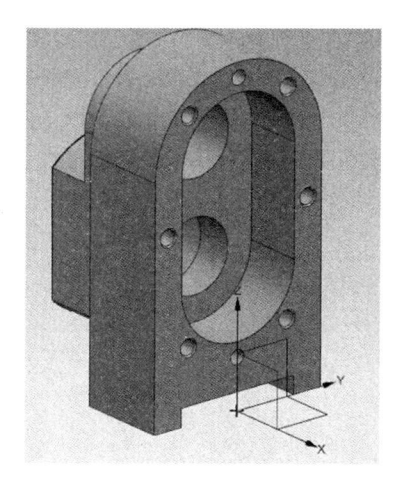

图 2-8-50 孔的参数 2　　　　图 2-8-51 创建完成后的 6 个 M5 的螺纹孔

用同样的方法创建箱体后面的 2 个 M5 的螺纹孔，创建完成后如图 2-8-52 所示。

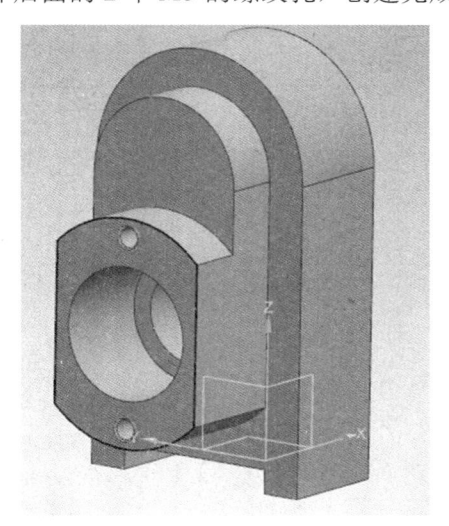

图 2-8-52　创建完成后的箱体后面的 2 个 M5 的螺纹孔

步骤 10：保存文件

创建完成所有的孔后，箱体的三维建模就基本完成了。对锐边倒 R1 的圆角或倒出距离为 0.5mm，角度为 45°的斜角，三维建模完成后的箱体如图 2-8-53 所示。

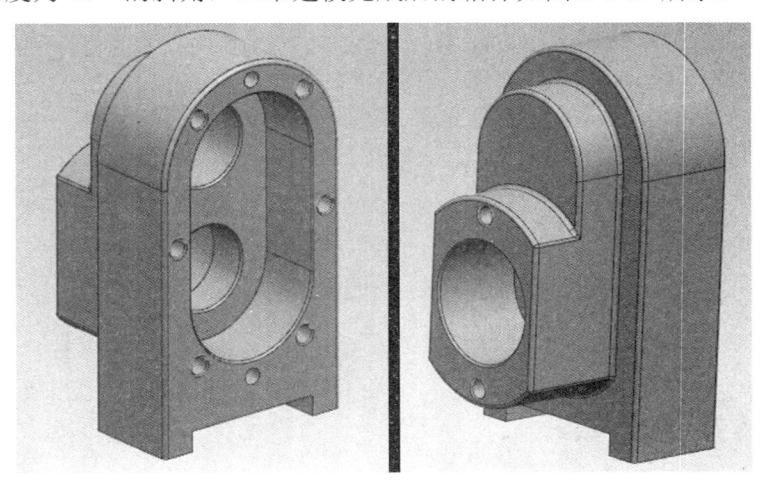

图 2-8-53　三维建模完成后的箱体

完成箱体的三维建模后，保存文件。选择"文件"→"保存"→"保存"命令（或直接单击"保存"图标）保存文件。单击界面右上角的"关闭"✖按钮关闭 NX 12.0。

课后技能提升训练

1．完成如图 2-8-54 所示的阀体的三维建模。
2．完成如图 2-8-55 所示的尾架体的三维建模。

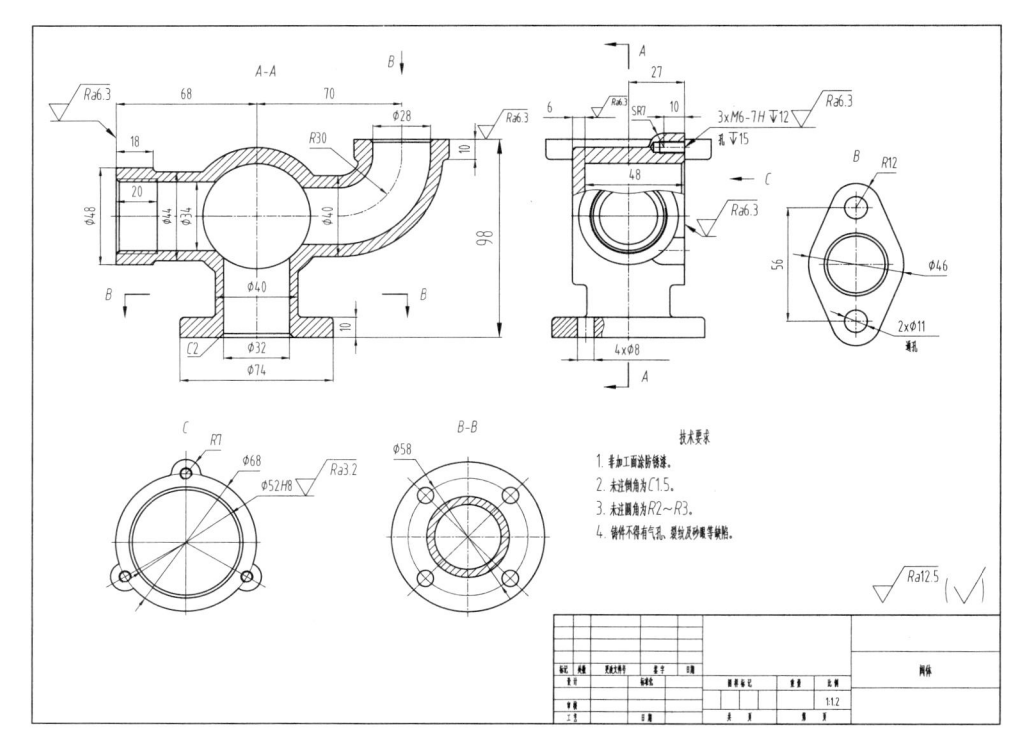

图 2-8-54　阀体

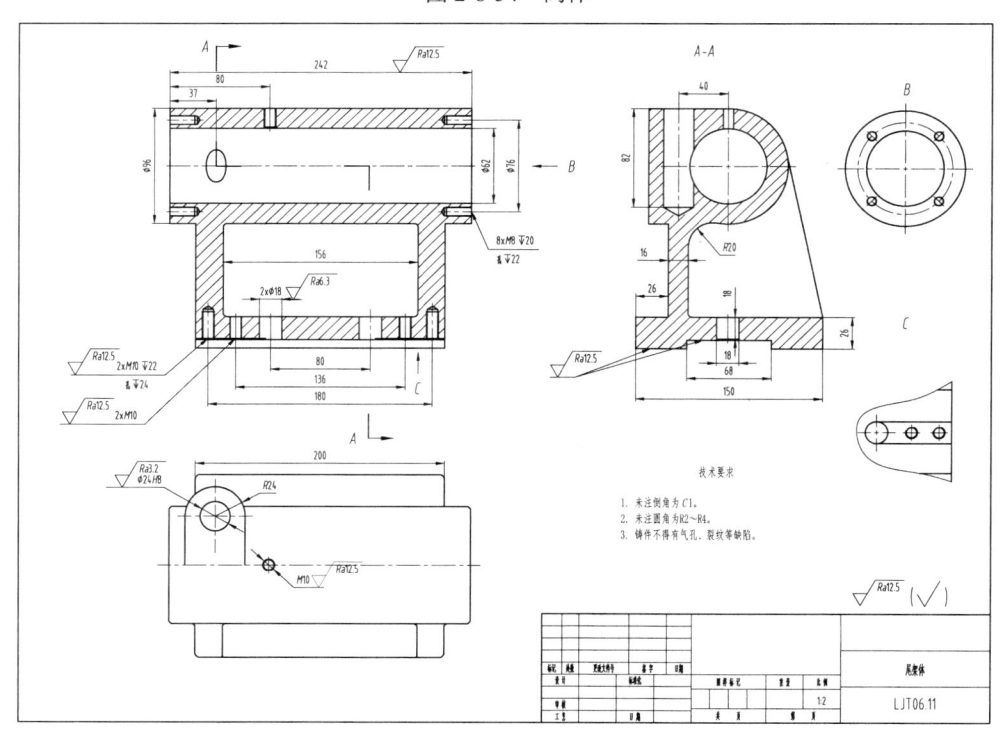

图 2-8-55　尾架体

项目 3

曲面三维建模设计

项目简介

李明通过学习项目 1 与项目 2 的内容，掌握了 NX 的草图绘制与三维建模方法，现在他需要完成一项更难的任务——曲面三维建模设计。对于较规则的三维零件，实体特征的造型方式快捷且方便，基本能满足造型的需要，但实体特征的造型方法比较固定化，不能完成复杂度较高的零件的造型，而自由曲面造型功能则提供了强大的弹性化设计方式，成为三维造型技术的重要组成。对于复杂的零件，可以采用自由形状特征直接生成零件实体，也可以将自由形状特征与实体特征相结合，目前该特征在日常用品、飞机、轮船和汽车等工业产品的壳体造型设计中应用十分广泛。

在本项目中，李明需要完成咖啡壶、果盘及工作帽的曲面三维建模，通过 NX 的曲面三维建模实例，进一步了解 NX 的曲面设计用户界面，熟悉曲面创建的工具及掌握曲面三维建模的基本方法。

项目内容

（1）完成咖啡壶的曲面三维建模。
（2）完成果盘的曲面三维建模。
（3）完成工作帽的曲面三维建模。

任务 3.1　咖啡壶的曲面三维建模

任务简介

咖啡壶如图 3-1-1 所示。由图 3-3-1 可以看出，该咖啡壶是一个简单的曲面体，造型简单，主要由壶身和壶柄两部分组成。咖啡壶的曲面三维建模可以先通过空间曲线和草图等功能创建出框架，然后使用曲面功能构造曲面，最后得到实体，基本过程为由线到面，再由面到实体。

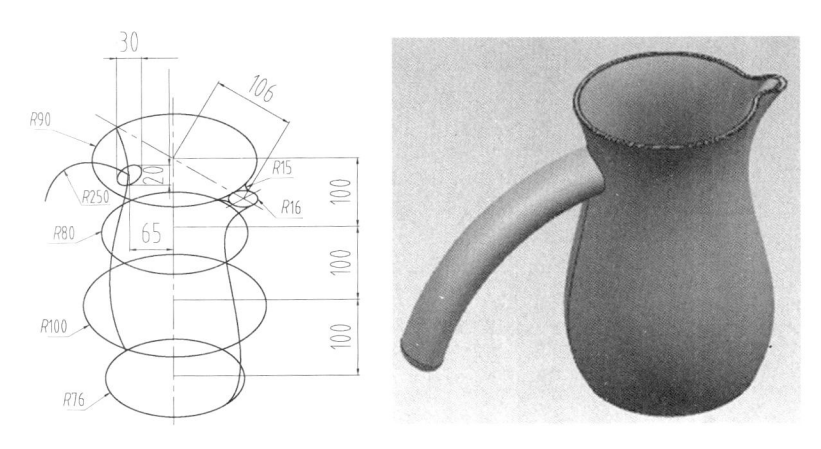

图 3-1-1 咖啡壶

任务内容

（1）创建空间曲线。
（2）编辑曲线。
（3）通过曲线创建曲面。
（4）编辑曲面。

建模思路

在三维建模中，可以先创建曲线，再通过曲线创建曲面，最后得到实体。咖啡壶的曲面三维建模思路如表 3-1-1 所示。

表 3-1-1 咖啡壶的曲面三维建模思路表

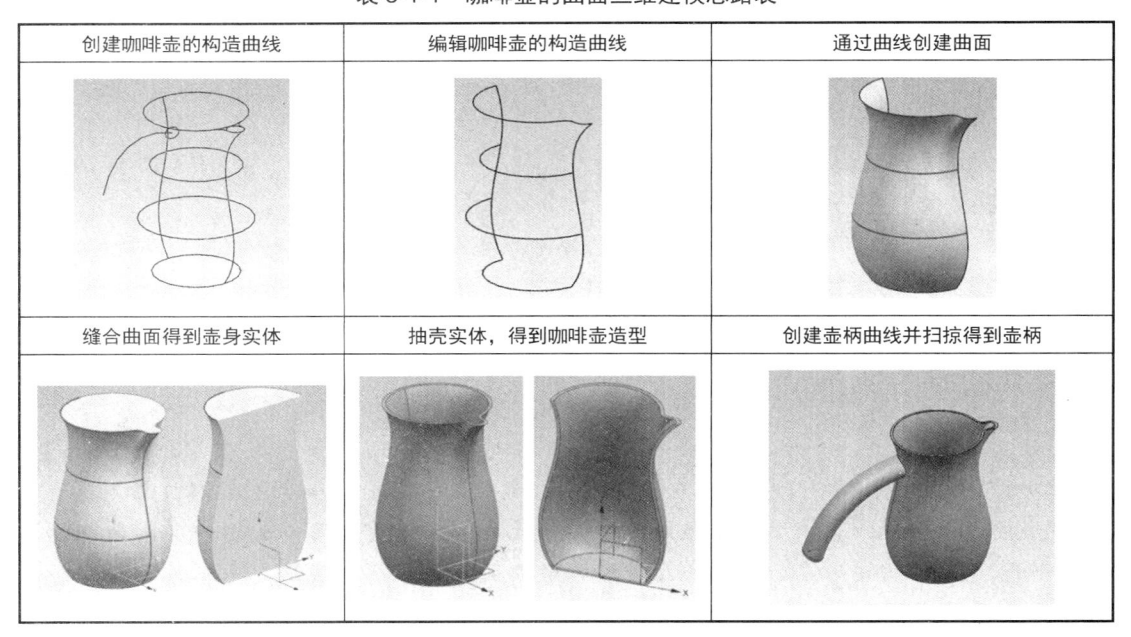

创建咖啡壶的构造曲线	编辑咖啡壶的构造曲线	通过曲线创建曲面
缝合曲面得到壶身实体	抽壳实体，得到咖啡壶造型	创建壶柄曲线并扫掠得到壶柄

项目 3
曲面三维建模设计

建模过程

步骤 1：新建文件

启动 NX 12.0，单击"新建"按钮，弹出"新建"对话框，如图 3-1-2 所示。选择"模型"选项卡中的"模型"选项，单位默认是"毫米"，否则在"单位"下拉列表中选择"毫米"选项；在"名称"文本框中输入文件名"咖啡壶"，在"文件夹"文本框中选择相应的存放目录，单击"确定"按钮，进入 NX 12.0 的建模模块界面，如图 3-1-3 所示。

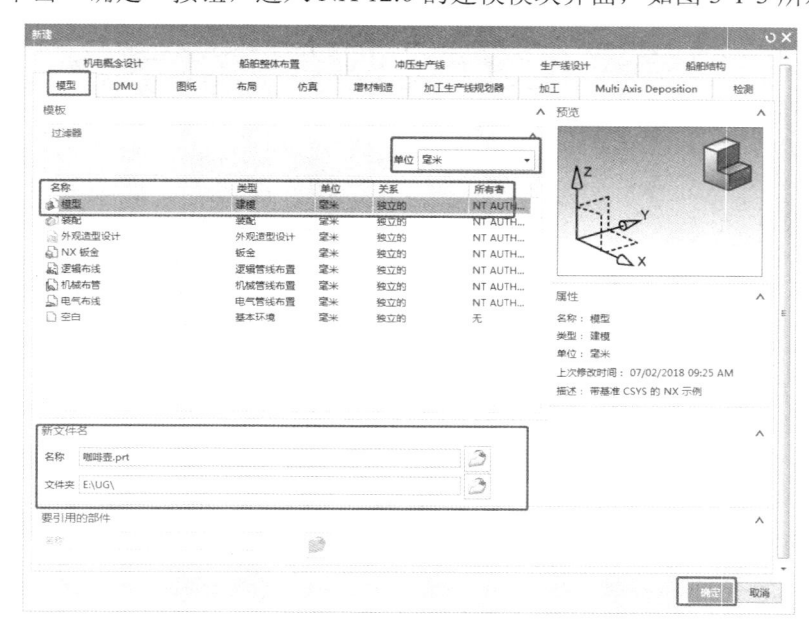

图 3-1-2 "新建"对话框

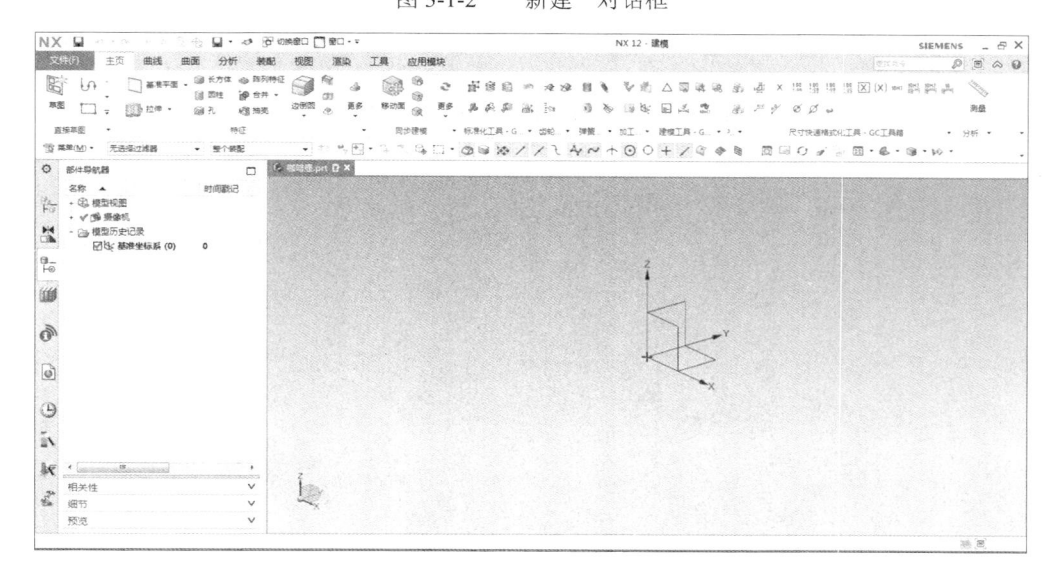

图 3-1-3 建模模块界面

步骤 2：创建咖啡壶的构造曲线

单击功能区的"曲线"选项卡，切换到曲线功能区，单击"直线和圆弧"图标下的黑色三角形按钮；单击"圆心-半径"图标（或选择"菜单"→"插入"→"曲线"→"直线和圆弧"→"圆（圆心-半径）"命令），用圆心和半径的方法创建圆，如图 3-1-4 所示。将"XC""YC""ZC"均设置为 0，确定第 1 个圆的圆心坐标为（0,0,0），并设置半径为 76，单击"确定"按钮，即可创建第 1 个圆，如图 3-1-5 所示。

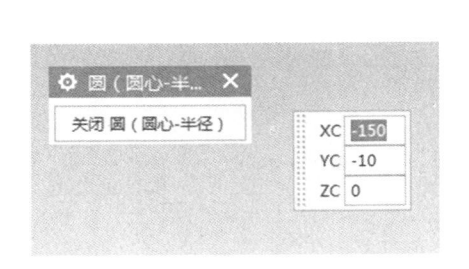

图 3-1-4　用圆心和半径的方法创建圆　　　图 3-1-5　创建完成后的第 1 个 $R76$ 的圆

用同样的方法分别创建：①半径为 100，圆心位置为（0,0,100）的第 2 个圆；②半径为 80，圆心位置为（0,0,200）的第 3 个圆；③半径为 90，圆心位置为（0,0,300）的第 4 个圆；④半径为 16，圆心位置为（106,0,300）的第 5 个圆。创建的 5 个圆如图 3-1-6 所示。

创建完 5 个圆后，创建壶嘴部分的相切圆弧。首先，单击"直线和圆弧"图标下的黑色三角形按钮，单击"圆弧（相切-相切-半径）"图标（或选择"菜单"→"插入"→"曲线"→"直线和圆弧"→"圆弧（相切-相切-半径）"命令），用相切、相切和半径的方法创建圆弧，如图 3-1-7 所示。然后，分别选择半径为 90 和半径为 16 的 2 个圆，并输入半径 15（见图 3-1-8），按回车键，即可创建 $R15$ 的圆弧，如图 3-1-9 所示。

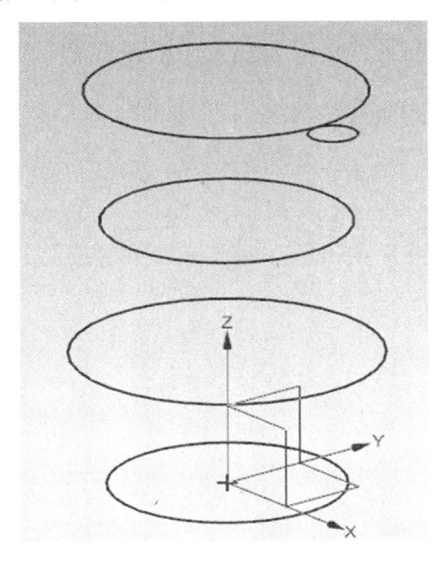

图 3-1-6　创建完成后的 5 个圆　　　图 3-1-7　用相切、相切和半径的方法创建圆弧

项目 3
曲面三维建模设计

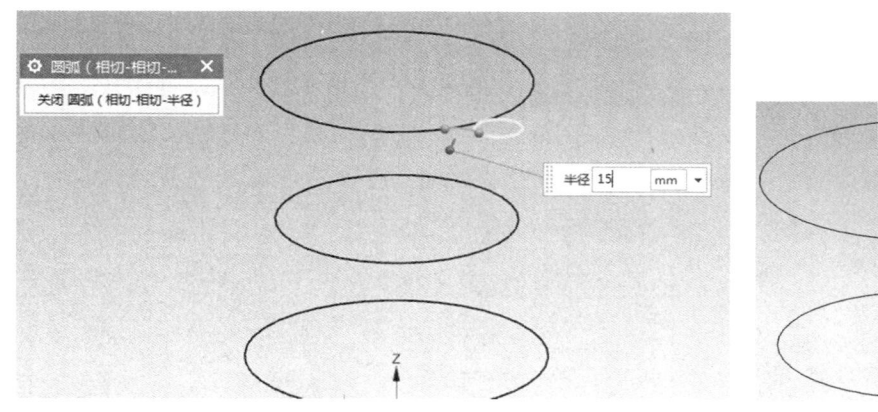

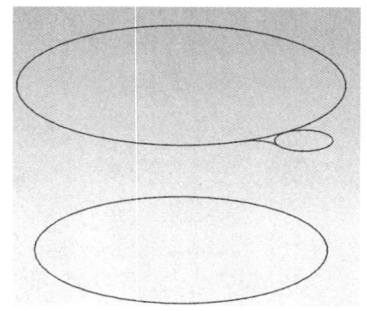

图 3-1-8　选择 2 个圆及输入半径　　　　图 3-1-9　创建完成后的 R15 的圆弧

步骤 3：创建壶身的艺术样条曲线

壶身两侧有 2 条艺术样条曲线，可以使用艺术样条命令创建。单击"艺术样条"图标，弹出"艺术样条"对话框，如图 3-1-10 所示。选择步骤 2 中创建的 R76、R100、R80、R16 的圆的象限点（注意：一定要选中圆的象限点，否则会影响后面编辑曲线的操作），单击"确定"按钮，即可创建艺术样条曲线。创建完成后的第 1 条艺术样条曲线如图 3-1-11 所示。

用同样的方法创建第 2 条艺术样条曲线。创建完成后的第 2 条艺术样条曲线如图 3-1-12 所示。

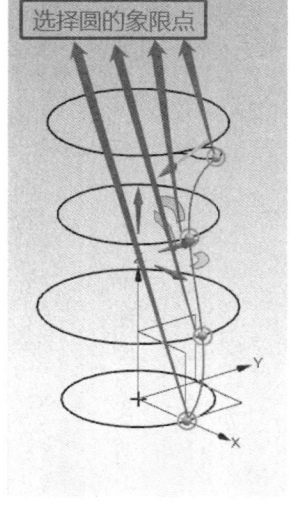

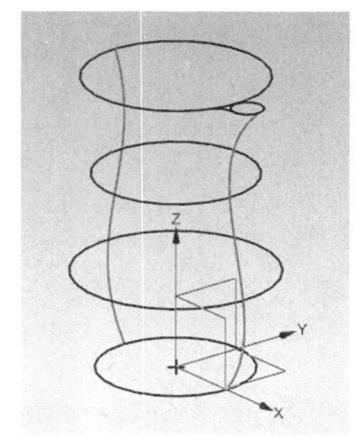

图 3-1-10　"艺术样条"对话框　　图 3-1-11　创建完成后的第 1 条艺术样条曲线　　图 3-1-12　创建完成后的第 2 条艺术样条曲线

129

步骤 4：修剪曲线

咖啡壶的形状是一个左右对称的形状，在创建曲面时，可以先做一半的曲面，然后通过镜像创建另一半。单击"修剪曲线"图标，弹出"修剪曲线"对话框，如图 3-1-13 所示。将"选择曲线"设置为需要修剪的 $R90$ 的圆，"选择对象"设置为修剪用的 2 个点，如图 3-1-14 所示。单击"确定"按钮，即可修剪曲线，如图 3-1-15 所示。

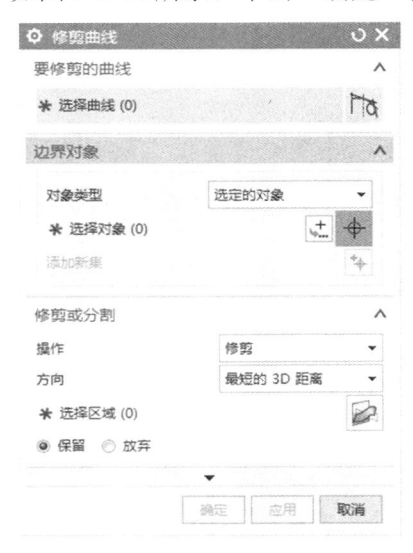

图 3-1-13 "修剪曲线"对话框 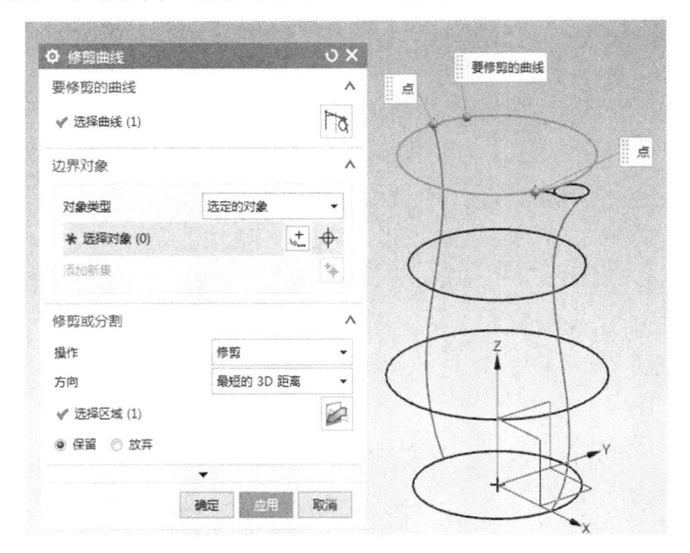　　　　图 3-1-14 选择需要修剪的曲线和修剪用的 2 个点

用同样的方法依次修剪 $R76$、$R100$、$R80$、$R16$ 的圆。修剪完成后的曲线如图 3-1-16 所示。

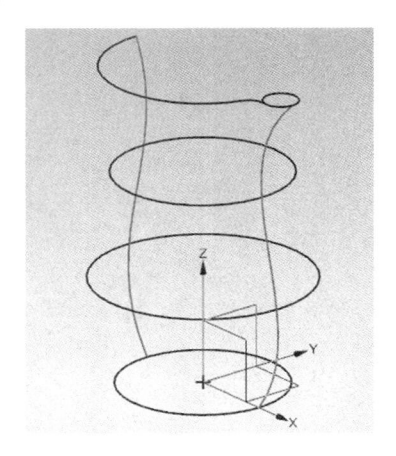

图 3-1-15 修剪完成后的 $R90$ 的圆弧 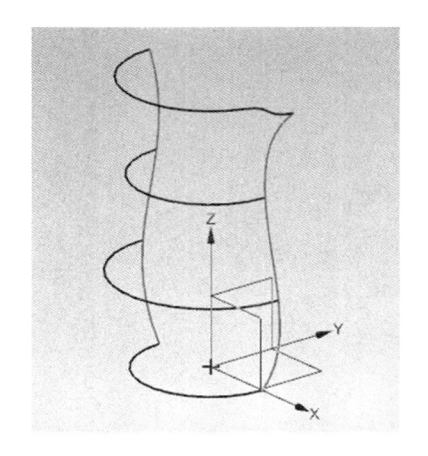　　　　图 3-1-16 修剪完成后的曲线

步骤 5：创建曲面

创建完成壶身的曲线后，即可创建曲面。单击功能区的"曲面"选项卡，切换到曲面功能区，单击"通过曲线网格"图标，弹出"通过曲线网格"对话框，如图 3-1-17 所示。在"主曲线"中依次选择 $R90$、$R15$、$R16$ 三条圆弧连起来的第 1 条曲线，$R80$ 的圆弧，$R100$

的圆弧，R76 的圆弧，如图 3-1-18 所示（注意：所有选择的曲线出现的箭头方向要保持一致）。

图 3-1-17 "通过曲线网格"对话框 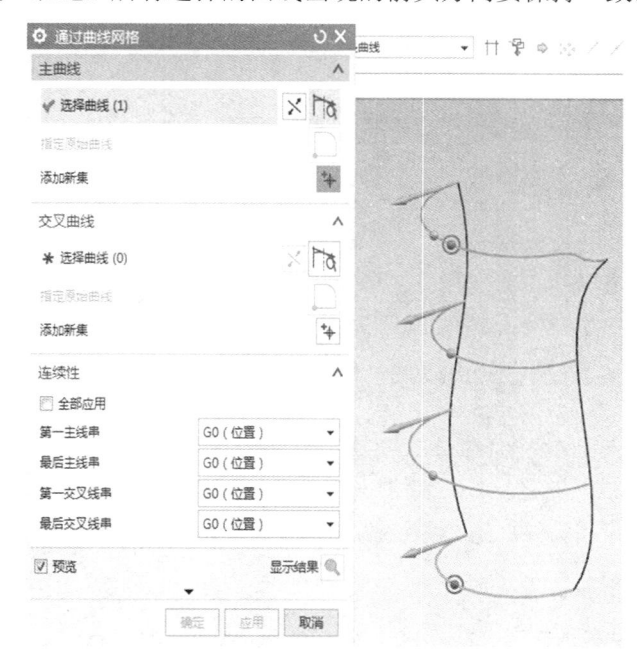   图 3-1-18 选择主曲线

在"交叉曲线"中依次选择 2 条艺术样条曲线，如图 3-1-19 所示。只要勾选"预览"复选框，就可以预览创建的曲面。

选择完"主曲线"和"交叉曲线"后，单击"确定"按钮，即可创建壶身曲面，如图 3-1-20 所示。

图 3-1-19 选择艺术样条曲线作为交叉曲线 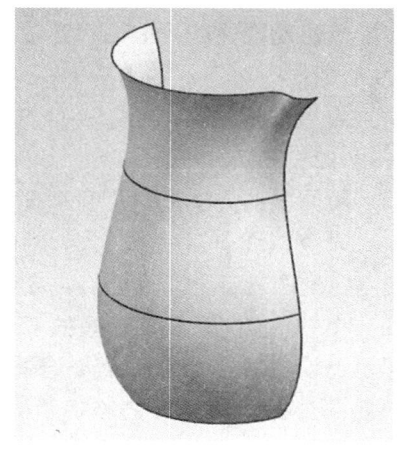   图 3-1-20 创建完成后的壶身曲面

步骤 6：镜像曲面

单击功能区的"主页"选项卡，切换到返回主页功能区，单击"镜像特征" 图标，弹出"镜像特征"对话框，如图 3-1-21 所示。将"选择特征"设置为步骤 5 中创建的曲面，"选择平面"设置为 X-Z 平面，如图 3-1-22 所示。单击"确定"按钮，即可完成镜像曲面，如图 3-1-23 所示。

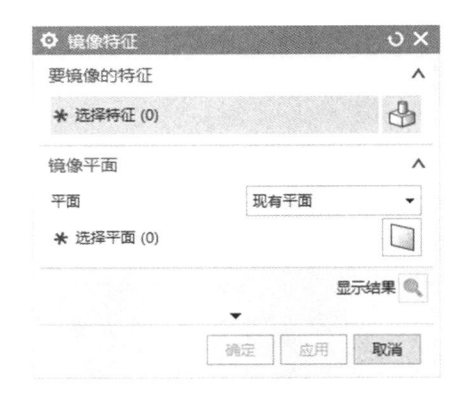

图 3-1-21　"镜像特征"对话框

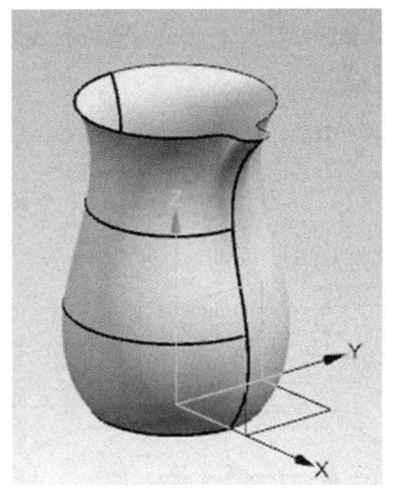

图 3-1-22　镜像操作　　　　　图 3-1-23　镜像完成后的曲面

步骤 7：创建 N 边曲面，补上壶身的上下曲面，并缝合曲面

单击功能区的"曲面"选项卡，切换到曲面功能区，单击"N 边曲面" 图标，弹出"N 边曲面"对话框，如图 3-1-24 所示。将"选择曲线"设置为壶身底面的边缘，勾选"修剪到边界"复选框，如图 3-1-25 所示。单击"确定"按钮，即可创建壶身底面的曲面，如图 3-1-26 所示。

用同样的方法创建壶身顶面的曲面，创建完成后，如图 3-1-27 所示。

壶身曲面创建完成后，使用缝合命令使曲面成为实体。单击"缝合" 图标，弹出"缝合"对话框，如图 3-1-28 所示。将"目标"选区的"选择片体"设置为壶身的任意一个曲面，"工具"选区的"选择片体"设置为剩下的壶身曲面，单击"确定"按钮，即可缝合曲面。缝合后需要查看壶身是否成为实体，可以单击功能区的"视图"选项卡，切换到视图功能区，先单击"剪切截面"图标，然后单击"编辑截面"图标，可以看到壶身已经成为实体，如图 3-1-29 所示。

项目 3
曲面三维建模设计

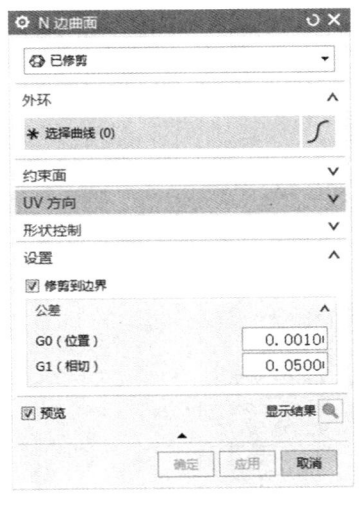

图 3-1-24 "N 边曲面"对话框

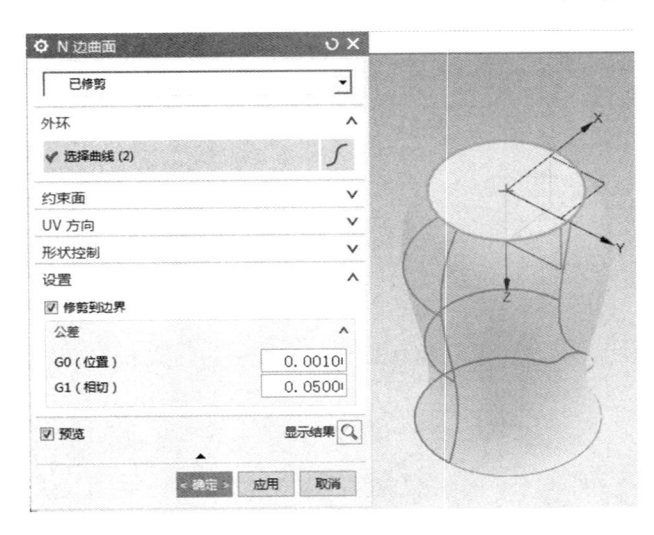

图 3-1-25 选择壶身底面的边缘

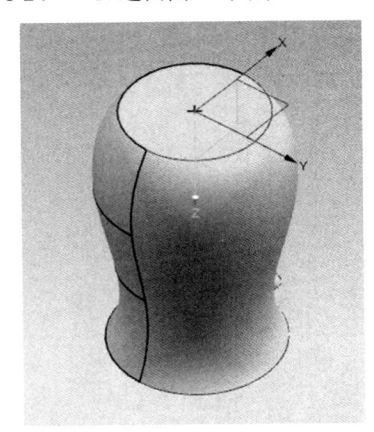

图 3-1-26 创建完成后的壶身底面的曲线

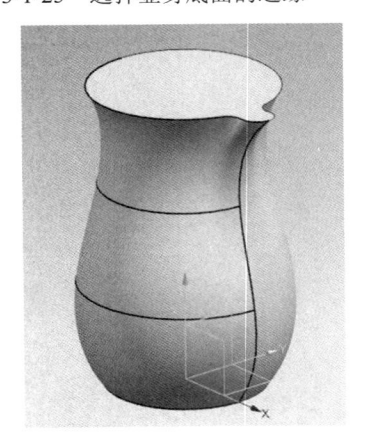

图 3-1-27 创建完成后的壶身顶面的曲线

图 3-1-28 "缝合"对话框

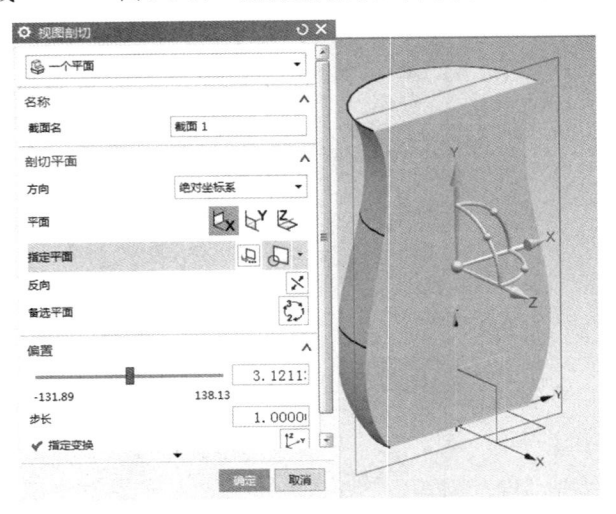

图 3-1-29 缝合完成后的壶身

133

壶身成为实体后，对壶身进行抽壳。单击功能区的"主页"选项卡，切换到建模主页功能区，单击"抽壳"图标，弹出"抽壳"对话框，如图 3-1-30 所示。将"选择面"设置为壶身顶面，"厚度"设置为 5，表示抽壳 5mm，单击"确定"按钮，即可完成抽壳，如图 3-1-31 所示。

图 3-1-30 "抽壳"对话框

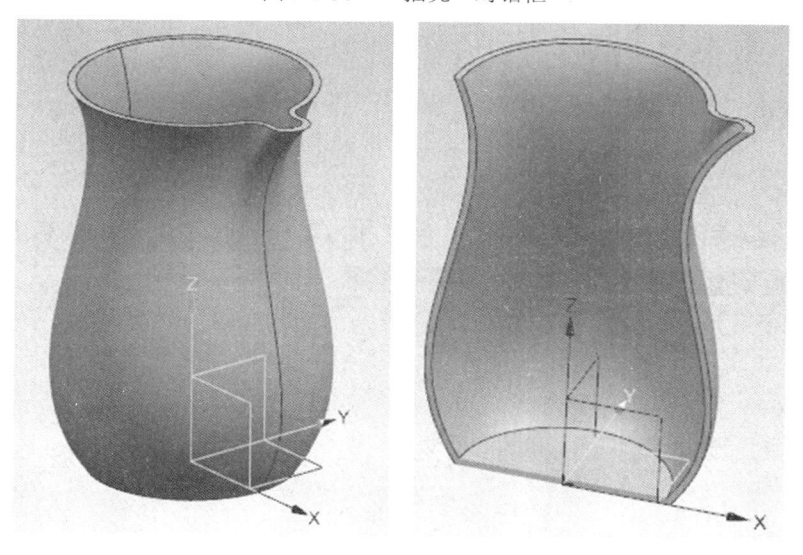

图 3-1-31 抽壳完成后的壶身

步骤 8：创建壶柄曲线

壶柄曲线主要由 2 条曲线组成：圆弧及椭圆。圆弧与椭圆均使用草图命令绘制（具体的绘制过程及操作步骤可参考项目 1 中的草图训练，指定草图平面为 X-Z 平面，此处不再赘述）。绘制 R250 的圆弧，完成后如图 3-1-32 所示。

在绘制椭圆时，需要先创建基准平面。单击"基准平面"图标，弹出"基准平面"对话框，将创建基准平面的方法设置为"曲线和点"，"选择对象"设置为圆弧及其端点，如图 3-1-33 所示。单击"确定"按钮，即可创建基准平面。

创建完成基准平面后，在该基准平面上绘制椭圆（具体的绘制过程及操作步骤可参考项目 1 中的草图训练，此处不再赘述）。绘制完成后的椭圆如图 3-1-34 所示。

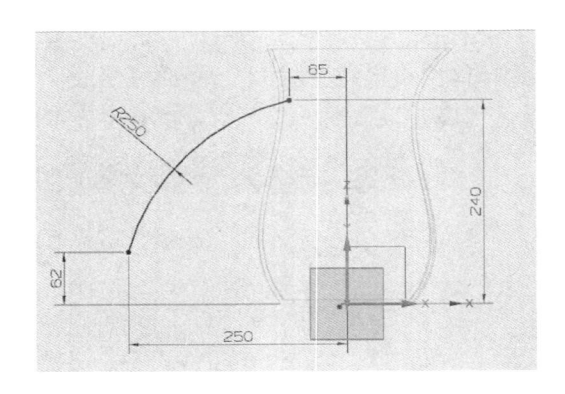

图 3-1-32　壶柄圆弧草图

图 3-1-33　创建基准平面

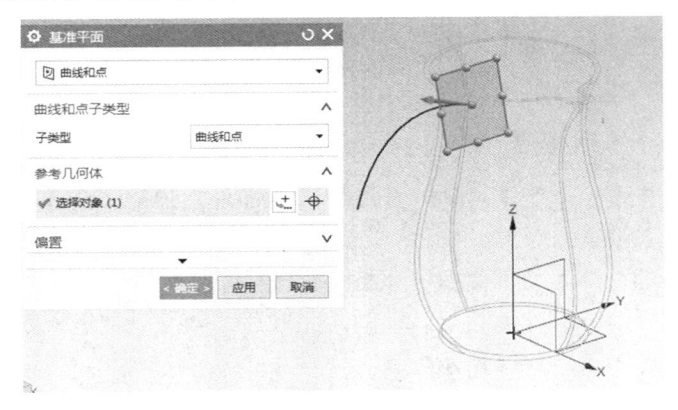

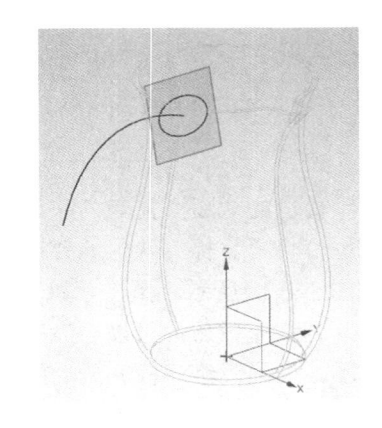

图 3-1-34　绘制完成后的椭圆

绘制完壶柄的圆弧及椭圆后，使用沿引导线扫掠命令创建壶柄。单击"沿引导线扫掠"图标（或选择"菜单"→"插入"→"扫掠"→"沿引导线扫掠"命令），弹出"沿引导线扫掠"对话框；将"截面"选区的"选择曲线"设置为椭圆曲线，"引导"选区的"选择曲线"设置为刚才创建的 R250 的圆弧，其他参数采用默认设置，如图 3-1-35 所示。单击"确定"按钮，即可沿引导线扫掠。

扫掠完成后的壶柄如图 3-1-36 所示。

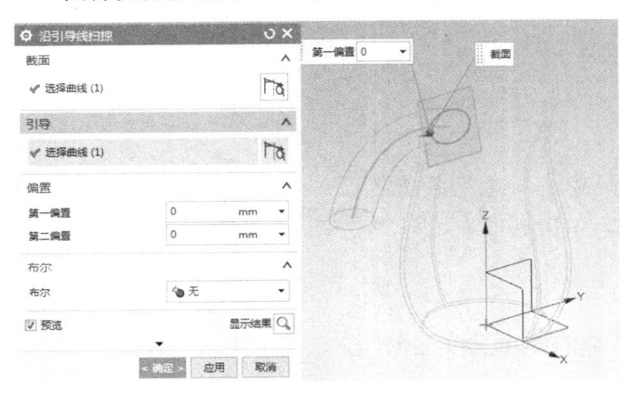

图 3-1-35　"沿引导线扫掠"对话框

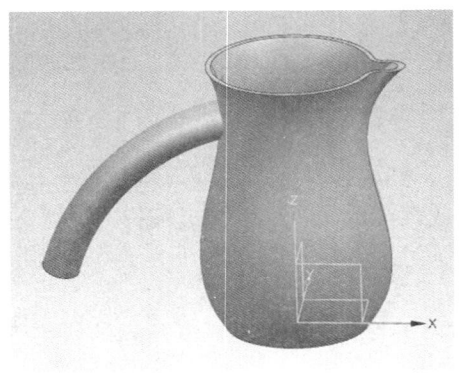

图 3-1-36　扫掠完成后的壶柄

扫掠完成后，对壶柄进行修剪。单击"修剪体" 图标，弹出"修剪体"对话框；将"选择体"设置为壶柄，"选择面或平面"设置为壶身内部的2个曲面，如图3-1-37所示。单击"确定"按钮，即可修剪掉壶身内部的一小部分壶柄。

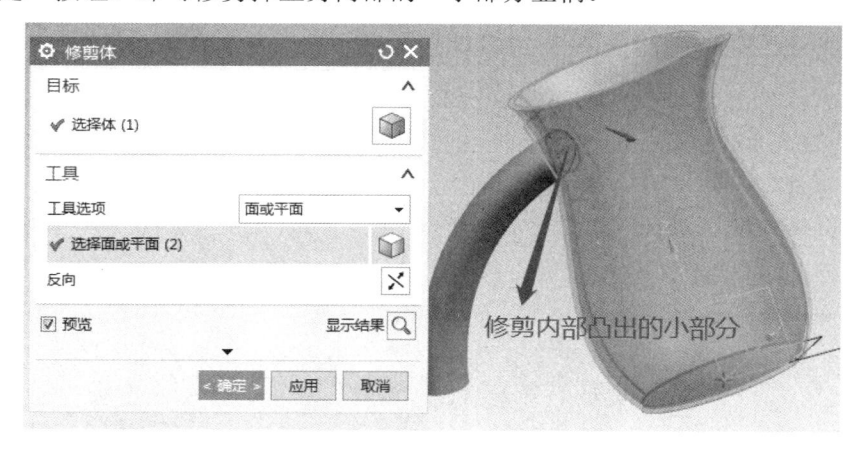

图 3-1-37　修剪壶柄的凸出部分

修剪完成后，把壶柄和壶身合并为一个整体，单击"合并" 图标，弹出"合并"对话框；将"目标"选区的"选择体"设置为壶身，"工具"选区的"选择体"设置为壶柄，如图3-1-38所示。单击"确定"按钮，即可合并壶身和壶柄。

合并完成后，可以对咖啡壶部分细节进行倒圆角。倒圆角完成后，咖啡壶的造型就完成了。曲面三维建模完成后的咖啡壶如图3-1-39所示。

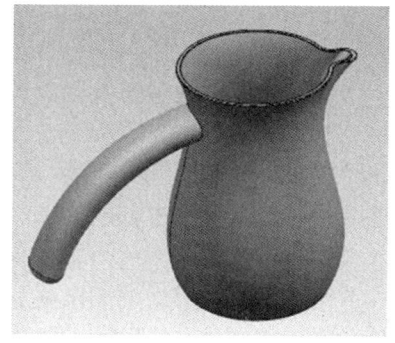

图 3-1-38　合并壶身和壶柄　　　　图 3-1-39　曲面三维建模完成后的咖啡壶

步骤 9：保存文件

完成咖啡壶的曲面三维建模后，保存文件。选择"文件"→"保存"→"保存"命令（或直接单击"保存" 图标）保存文件。单击界面右上角的"关闭" 按钮关闭 NX 12.0。

课后技能提升训练

1. 完成如图 3-1-40 所示的八字槽造型的曲面三维建模。

项目 3
曲面三维建模设计

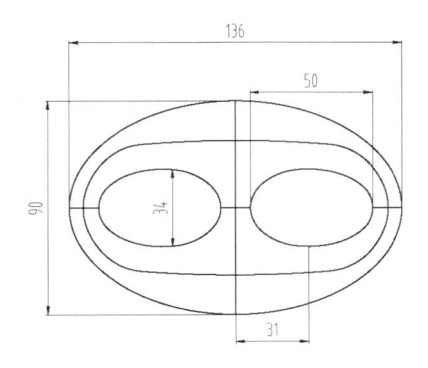

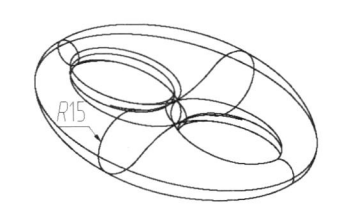

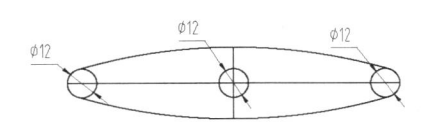

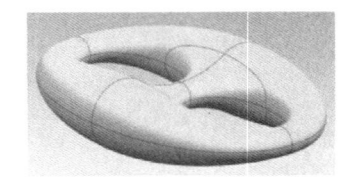

图 3-1-40　八字槽造型

2．完成如图 3-1-41 所示的异形杯子的曲面三维建模。

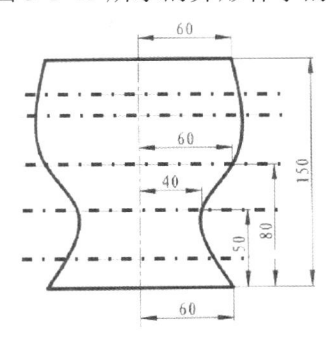

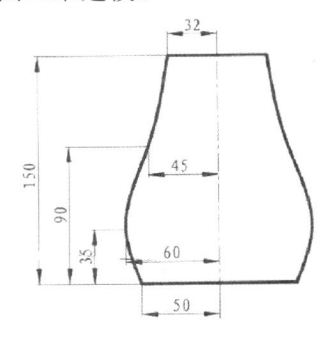

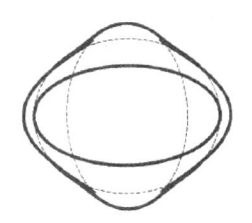

提示：沿各粗点画线线进行剖切，剖面均为椭圆形。

图 3-1-41　异形杯子

任务 3.2　果盘的曲面三维建模

任务简介

果盘如图 3-2-1 所示。由图 3-2-1 可以看出，该果盘是一个简单的曲面体，造型简单，

137

主要由盘身和盘沿两部分组成，其中盘身是较为简单的直身形状，但盘沿则是复杂的波状形状。果盘的三维建模主要采用 NX 12.0 的方程曲线功能，先利用表达式创建盘沿，即可构造出盘沿曲线，然后使用曲面功能构造曲面，最后加厚曲面得到实体，其基本过程为由线到面，再由面到实体。

盘沿有24个波峰和波谷，振幅为5mm。

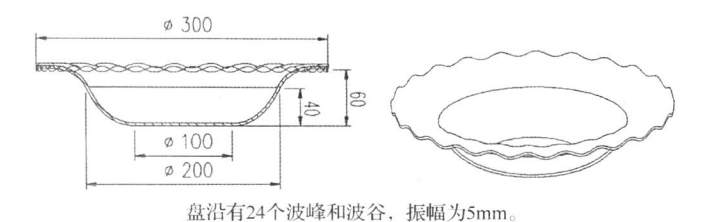

图 3-2-1　果盘

任务内容

（1）使用表达式。
（2）创建方程曲线。
（3）通过曲线创建曲面。
（4）编辑曲面。

建模思路

在三维建模中，可以先创建基本曲线，再通过表达式创建盘沿曲线，然后创建曲面，最后得到实体。果盘的曲面三维建模思路如表 3-2-1 所示。

表 3-2-1　果盘的曲面三维建模思路表

创建盘身曲线	输入表达式，创建规律曲线	创建盘底有界平面
创建盘身曲面	创建盘沿曲面	缝合曲面、加厚曲面

项目 3
曲面三维建模设计

建模过程

步骤 1：新建文件

启动 NX 12.0，单击"新建"按钮，弹出"新建"对话框，如图 3-2-2 所示。选择"模型"选项卡中的"模型"选项，单位默认是"毫米"，否则在"单位"下拉列表中选择"毫米"选项；在"名称"文本框中输入文件名"果盘"，在"文件夹"文本框中选择相应的存放目录，单击"确定"按钮，进入 NX 12.0 的建模模块界面，如图 3-2-3 所示。

图 3-2-2 "新建"对话框

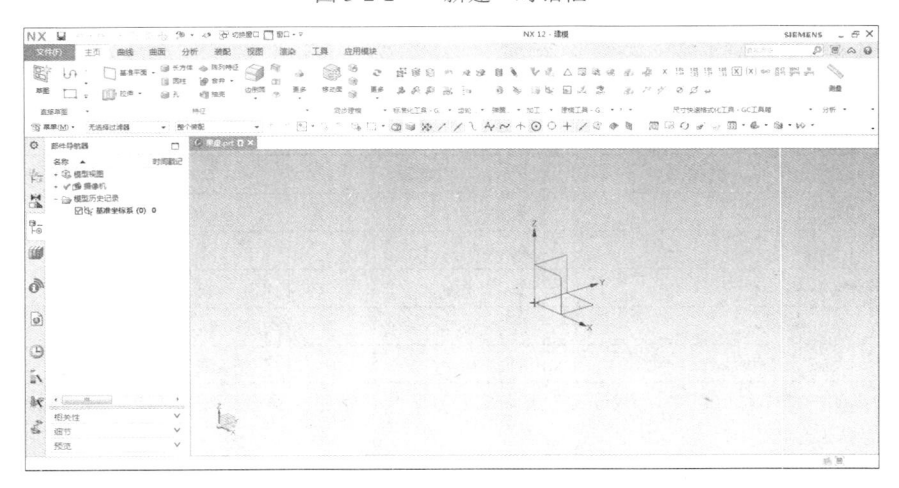

图 3-2-3 建模模块界面

步骤2：创建盘身曲线

单击功能区的"曲线"选项卡，切换到曲线功能区，单击"直线和圆弧"图标下的黑色三角形按钮；单击"圆心-半径"图标（或选择"菜单"→"插入"→"曲线"→"直线和圆弧"→"圆（圆心-半径）"命令），用圆心和半径的方法创建圆，如图3-2-4所示。将"XC""YC""ZC"均设置为0，确定第1个圆的圆心坐标为（0,0,0），并设置半径为50，单击"确定"按钮，创建第1个圆，如图3-2-5所示。

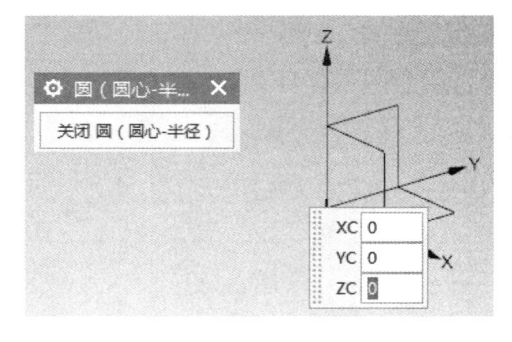

图 3-2-4　用圆心和半径的方法创建圆 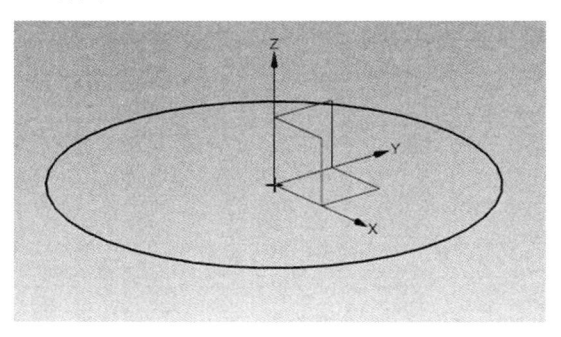　　　图 3-2-5　创建完成后的第 1 个圆

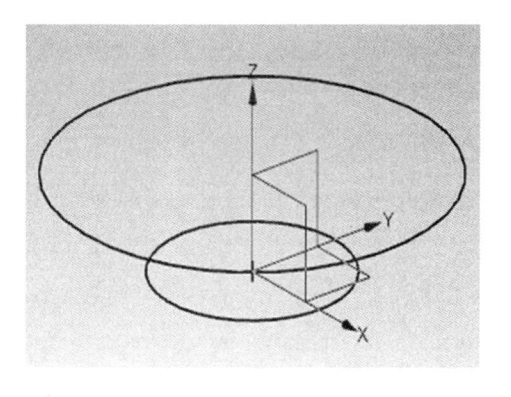

用相同的方法分别创建圆心位置为（0,0,40），半径为100的第2个圆，创建完成后如图3-2-6所示。

步骤3：输入表达式

盘沿是一条有24个波峰和波谷，并且波峰和波谷的振幅为5mm的曲线。构造这条曲线需要用到表达式。表达式如表3-2-2所示。

图 3-2-6　创建完成后的第 2 个圆

表 3-2-2　表达式

名称	公式	类型	参数的注释
r	150	数字 长度	圆弧的半径
t	1	数字 恒定	系统变量，范围为0～1
x	r*cos(360*t)	数字 长度	X 坐标值
y	r*sin(360*t)	数字 长度	Y 坐标值
z	5*sin(24*360*t)+60	数字 长度	Z 坐标值

注：在 5*sin(24*360*t)+60 中，"5"表示正弦波的振幅为"5"，"24"表示有24个正弦波，"60"表示正弦波上的 Z 值与 X-Y 基准平面的距离。

选择"工具"→"表达式"命令，弹出"表达式"对话框，如图3-2-7所示。

项目 3
曲面三维建模设计

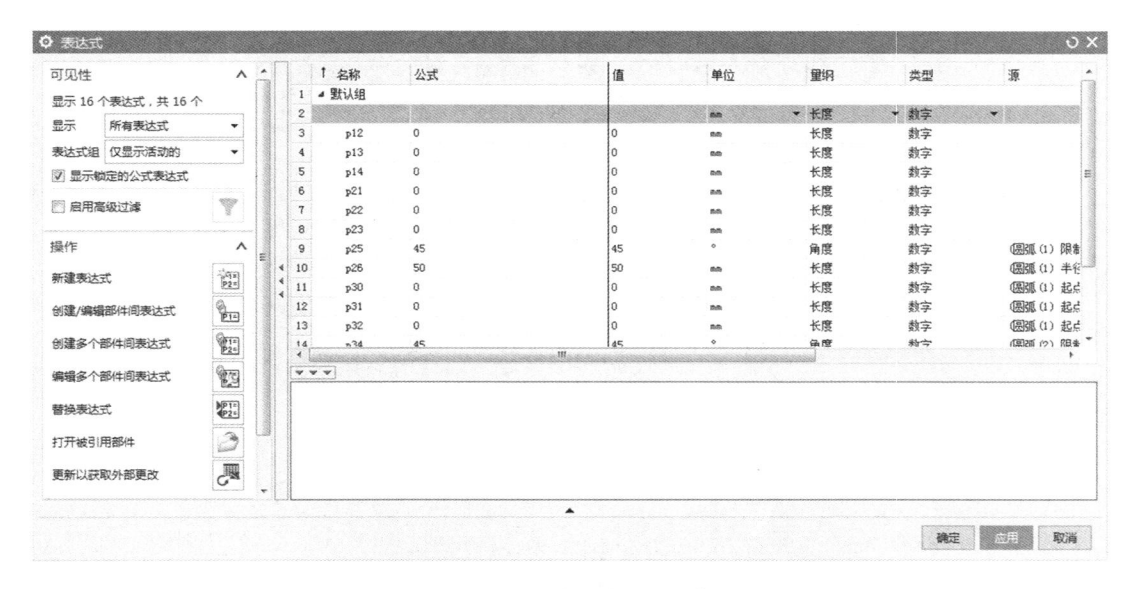

图 3-2-7 "表达式"对话框

单击"新建表达式"图标,创建 5 条空白的条栏,并在这 5 条空白的条栏中分别输入如表 3-2-2 所示的表达式,输入完成后,如图 3-2-8 所示。

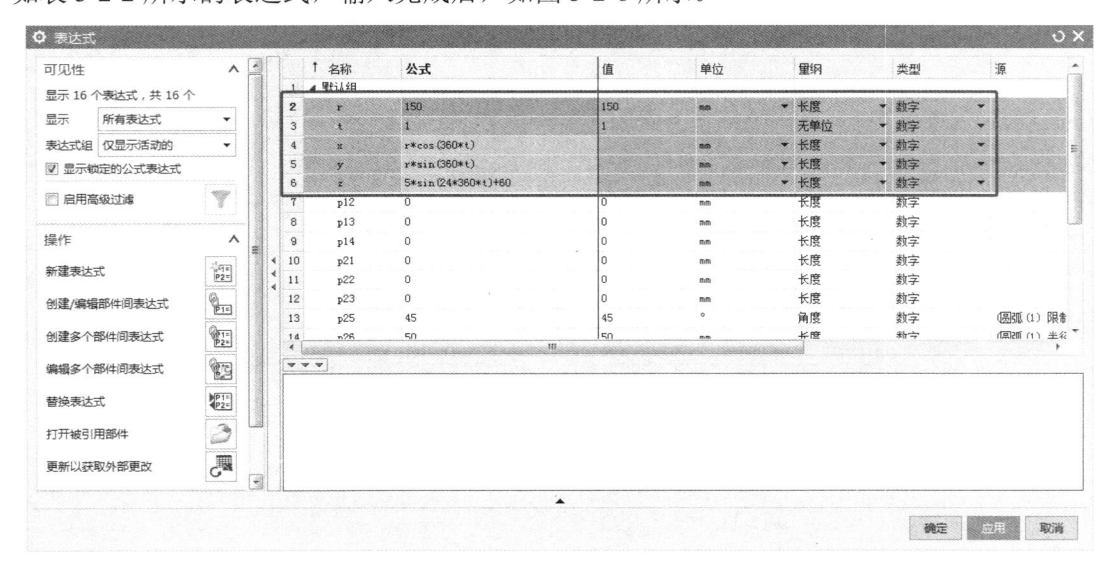

图 3-2-8 输入表达式

步骤 4:创建规律曲线

选择"菜单"→"插入"→"曲线"→"规律曲线"命令,如图 3-2-9 所示,弹出"规律曲线"对话框。

将"X 规律""Y 规律""Z 规律"选区的"规律类型"均设置为"根据方程",自动创建规律曲线的预览,如图 3-2-10 所示。单击"确定"按钮,即可创建规律曲线,如图 3-2-11 所示。

141

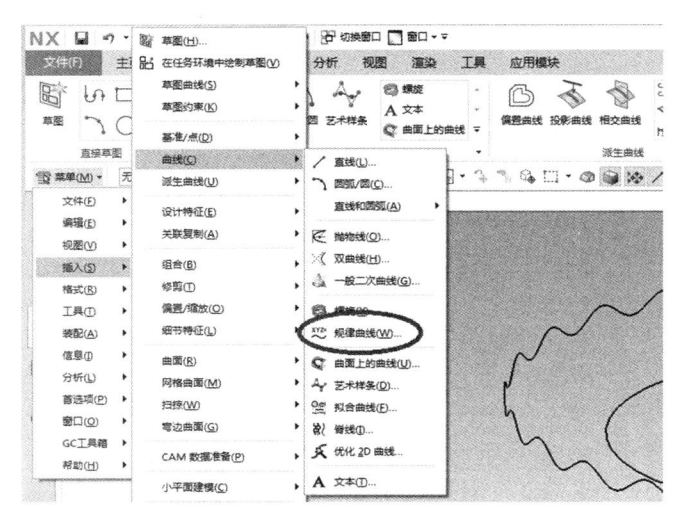

图 3-2-9 "规律曲线"命令的路径

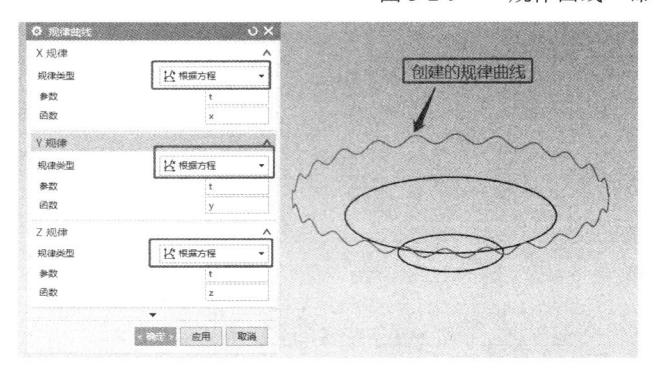

图 3-2-10 规律曲线的预览

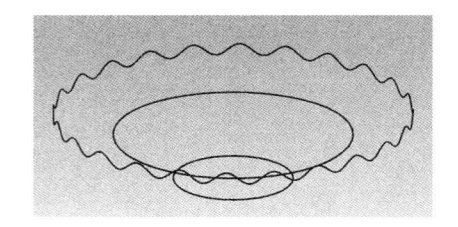

图 3-2-11 创建完成后的规律曲线

步骤 5：创建盘底有界曲面

盘身曲线创建完成后，即可创建曲面。首先创建盘底曲面，选择"曲面"→"更多"→"有界平面"命令（见图 3-2-12），弹出"有界平面"对话框。

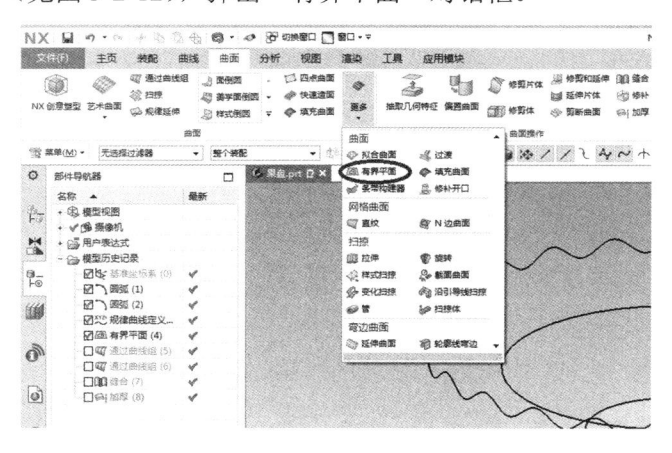

图 3-2-12 "有界平面"命令的路径

将"选择曲线"设置为底部 $\phi100$ 的圆,如图 3-2-13 所示。

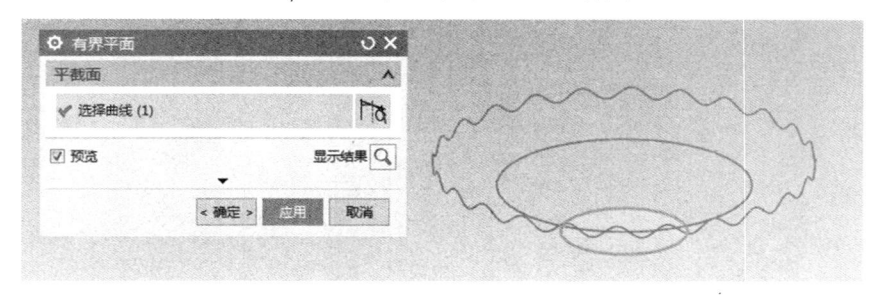

图 3-2-13 "有界平面"对话框

创建完成后的有界平面如图 3-2-14 所示。

步骤 6：创建盘身曲面

单击"通过曲线组" 图标,弹出"通过曲线组"对话框;将"选择曲线"设置为 $\phi100$ 和 $\phi200$ 的圆,"第一个截面"设置为"G1(相切)";"选择面"设置为步骤 5 中创建的有界平面,勾选"预览"复选框,即可预览创建的曲面,如图 3-2-15 所示。单击"确定"按钮,即可创建盘身曲面,如图 3-2-16 所示。

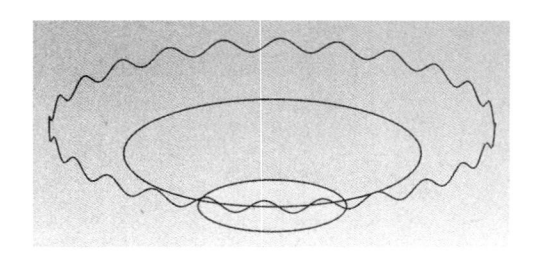

图 3-2-14 创建完成后的盘底有界平面

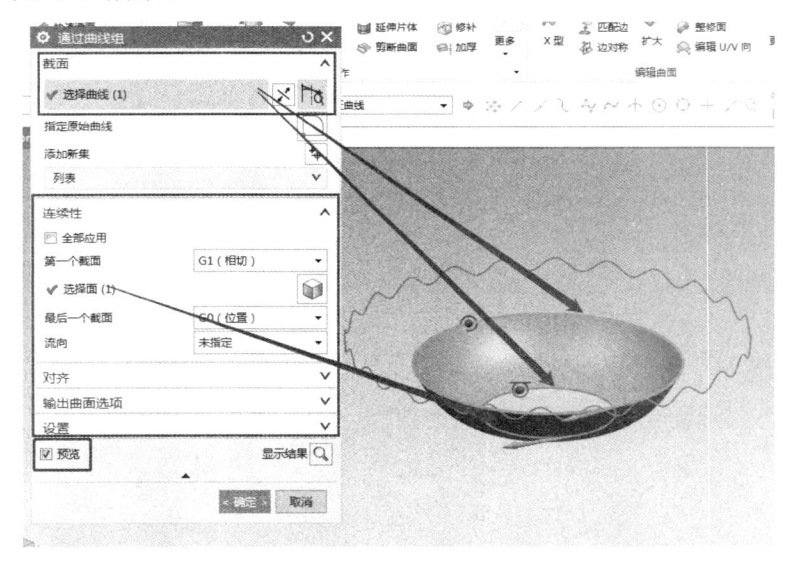

图 3-2-15 "通过曲线组"对话框

用同样的方法创建盘沿曲面,如图 3-2-17 所示。

步骤 7：缝合曲面

盘沿及盘身的曲面创建完成后,使用缝合命令使曲面成为一个整体。单击"缝合"

图标，弹出"缝合"对话框，如图 3-2-18 所示。将"目标"选区的"选择片体"设置为盘身的任意一个曲面，"工具"选区的"选择片体"设置为剩下的盘身曲面，单击"确定"按钮，即可完成缝合。

图 3-2-16　创建完成后的盘身曲面　　　　图 3-2-17　创建完成后的盘沿曲面

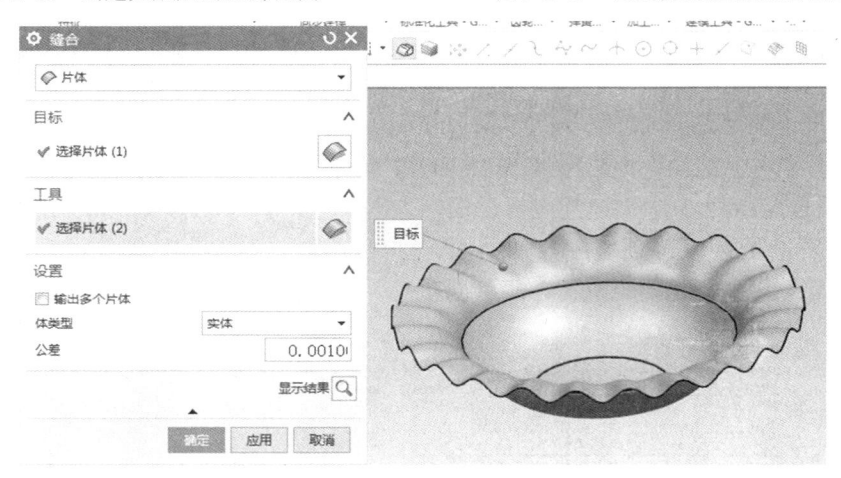

图 3-2-18　缝合果盘曲面

步骤 8：加厚曲面

果盘所有曲面缝合后，把曲面加厚，使其成为实体。单击"加厚"图标，弹出"加厚"对话框，将"面"设置为步骤 7 中缝合的曲面；"偏置 1"设置为 3，"偏置 2"设置为 0，表示加厚 3mm，如图 3-2-19 所示。单击"确定"按钮，即可加厚果盘曲面，使果盘成为实体。

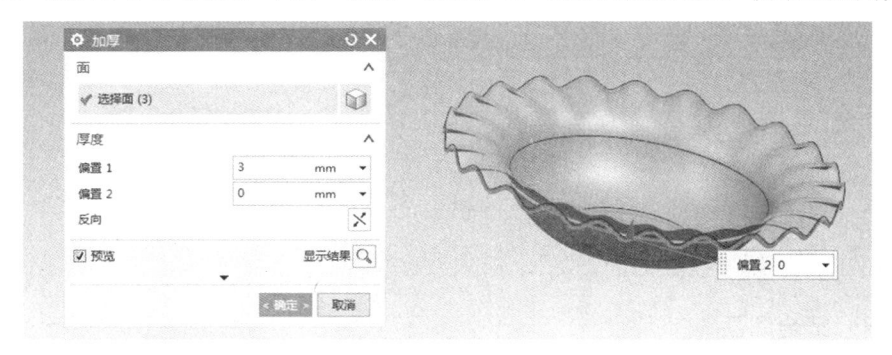

图 3-2-19　加厚果盘曲面

步骤 9：保存文件

完成果盘的曲面三维建模后，保存文件。选择"文件"→"保存"→"保存"命令（或直接单击"保存" 图标）保存文件。单击界面右上角的"关闭"×按钮关闭 NX 12.0。

课后技能提升训练

1．完成如图 3-2-20 所示的帽子的曲面三维建模。

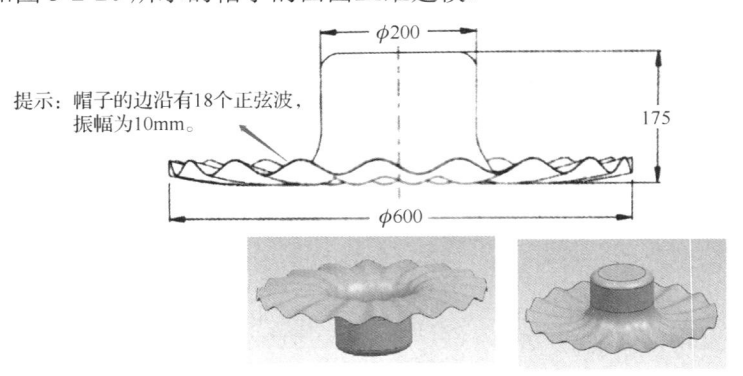

提示：帽子的边沿有18个正弦波，振幅为10mm。

图 3-2-20　帽子

2．完成如图 3-2-21 所示的五角星的曲面三维建模。

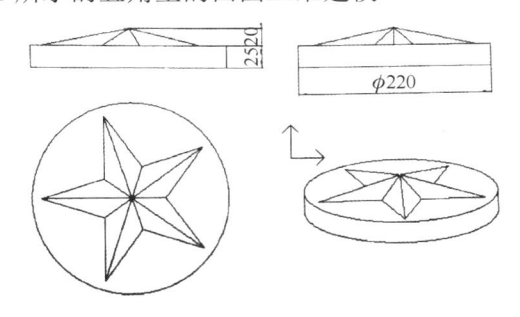

图 3-2-21　五角星

任务 3.3　工作帽的曲面三维建模

任务简介

工作帽如图 3-3-1 所示。由图 3-3-1 可以看出，该工作帽是一个较复杂的曲面体，设计构思巧妙，造型简约，主要由帽檐和帽身两部分组成。其中，帽檐为一个直纹曲面，帽身包含两个拱形曲面和两个桥接（直纹）曲面。工作帽的曲面三维建模主要采用 NX 的草图、曲线、曲面、实体建模等功能来实现。构造帽檐首先利用投影方法得到边缘的三维投影曲线，并与椭圆曲线合并生成帽檐曲面；然后使用曲面倒圆命令构造整体曲面；最后加厚片体生成实体。构造帽身利用椭圆曲线和穹顶曲线，采用扫掠曲面、网格曲面和桥接（直纹）

曲面方法得到。工作帽的曲面三维建模过程为由线到面，再由面到实体。

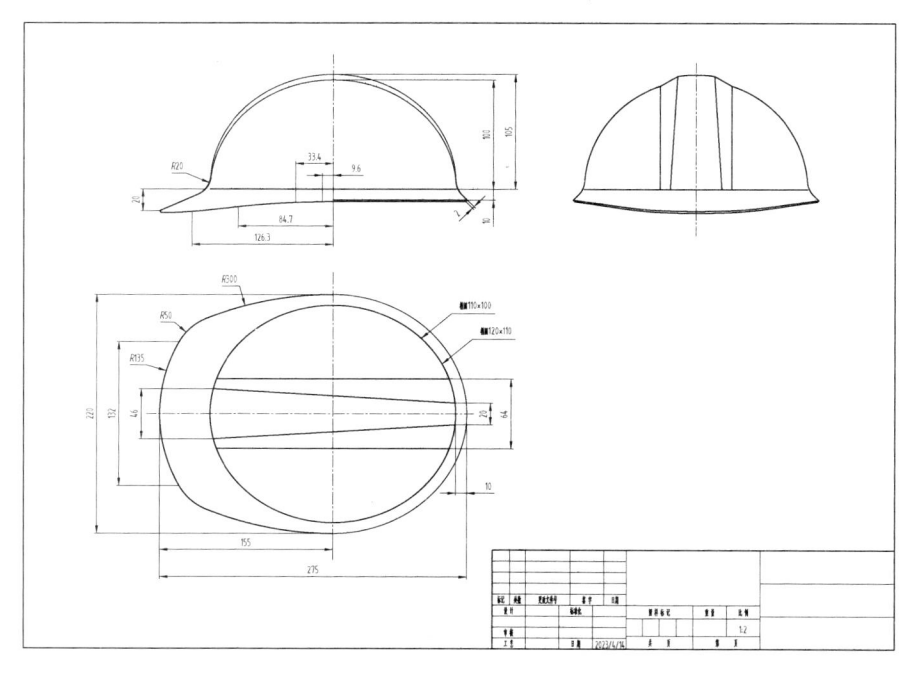

图 3-3-1　工作帽

任务内容

（1）创建艺术样条曲线、投影曲线。
（2）创建扫掠曲面、网格曲面和桥接（直纹）曲面。
（3）直线段切割曲面。
（4）曲面倒圆。
（5）加厚片体生成实体。

建模思路

在三维建模中，首先绘制基本线段，其次通过样条、投影等方法创建曲线，再次创建曲面，最后生成实体。工作帽的曲面三维建模思路如表 3-3-1 所示。

表 3-3-1　工作帽的曲面三维建模思路表

创建帽檐曲线	创建帽身曲线	创建帽身曲面

项目 3
曲面三维建模设计

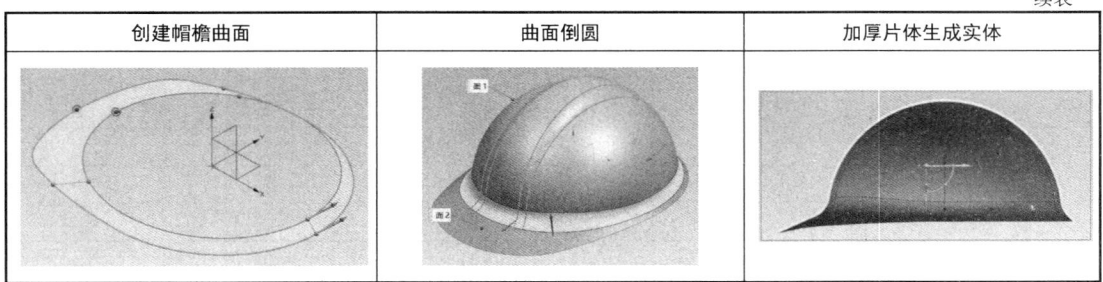

续表

创建帽檐曲面	曲面倒圆	加厚片体生成实体

建模过程

启动 NX 12.0，单击"新建"按钮，弹出"新建"对话框。选择"模型"选项卡中的"模型"选项，单位默认是"毫米"，否则在"单位"下拉列表中选择"毫米"选项；在"名称"文本框中输入文件名"工作帽"，在"文件夹"文本框中选择相应的存放目录，单击"确定"按钮，进入 NX 12.0 的建模模块界面。

图层管理如表 3-3-2 所示。

表 3-3-2　图层管理

图层	英文名称（类别）	中文名称
1	FINAL_BODY (0)	最终主体
2	ALT_SOLID (0)	交替实体
3	FINAL_SHEET (0)	最终曲面
4	FINAL_CURVE (0)	最终曲线
5	MATE_DATUM (0)	辅助基准
6～10	FINAL_DATA (0)	最终数据
11～20	BODY (1)	主体
21～60	SKETCH (2)	草图
61	FIXED_DATUM (3)	基准坐标系
62～80	DATUM (3)	基准
81～90	CURVE (4)	曲线
91～110	SHEET (5)	曲面
111～115	ANNOTATION (6)	注释
116	FLAT PATTERN (7)	平面图案
117～120	SHEET_METAL (7)	钣金
121～130	WAVE (8)	指引
131～140	ELECTRIC (9)	电气
141～150	CAM (10)	加工
151～160	MOTION (11)	运动
161～169	CAE(12)	仿真
170	DRAWING _PATTERN (13)	图框

续表

图层	英文名称（类别）	中文名称
171	DRAWING _ DIMENSION (13)	图纸尺寸
172	DRAWING _ SYMBOL (13)	图纸符号
173	DRAWING _ SPECIFICATION (13)	图纸规范
174～255	RESERVED	预留
256	TEMPORARY	临时的

具体的图层设置如图 3-3-2 所示。

```
☑1(工作)      4    00_FINAL_DATA...    ☐81    ☐    12    04_CURVE
☐21           3    02_SKETCH           ☐82    ☐    6     04_CURVE
☐22           2    02_SKETCH           ☐83    ☐    2     04_CURVE
☐31           7    02_SKETCH           ☐85    ☐    1     04_CURVE
☐32           2    02_SKETCH           ☐86    ☐    3     04_CURVE
☐33           2    02_SKETCH           ☐87    ☐    3     04_CURVE
☐34           5    02_SKETCH           ☐91    ☐    1     05_SHEET
☐42           2    02_SKETCH           ☐92    ☐    1     05_SHEET
☐46           2    02_SKETCH           ☐93    ☐    1     05_SHEET
☐47           4    02_SKETCH           ☐97    ☐    1     05_SHEET
☑61           8    03_DATUM,03_FI...   ☐170   ☐    34    13_DRAWING_PA...
```

图 3-3-2　具体的图层设置

步骤 1：创建帽檐曲线

（1）在图层 21（SKETCH21）中绘制主视图中的帽檐下边缘曲线。

单击功能区的"视图"选项卡，切换到视图功能区，图层输入"21"，并按回车键，将当前图层设置为第 21 层。单击功能区的"曲线"选项卡，切换到曲线功能区，单击"草图"图标，指定 X-Z 平面为草图平面，单击"确定"按钮，进入草图任务环境界面。单击"直线"图标，绘制图 3-3-3 中右侧的长度为 120 的线段。单击"艺术样条"图标，弹出"艺术样条"对话框；通过"通过点"的方式绘制 6 个控制点的艺术样条曲线，先选择 120 的线段的左端点为第 1 个控制点，自动判断为"G1"的相切方式；再选择其余的 5 个控制点，相关尺寸标注如图 3-3-3 所示。从右到左，6 个控制点的坐标为(0,-10)、(-10,-10.4)、(-40,-11.5)、(-85,-15)、(-130,-19)、(-155,-20)。

注意：在绘制艺术样条时，要选择草图模式中的艺术样条命令，而不要选择曲线模式中的艺术样条命令。

（2）在图层 22（SKETCH22）中绘制左视图中的帽檐下边缘曲线。

单击功能区的"视图"选项卡，切换到视图功能区，图层输入"22"，并按回车键，将当前图层设置为第 22 层，在"图层设置"中关闭图层 21。单击功能区的"曲线"选项卡，切换到曲线功能区，单击"草图"图标，指定 Y-Z 平面为草图平面，单击"确定"按钮，进入草图任务环境界面。单击"圆弧"图标，绘制左视图中的帽檐下边缘曲线，工作帽的图形关于 Z 轴对称，相关尺寸标注如图 3-3-4 所示。

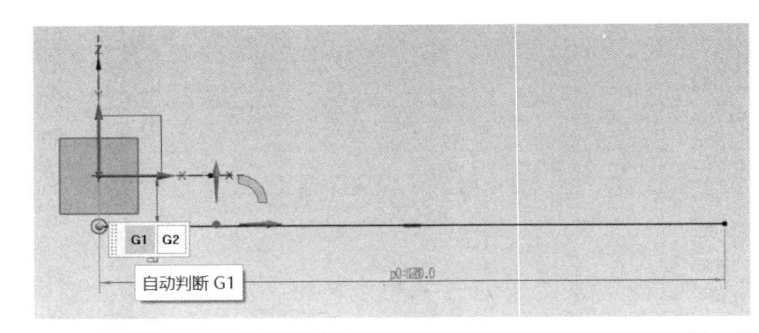

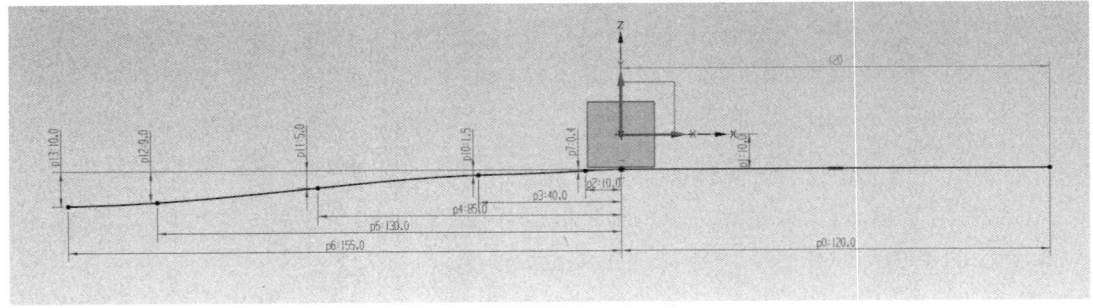

图 3-3-3　帽檐下边缘曲线（主视图 SKETCH21）

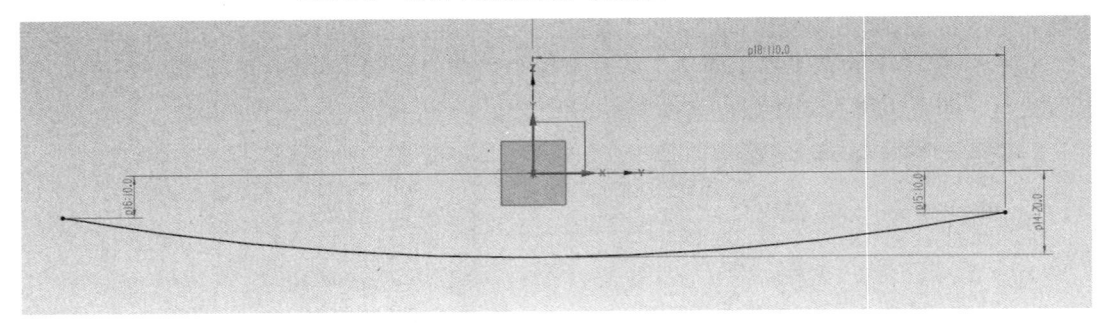

图 3-3-4　帽檐下边缘曲线（左视图 SKETCH22）

（3）在图层 31（SKETCH31）中绘制俯视图中的帽檐最外缘曲线。

单击功能区的"视图"选项卡，切换到视图功能区，图层输入"31"，并按回车键，将当前图层设置为第 31 层，在"图层设置"中关闭图层 22。单击功能区的"曲线"选项卡，切换到曲线功能区，单击"草图"图标，指定 X-Y 平面为草图平面，单击"确定"按钮，进入草图任务环境界面。使用直线、圆弧、椭圆、圆角等命令，绘制俯视图中的帽檐最外缘曲线，相关尺寸标注如图 3-3-5 所示。

（4）在图层 32（SKETCH32）中绘制俯视图中的工作帽中间椭圆曲线。

单击功能区的"视图"选项卡，切换到视图功能区，图层输入"32"，并按回车键，将当前图层设置为第 32 层，在"图层设置"中关闭图层 31。单击功能区的"曲线"选项卡，切换到曲线功能区，单击"草图"图标，指定 X-Y 平面为草图平面，单击"确定"按钮，进入草图任务环境界面。单击"椭圆"⊕图标，绘制俯视图中的工作帽中间椭圆曲线（半长轴为 110，半短轴为 100），如图 3-3-6 所示。

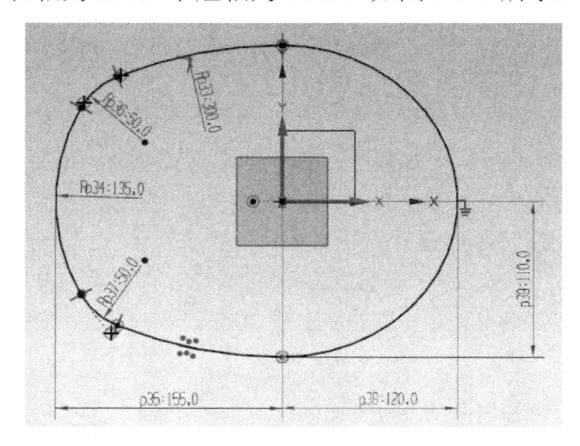

图 3-3-5　帽檐最外缘曲线
（俯视图 SKETCH31）

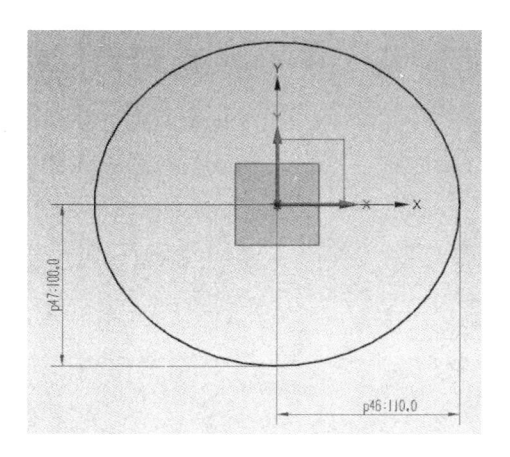

图 3-3-6　工作帽中间椭圆曲线
（俯视图 SKETCH32）

（5）在图层 81（CURVE81）中绘制帽檐最外缘左侧曲线一次投影曲线。

① 在图层 91（SHEET91）中拉伸生成直纹曲面。

单击功能区的"视图"选项卡，切换到视图功能区，图层输入"91"，并按回车键，将当前图层设置为第 91 层，在"图层设置"中关闭图层 32，打开图层 21，显示帽檐下边缘曲线（主视图）。单击功能区的"主页"选项卡，切换到主页功能区，单击"拉伸"图标，选择图层 21 中的艺术样条曲线，沿着 Y 轴方向前后拉伸 120（共拉伸 240），单击"确定"按钮，即可生成直纹曲面，如图 3-3-7 所示。

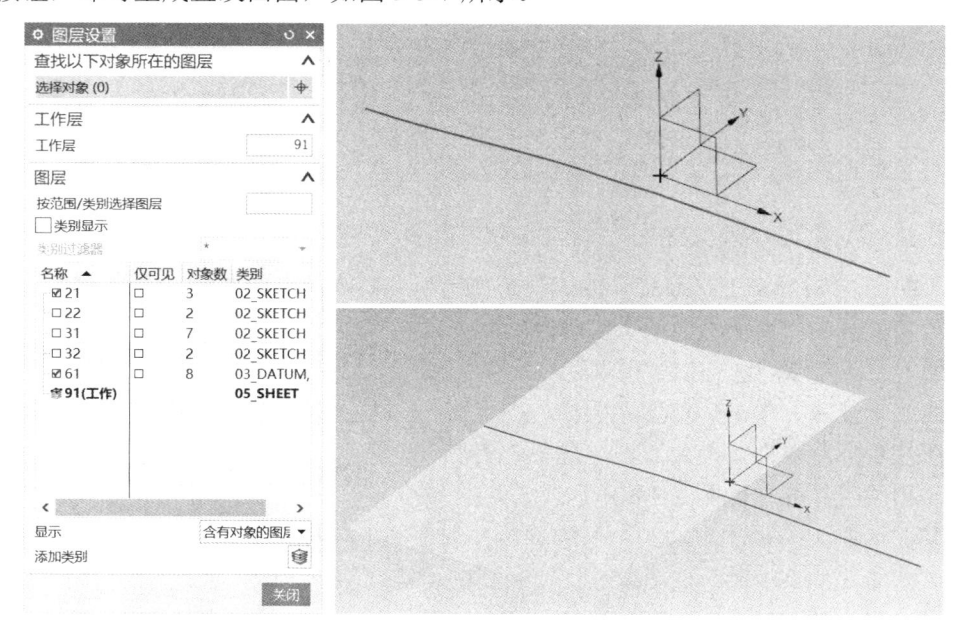

图 3-3-7　直纹曲面（SHEET91）

② 在图层 81（CURVE81）中绘制帽檐最外缘左侧曲线一次投影曲线的步骤。

单击功能区的"视图"选项卡,切换到视图功能区,图层输入"81",并按回车键,将当前图层设置为第 81 层,在"图层设置"中关闭图层 21,打开图层 31,显示帽檐最外缘曲线(俯视图)。单击功能区的"曲线"选项卡,切换到曲线功能区,单击"投影曲线"图标,选择帽檐最外缘曲线作为要投影的曲线(俯视图);选择上一步骤生成的直纹曲面作为要投影的对象,设置投影方向为沿矢量(Z 轴负方向),单击"确定"按钮,即可生成帽檐最外缘左侧曲线一次投影曲线,如图 3-3-8 所示。

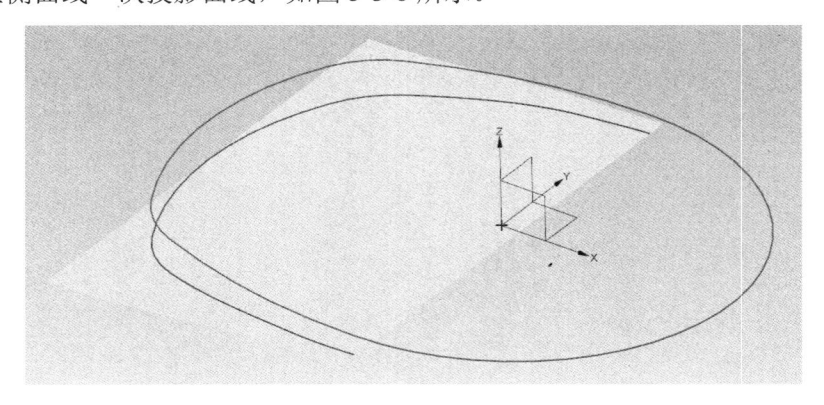

图 3-3-8　帽檐最外缘左侧曲线一次投影曲线(CURVE81)

③ 将帽檐最外缘左侧曲线一次投影曲线向 Z 轴正向复制并偏移 20。

单击功能区的"工具"选项卡,切换到工具功能区。单击"移动对象"图标,弹出"移动对象"对话框;将"选择对象"设置为帽檐最外缘左侧曲线一次投影曲线,选中"复制原先的"单选按钮,拖动 Z 轴手柄向正向偏移 20,生成一次投影曲线的 Z 轴正向复制曲线,如图 3-3-9 所示。

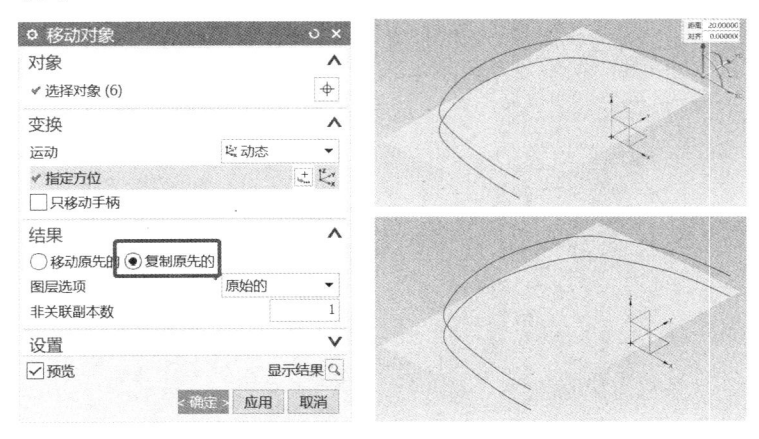

图 3-3-9　一次投影曲线的 Z 轴正向复制曲线(CURVE81)

(6)在图层 82(CURVE82)中绘制帽檐最外缘左侧曲线二次投影曲线。

① 在图层 92(SHEET92)中拉伸生成直纹曲面。

单击功能区的"视图"选项卡,切换到视图功能区,图层输入"92",并按回车键,将当前图层设置为第 92 层,在"图层设置"中关闭图层 31、图层 81 和图层 91,打开图层

22，显示帽檐下边缘曲线。单击功能区的"主页"选项卡，切换到主页功能区，单击"拉伸"图标，选择图层 22 中的帽檐下边缘曲线，沿着 X 轴负方向拉伸 160，单击"确定"按钮，即可生成直纹曲面，如图 3-3-10 所示。

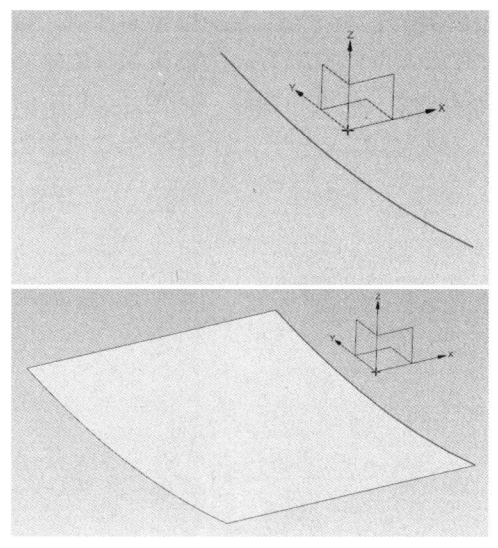

图 3-3-10　直纹曲面（SHEET92）

② 在图层 82（CURVE82）中绘制帽檐最外缘左侧曲线二次投影曲线的步骤。

单击功能区的"视图"选项卡，切换到视图功能区，图层输入"82"，并按回车键，将当前图层设置为第 82 层，在"图层设置"中关闭图层 22，打开图层 81，显示帽檐最外缘左侧曲线一次投影曲线和 Z 轴正向复制曲线（CURVE81）。单击功能区的"曲线"选项卡，切换到曲线功能区，单击"投影曲线"图标，选择 Z 轴正向复制曲线（CURVE81）作为要投影的曲线；选择上一步骤生成的直纹曲面（SHEET92）作为要投影的对象，设置投影方向为沿矢量（Z 轴负方向）；单击"确定"按钮，即可绘制帽檐最外缘左侧曲线二次投影曲线，如图 3-3-11 所示。

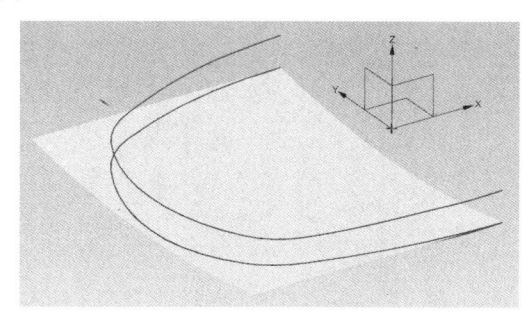

图 3-3-11　帽檐最外缘左侧曲线二次投影曲线（CURVE82）

（7）在图层 83（CURVE83）中绘制帽檐最外缘右侧曲线投影曲线。

① 在图层 93（SHEET93）中拉伸生成直纹曲面。

单击功能区的"视图"选项卡，切换到视图功能区，图层输入"93"，并按回车键，将当前图层设置为第 93 层，在"图层设置"中关闭图层 81、图层 82 和图层 92，打开图层 21，显示帽檐下边缘曲线（主视图）。单击功能区的"主页"选项卡，切换到主页功能区，单击"拉伸"图标，选择图层 21 中的右侧直线，沿着 Y 轴方向前后拉伸 120（共拉伸 240），单击"确定"按钮，即可生成直纹曲面，如图 3-3-12 所示。

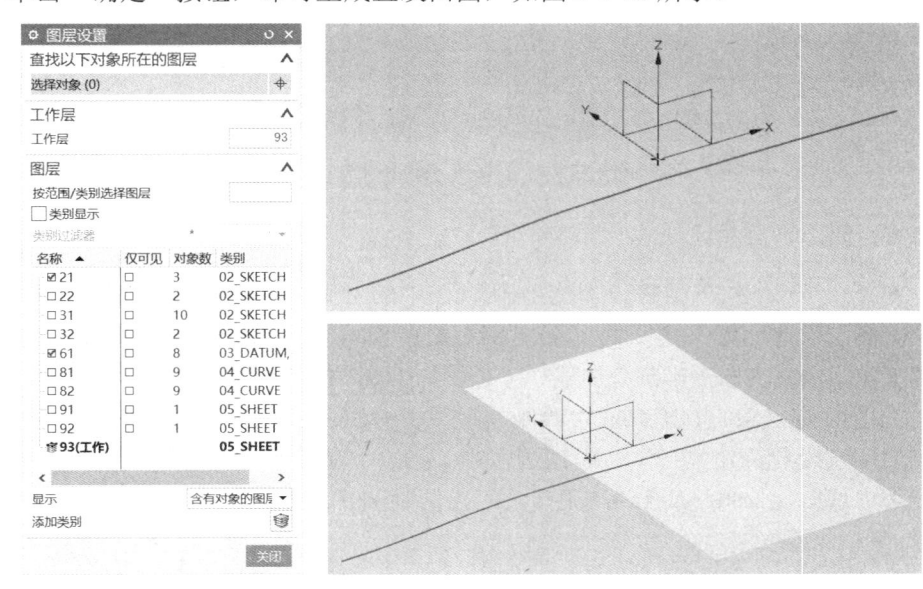

图 3-3-12　直纹曲面（SHEET93）

② 在图层 83（CURVE83）中绘制帽檐最外缘右侧曲线投影曲线的步骤。

单击功能区的"视图"选项卡，切换到视图功能区，图层输入"83"，并按回车键，将当前图层设置为第 83 层，在"图层设置"中关闭图层 21，打开图层 31，显示帽檐最外缘曲线。单击功能区的"曲线"选项卡，切换到曲线功能区，单击"投影曲线"图标，选择帽檐最外缘曲线作为要投影的曲线；选择上一步骤生成的直纹曲面（SHEET93）作为要投影的对象，设置投影方向为沿矢量（Z 轴负方向）；单击"确定"按钮，即可生成帽檐最外缘右侧曲线投影曲线，如图 3-3-13 所示。

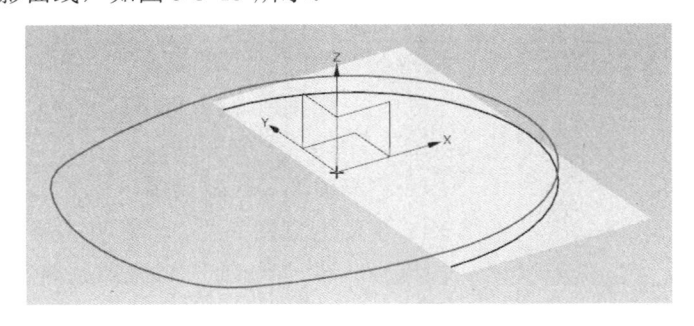

图 3-3-13　帽檐最外缘右侧曲线投影曲线（CURVE83）

关闭图层 31、图层 93，打开图层 82，图层 82 和图层 83 中的 CURVE82 和 CURVE83 就是帽檐最外缘空间曲线，如图 3-3-14 所示。

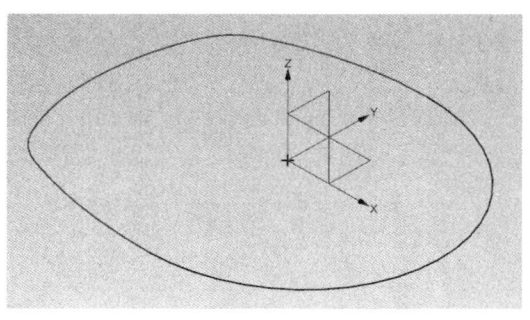

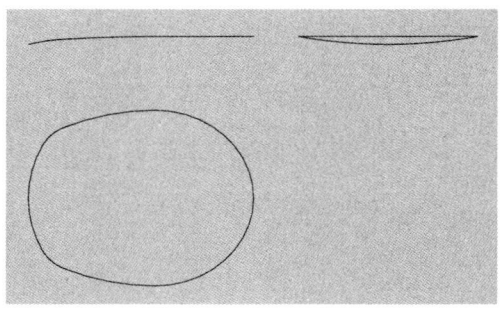

图 3-3-14 帽檐最外缘空间曲线

步骤 2：创建帽身曲线

（1）在图层 33（SKETCH33）中绘制俯视图中的工作帽中间椭圆上半部分曲线。

将当前图层设置为第 33 层，关闭图层 82、图层 83。指定 X-Y 平面为草图平面，绘制俯视图中的工作帽中间椭圆上半部分曲线（半长轴为 110，半短轴为 100），如图 3-3-15 所示。

（2）在图层 46（SKETCH46）中绘制左视图中的帽身侧边曲线。

将当前图层设置为第 46 层，关闭图层 33。指定 Y-Z 平面为草图平面，绘制左视图中的帽身侧边曲线（宽 200，高 100，用指定三点绘制圆弧的方法），如图 3-3-16 所示。

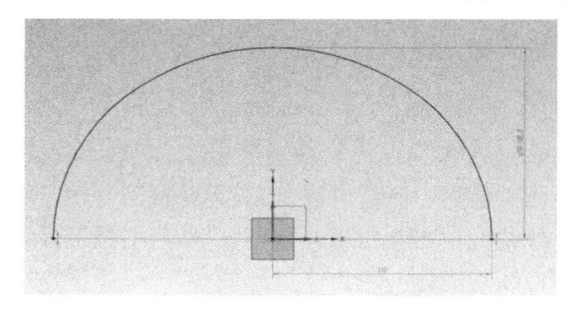

图 3-3-15　工作帽中间椭圆上半部分曲线（俯视图 SKETCH33）

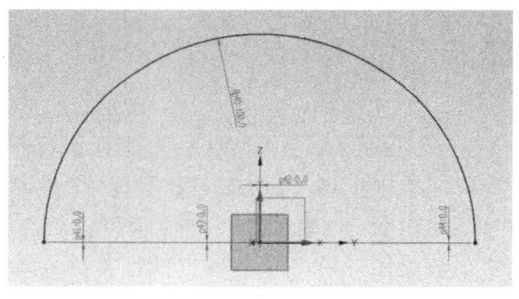

图 3-3-16　帽身侧边曲线（左视图 SKETCH46）

步骤（1）、步骤（2）中生成的曲线主要用于构建帽身侧边曲面。

（3）在图层 34（SKETCH34）中绘制俯视图中的工作帽中间 4 段椭圆曲线。

将当前图层设置为第 34 层，关闭图层 46。指定 X-Y 平面为草图平面，绘制俯视图中的工作帽中间 4 段椭圆曲线（半长轴为 110，半短轴为 100），如图 3-3-17 所示。

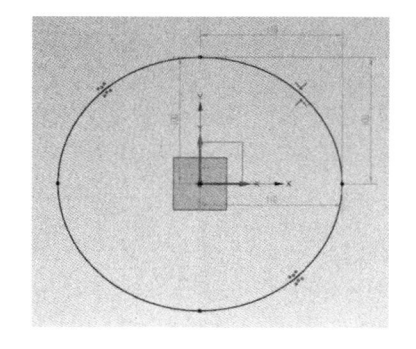

图 3-3-17　工作帽中间 4 段椭圆曲线（俯视图 SKETCH34）

注意：椭圆由 4 段椭圆曲线组成，即按象限分为 4 段相切连接的椭圆曲线。具体画法可首先画出第一象限（0°～90°）的 1/4 椭圆，其次以 Y 轴为中心线进行镜像，再次以 X 轴为中心线进行镜像，最后生成 4 段相切连接的椭圆曲线。

（4）在图层 42（SKETCH42）中绘制主视图中的帽身 2 段穹顶曲线。

将当前图层设置为第 42 层，关闭图层 34。指定 X-Z 平面为草图平面，绘制主视图中的帽身 2 段穹顶曲线（宽 220，高 105），如图 3-3-18 所示。

（5）在图层 47（SKETCH47）中绘制左视图中的帽身 2 段穹顶曲线。

将当前图层设置为第 47 层，关闭图层 42。指定 Y-Z 平面为草图平面，绘制左视图中的帽身 2 段穹顶曲线（宽 200，高 105），如图 3-3-19 所示。

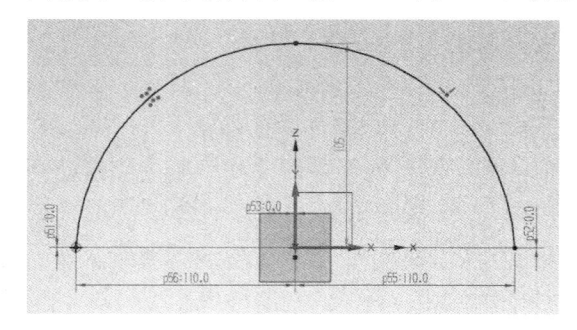

图 3-3-18　帽身 2 段穹顶曲线
（主视图 SKETCH42）

图 3-3-19　帽身 2 段穹顶曲线
（左视图 SKETCH47）

注意：步骤（4）、步骤（5）中的帽身 2 段穹顶曲线按象限分为 2 段相切连接的圆弧曲线，连接断点是曲线的最高点。具体画法可先画出第一象限（0°～90°）的圆弧，然后以 Y 轴为中心线进行镜像，最后生成 2 段相切连接的圆弧曲线。

（6）在图层 85（POINT85）中绘制穹顶顶点。

将当前图层设置为第 85 层，打开图层 34、图层 42。

单击功能区的"曲线"选项卡，切换到曲线功能区，单击"点"＋图标，弹出"点"对话框；将"输出坐标"设置为点选交叉穹顶曲线的最高点（0,0,105），单击"确定"按钮，即可生成穹顶顶点，如图 3-3-20 所示。

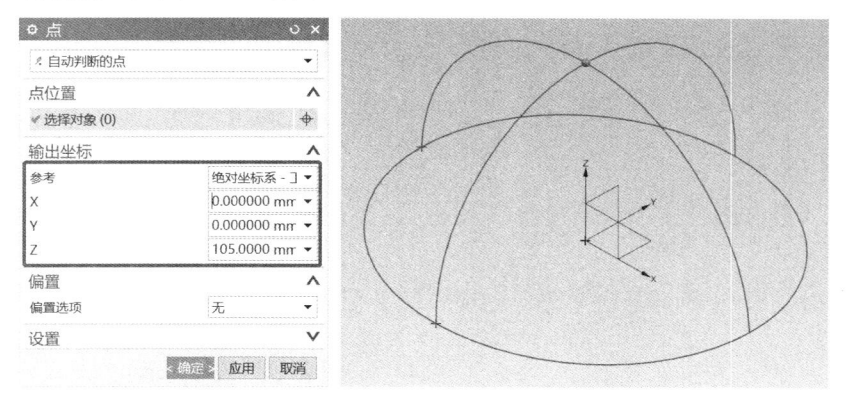

图 3-3-20　穹顶顶点（POINT85）

注意：穹顶顶点将作为接下来绘制穹顶曲面——生成网格曲面过程中的一条主曲线使用。

步骤（3）~（6）中生成的分段曲线（点）主要用来构建帽身穹顶曲面。

步骤 3：创建帽身曲面

（1）在图层 97（SHEET97）中构建帽身穹顶曲面。

① 在图层 97（SHEET97）中生成帽身网格曲面。

将当前图层设置为第 97 层。单击功能区的"曲面"选项卡，切换到曲面功能区，单击"通过曲面网格" 图标，弹出"通过曲线网格"对话框。

首先，选择主曲线。将"主曲线 1"设置为图层 34 中的 4 条椭圆曲线，并使用 MB2 完成线串，"主曲线 2"设置为图层 85 中的穹顶顶点，并使用 MB2 完成线串。

然后，设置交叉曲线。在设置交叉曲线之前，需要将过滤器中的曲线规则由"自动判断曲线"改为"单条曲线"。按顺序将"交叉曲线 1""交叉曲线 2""交叉曲线 3""交叉曲线 4""交叉曲线 5"设置为图层 42 中的 2 段穹顶曲线和图层 47 中的 2 段穹顶曲线（其中"交叉曲线 1"与"交叉曲线 5"是同一段穹顶曲线），并使用 MB2 完成线串。

最后，将"体类型"设置为"片体"，完成生成帽身网格曲面，如图 3-3-21 所示。

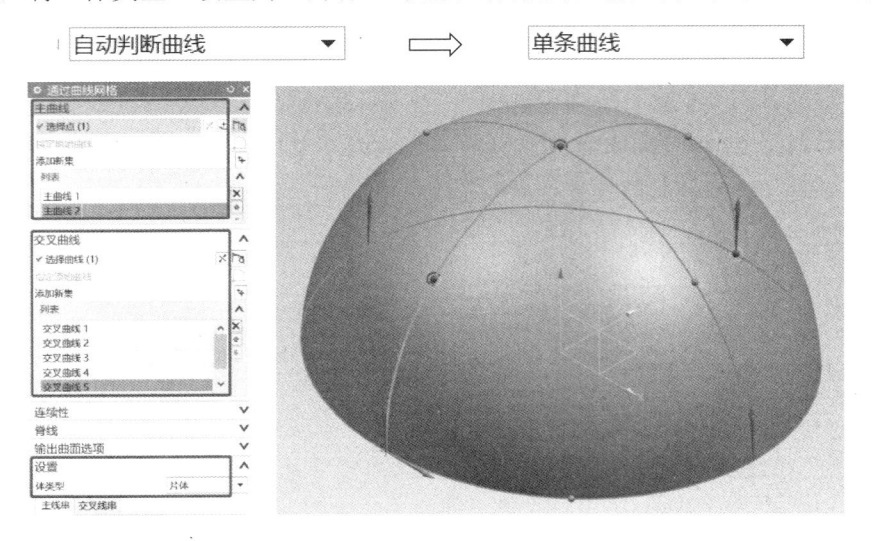

图 3-3-21　帽身网格曲面（SHEET97）

注意事项如下。

a. 选择 4 段椭圆曲线和穹顶顶点作为主曲线（2 条），选择单段的穹顶曲线作为交叉曲线（4 条）。

b. 每选择 1 条主曲线或交叉曲线，均需要立刻使用 MB2 完成线串，即单击鼠标中键确认一下。

c. 在选择单段的穹顶曲线作为交叉曲线时，需要先将过滤器中的曲线规则由"自动判断曲线"改为"单条曲线"。

d. 单段的穹顶曲线只有 4 条，但作为交叉曲线选择时，第 1 条穹顶曲线需要作为第 5

条穹顶曲线重复选择，以构建一圈封闭的曲面。

e. 在"通过曲线网络"对话框中，将"体类型"设置为"片体"。

② 在图层 87（CURVE87）中绘制 2 条斜向线段。

将当前图层设置为第 87 层，关闭图层 34、图层 42、图层 47、图层 85、图层 97。指定 X-Y 平面为草图平面，绘制俯视图中的 2 条斜向线段，定位于俯视图中的椭圆（左 46，右 20），如图 3-3-22 所示。

注意：用于定位的俯视图中的椭圆将转化为参考线——虚线。2 条直线虽然定义为 CURVE——2 条斜向线段，但仍然在图层 87 中以草图的方式绘制。

③ 在图层 97（SHEET97）中修剪生成帽身穹顶曲面。

在"修剪片体"对话框中，将"选择片体"设置为图层 97 中的帽身穹顶曲面，"选择对象"设置为图层 87 中的 2 条斜向线段；"投影方向"

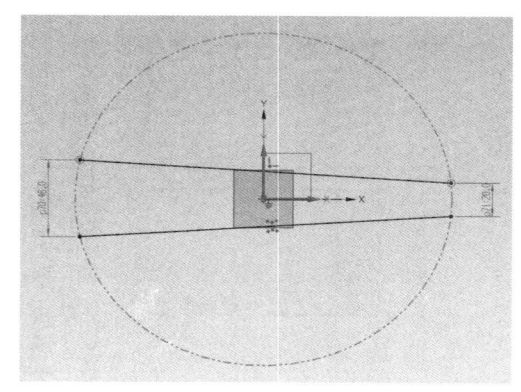

图 3-3-22　2 条斜向线段（俯视图 CURVE87）

设置为"沿矢量"，"指定矢量"设置为"ZC"，"选择区域"设置为曲面最高点（作为保留区域）；选中"保留"单选按钮，单击"确定"按钮，即可生成帽身穹顶曲面，如图 3-3-23 所示。

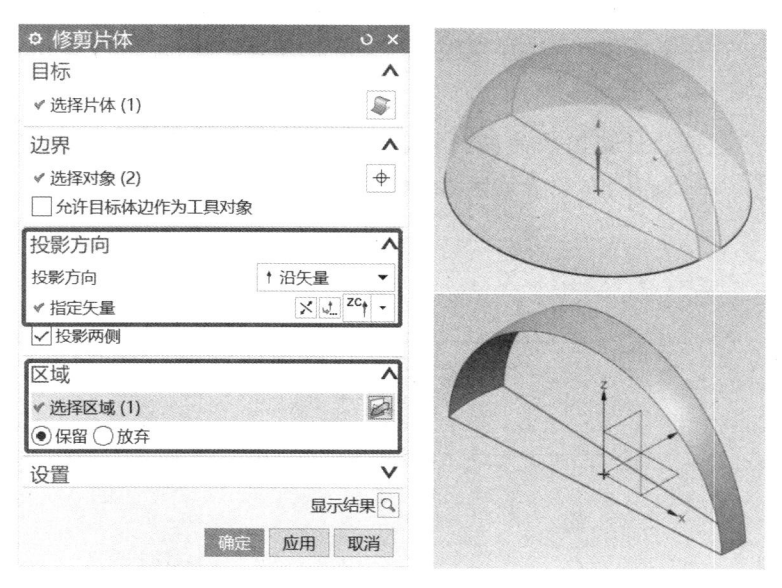

图 3-3-23　帽身穹顶曲面（SHEET97）

（2）在图层 96（SHEET96）中构建帽身侧边曲面。

① 在图层 96（SHEET96）中生成帽身扫掠曲面。

将当前图层设置为第 96 层，关闭图层 87、图层 97，打开图层 33、图层 46。单击功能区的"曲面"选项卡，切换到曲面功能区，单击"扫掠" 图标，弹出"扫掠"对话框。

将"截面"选区的"选择曲线"设置为图层 33 中的椭圆上半部分曲线，并使用 MB2 完成截面；"引导线"选区的"选择曲线"设置为图层 46 中的帽身侧边曲线，并使用 MB2 完成引导；"体类型"设置为"片体"，单击"确定"按钮，即可生成帽身扫掠曲面，如图 3-3-24 所示。

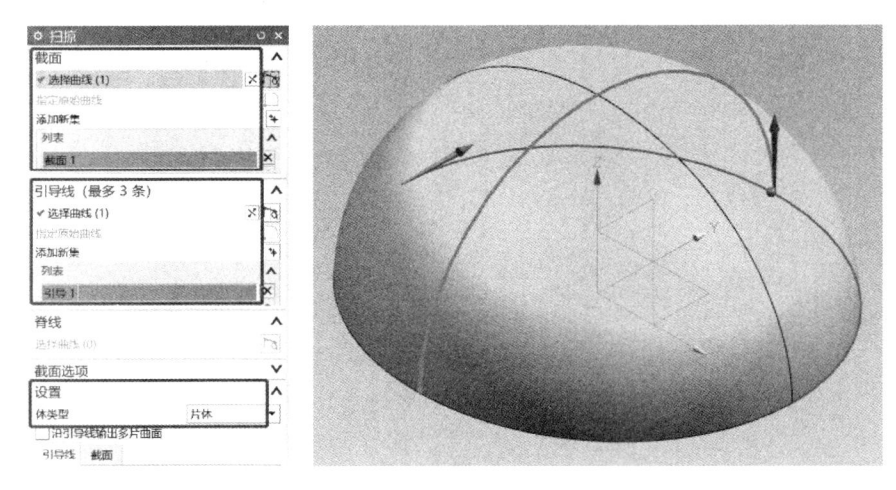

图 3-3-24 帽身扫掠曲面（SHEET96）

② 在图层 86（CURVE86）中绘制 2 条水平线段。

将当前图层设置为第 86 层，关闭图层 33、图层 46、图层 96。指定 X-Y 平面为草图平面，绘制俯视图中的 2 条水平线段，定位于俯视图中的椭圆（距离为 64mm，用于定位椭圆的位置），如图 3-3-25 所示。

注意：用于定位的俯视图中的椭圆将转化为参考线——虚线。2 条直线虽然定义为 CURVE——2 条水平线段，但仍然在图层 86 中以草图的方式绘制。

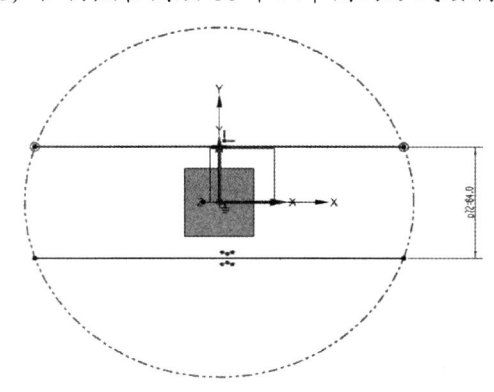

图 3-3-25 2 条水平线段（俯视图 CURVE86）

③ 在图层 96（SHEET96）中修剪生成帽身侧边曲面。

在"修剪片体"对话框中，将"选择片体"设置为图层 97 中的帽身穹顶曲面，"选择对象"设置为图层 86 中的 2 条水平线段；"投影方向"设置为"沿矢量"，"指定矢量"设置为"ZC";"选择区域"设置为曲面两侧(作为保留区域),选中"保留"单选按钮,单击"确定"按钮,即可生成帽身侧边曲面,如图 3-3-26 所示。

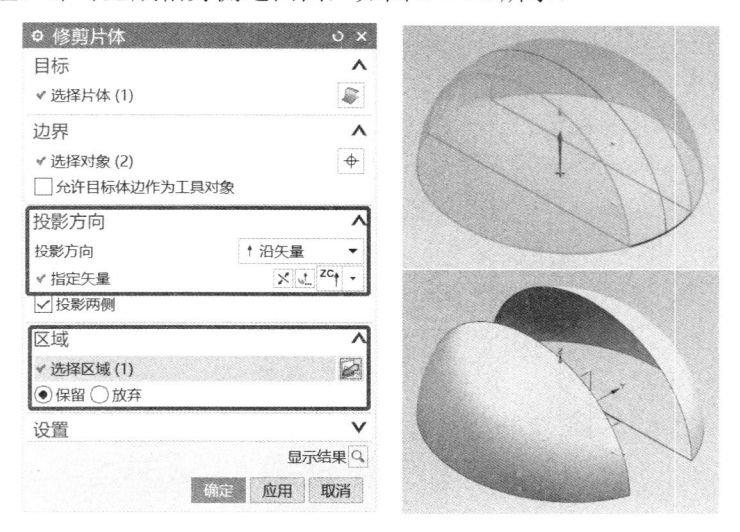

图 3-3-26　帽身侧边曲面(SHEET96)

(3)在图层 98(SHEET98)中构建 2 个桥接曲面。

将当前图层设置为第 98 层,关闭图层 86,打开图层 97。单击功能区的"曲面"选项卡,切换到曲面功能区,单击"桥接"图标,弹出"桥接曲面"对话框。将"边"选区的"选择边"设置为曲面上的一条边(作为边 1),"反向"选区的"选择边"设置为曲面上的另一条边(作为边 2);"边 1"和"边 2"均设置为"G1(相切)",单击"确定"按钮,即可生成一个桥接曲面。重复上述步骤,生成另一个桥接曲面,最后效果如图 3-3-27 所示。

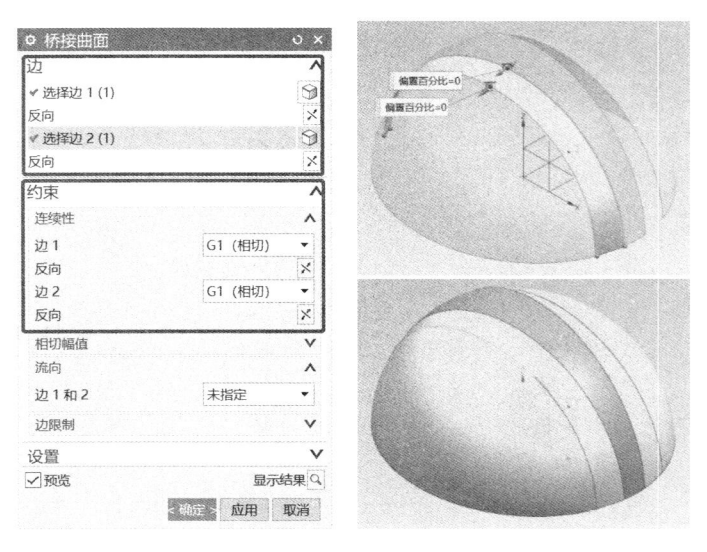

图 3-3-27　2 个桥接曲面(SHEET98)

注意事项如下。

a. 在选择边 1 和边 2 时，要选择 2 个曲面对应的位置。如果预览的曲面出现扭曲，则单击其中一条边的"反向"图标，调整"偏置百分比"的方向。

b. 如果桥接曲面不能达到预期的效果，则可以采用直纹曲面的方法进行曲面三维建模。

（4）在图层 97（SHEET97）中缝合曲面。

将当前图层设置为第 97 层。单击功能区的"曲面"选项卡，切换到曲面功能区，单击"缝合"图标，弹出"缝合"对话框。将"目标"选区的"选择片体"设置为穹顶曲面（1 个片体），"工具"选区的"选择片体"设置为桥接曲面和侧边曲面（4 个片体）；"体类型"设置为"片体"，单击"确定"按钮，即可生成缝合曲面，如图 3-3-28 所示。

在图层 97（SHEET97）中生成完整的帽身曲面。

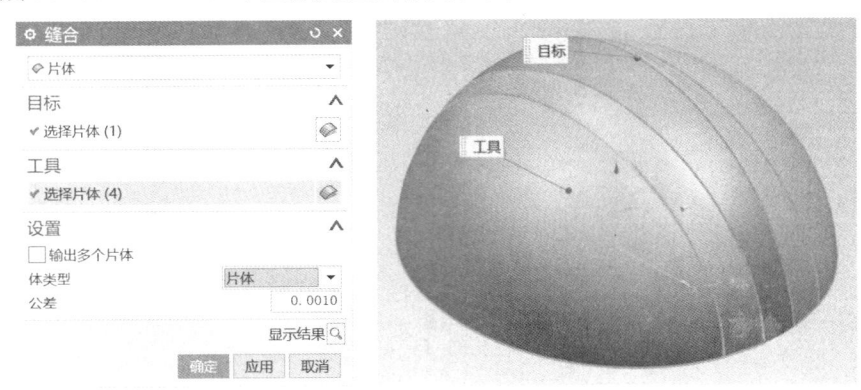

图 3-3-28　缝合曲面——帽身曲面（SHEET97）

步骤 4：创建帽檐曲面

将当前图层设置为第 95 层，关闭图层 97，打开图层 32、图层 82、图层 83。单击功能区的"曲面"选项卡，切换到曲面功能区，单击"通过曲线组"图标，弹出"通过曲线组"对话框。

将"截面 1"设置为图层 82 和图层 83 中的帽檐边缘曲线，并使用 MB2 完成线串；"截面 2"设置为图层 32 中的椭圆曲线，并使用 MB2 完成线串；"体类型"设置为"片体"，单击"确定"按钮，即可创建帽檐曲面，如图 3-3-29 所示。

注意事项如下。

a. 在选择帽檐边缘曲线作为截面 1 时，需要进入"指定原始曲线"状态，并指定帽檐边缘曲线与 X 轴的空间交点为原始曲线起点。

b. 在选择椭圆曲线作为截面 2 时，曲线起点为 X 轴交点位置，与截面 1 的曲面起点一致，且线串方向一致。

c. 需要将"对齐"由"参数"改为"根据点"。

d. 需要将"体类型"设置为"片体"。

项目 3
曲面三维建模设计

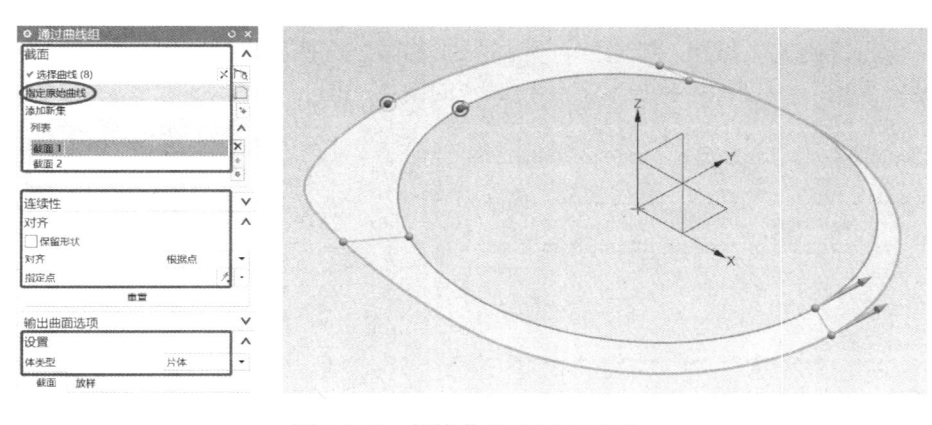

图 3-3-29　帽檐曲面（SHEET95）

步骤 5：曲面倒圆

将当前图层设置为第 97 层，关闭图层 32、图层 82、图层 83。单击功能区的"曲面"选项卡，切换到曲面功能区，单击"面倒圆" 图标，弹出"面倒圆"对话框。将"选择面 1"设置为图层 97 中的缝合曲面——帽身曲面（5 个片体）；"选择面 2"设置为帽檐曲面（1 个片体），"半径方法"设置为"恒定"，"半径"设置为 20；单击"确定"按钮，即可生成曲面倒圆，如图 3-3-30 所示。

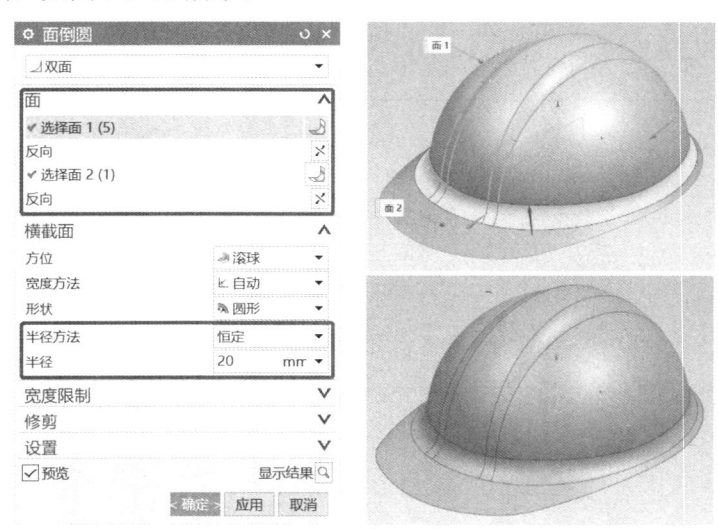

图 3-3-30　曲面倒圆（SHEET97）

注意：面 1 和面 2 的法向需指向倒圆的圆心方向，若方向不对，可双击界面上的曲面法向箭头，反转方向即可。

步骤 6：加厚片体生成实体

将当前图层设置为 FINAL_BODY1 层。单击功能区的"曲面"选项卡，切换到曲面功能区，单击"加厚" 图标，弹出"加厚"对话框。将"选择面"设置为所有曲面（帽身曲面、帽檐曲面、曲面倒圆），"偏置 1"设置为 2，"偏置 2"设置为 0，"方向"设置为壳

161

体内部，单击"确定"按钮，即可加厚片体生成实体。切换到视图功能区，关闭图层 97。单击"编辑界面"图标，将显示工作帽实体的剖切视图，如图 3-3-31 所示。

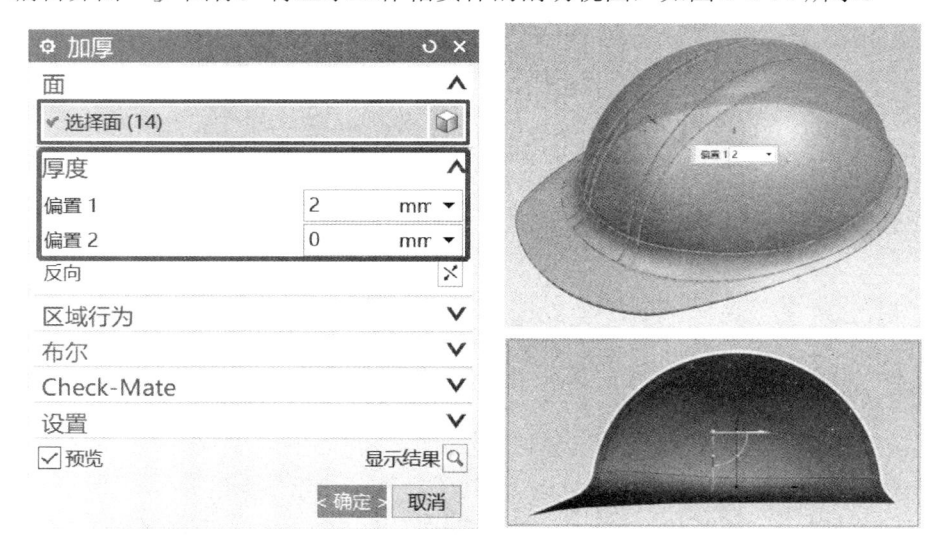

图 3-3-31　工作帽实体的剖切视图（FINAL_BODY1）

课后技能提升训练

1．完成如图 3-3-32 所示的玩具赛车车身的曲面三维建模。

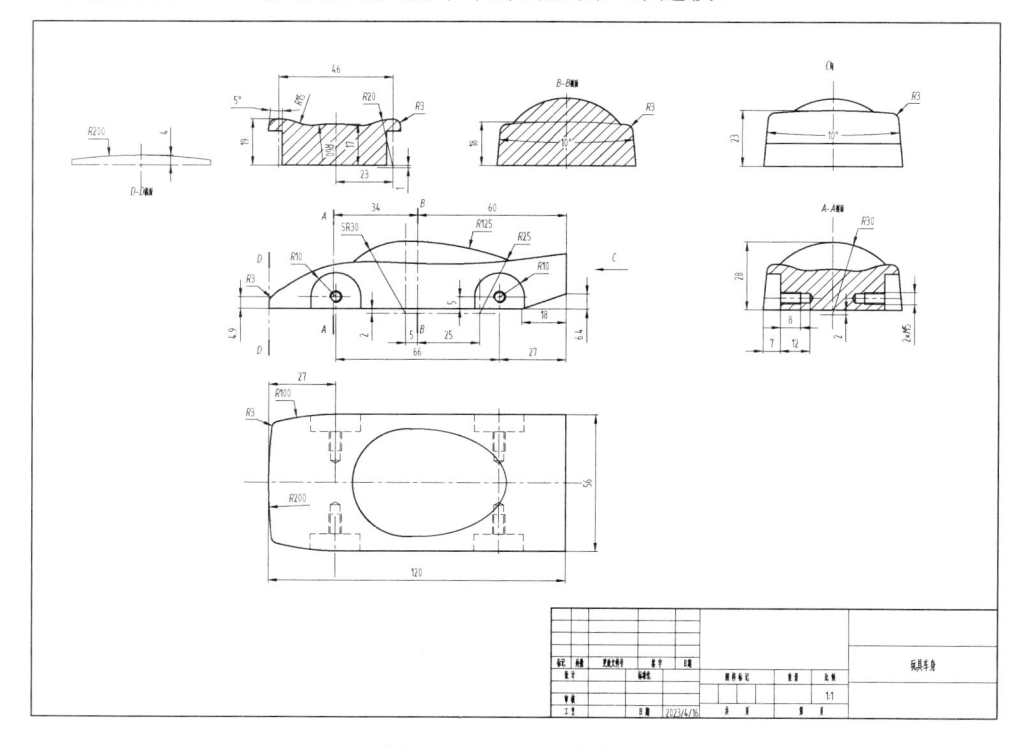

图 3-3-32　玩具赛车车身

项目 3
曲面三维建模设计

2. 完成如图 3-3-33 所示的玩具坦克车身的曲面三维建模。

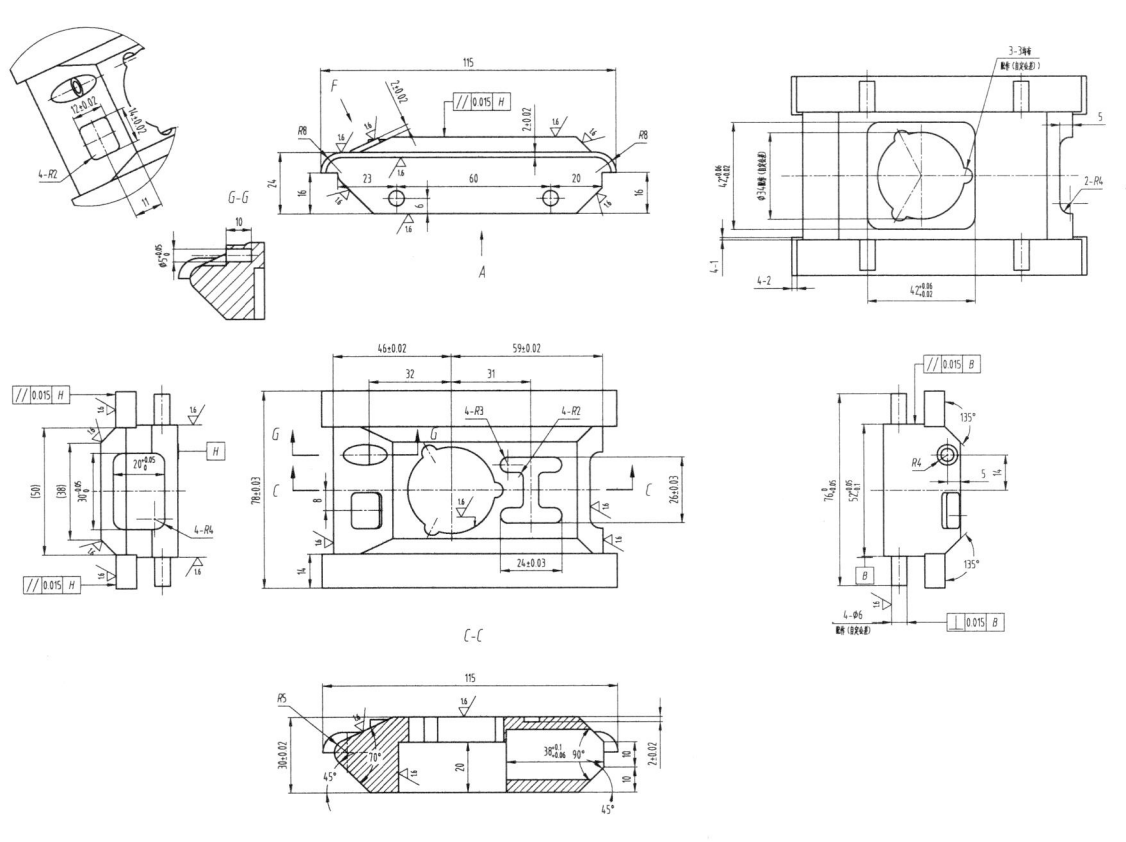

图 3-3-33 玩具坦克车身

项目 4

装配设计

📖 项目简介

李明在项目 2 中，完成了自动滑移切削机构的 8 个主要零件的三维建模，接下来公司给李明的任务是验证建模的准确性及确定零件能顺利装配。李明要把项目 2 中的 8 个零件装配起来成为自动滑移切削机构组件，验证建模的准确性。

NX 装配模块提供了并行的、自上而下的产品开发方法。NX 装配的主模型在整个装配过程中可以进行设计和编辑；部件可灵活地配对或定位，并且一直保持其关联性；这样既改进了性能，又节约了磁盘的存储空间；装配件的参数化建模可以描述各部件之间的配对关系、确定通用紧固件组及其他复制的部件，这种体系结构允许建立非常庞大的产品结构并在设计组之间共享，使产品开发组成员能与他人并行工作。NX 装配模块不仅能快速组合零部件成为产品，而且在装配过程中，可以参照其他部件进行部件关联设计，并对装配模型进行间隙分析、重量管理等操作。在生成装配模型后，可以建立爆炸图，并将该爆炸图引入到装配工程图中，在装配工程图中可自动产生装配明细表，并能对轴测图进行局部挖切。

在本项目中，李明要通过装配自动滑移切削机构的实际例子，学习 NX 12.0 的基本装配模块的一般过程和步骤，掌握 NX 的虚拟装配及装配爆炸功能，掌握 NX 装配的常用工具及装配方法。

📝 项目内容

（1）装配自动滑移切削机构的箱体。
（2）装配自动滑移切削机构的输入齿轮轴。
（3）装配自动滑移切削机构的箱盖。
（4）装配自动滑移切削机构的输出齿轮轴。
（5）装配自动滑移切削机构的端盖。
（6）装配自动滑移切削机构的导杆。
（7）装配自动滑移切削机构的移动滑块。
（8）装配自动滑移切削机构的支撑座。

项目 4
装配设计

任务 4.1　NX 装配功能的概述

任务简介

NX 的装配是在装配过程中建立部件之间的连接关系，通过关联条件在部件之间建立约束关系，从而确定部件在产品中的位置。在装配过程中，部件的几何体是被装配引用的，而不是复制到装配中的。不管如何编辑部件和在何处编辑部件，整个装配部件都保持关联性，如果修改某部件，则引用该部件的装配部件自动更新，反映部件的最新变化。为了更好地理解 NX 的装配功能，首先需要了解和熟悉装配功能的基本知识。

任务内容

（1）新建装配文件。
（2）熟悉装配模式。
（3）熟悉装配工具栏。

实施过程

步骤 1：启动 NX 12.0

开启计算机，在计算机的操作系统（Windows 7 以上系统）下，选择"开始"→"所有程序"→"Siemens NX 12.0"→"NX 12.0"命令，如图 4-1-1 所示，启动 NX 12.0 中文版。也可双击桌面上的"NX 12.0" 快捷图标，启动 NX 12.0 中文版。

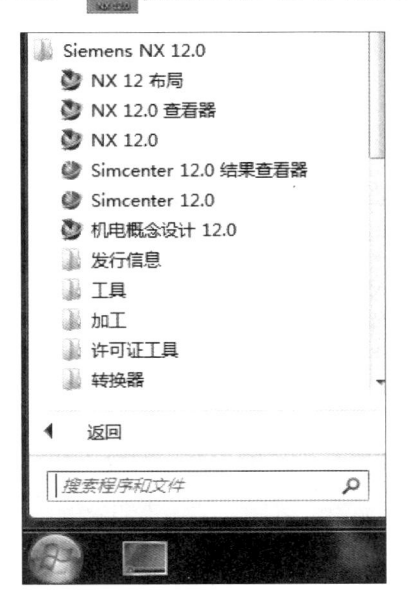

图 4-1-1　打开 NX 12.0 的路径

步骤 2：新建装配文件

启动 NX 12.0 后，打开 NX 12.0 的初始界面，如图 4-1-2 所示。

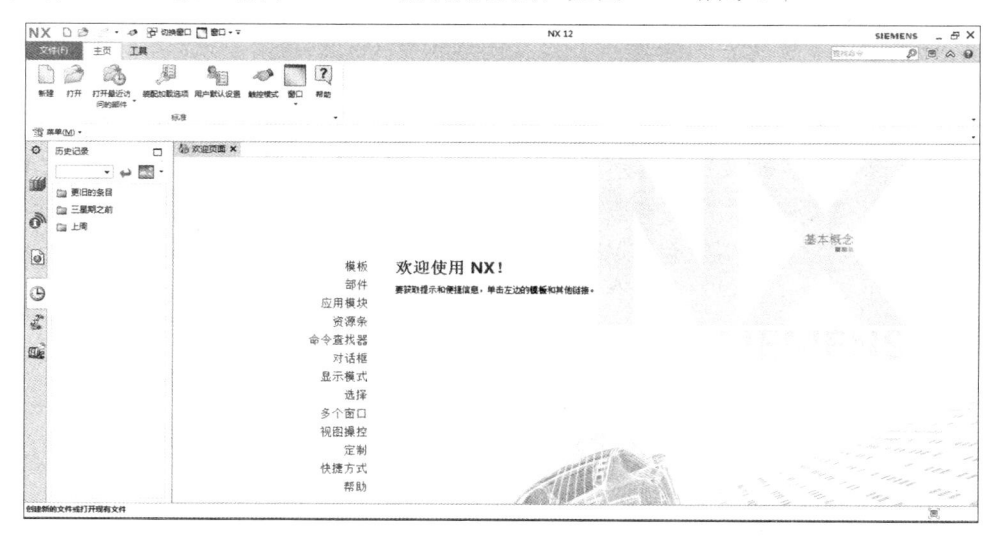

图 4-1-2　NX 12.0 的初始界面

单击"新建"按钮，弹出"新建"对话框，如图 4-1-3 所示。选择"模型"选项卡，在"单位"下拉列表中选择"毫米"选项，在"模板"选区中选择"装配"选项；在"名称"文本框中输入相应的模型文件名（如果要练习装配自动滑移切削机构，就输入该名称），在"文件夹"文本框中选择相应的存放目录，单击"确定"按钮，进入 NX 12.0 的装配模式。（注意：NX 装配文件默认的后缀名为_asm.prt。）

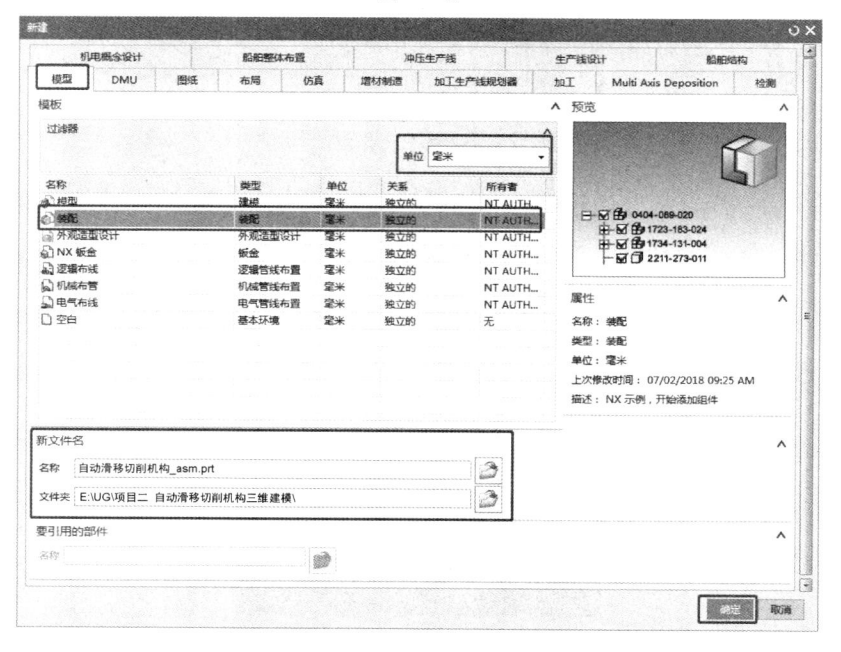

图 4-1-3　"新建"对话框

步骤 3：熟悉 NX 12.0 装配模式

进入装配模式后，默认显示主页功能区，单击"装配"选项卡，切换到装配功能区，如图 4-1-4 所示。

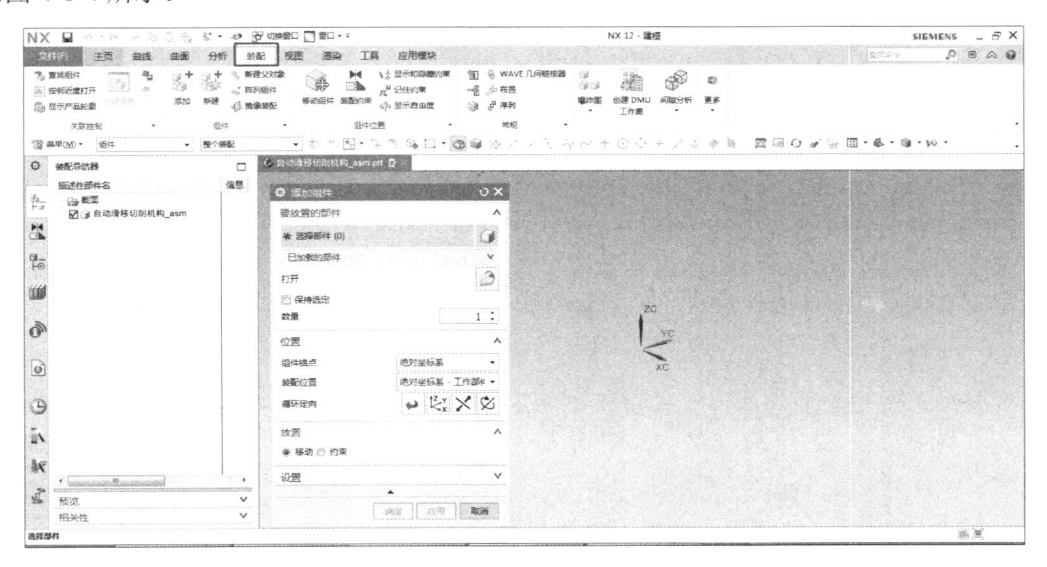

图 4-1-4　装配模式

🔗 装配术语知识链接

1. 装配部件

装配部件是由零件和子装配构成的部件。在 NX 中允许向任何一个 Part 文件中添加部件构成装配，因此任何一个 Part 文件都可以作为装配部件。在 NX 中，零件和部件不必严格区分。需要注意的是，当存储一个装配时，各部件的实际几何数据并不存储在装配部件文件中，而存储在相应的部件（零件文件）中。

2. 子装配

子装配是在高一级装配中用作组件的装配，其也有自己的组件。子装配是一个相对的概念，任何一个装配部件都可以在更高级装配中用作子装配。

3. 组件对象

组件对象是一个从装配部件连接到部件主模型的指针实体。组件对象记录的信息有部件名称、层、颜色、线型、线宽、引用集和配对条件等。

4. 组件

组件是装配中由组件对象所指的部件文件。组件可以是单个部件（零件），也可以是一个子装配。组件由装配部件引用，而不是被复制到装配部件中的。

5. 单个部件

单个部件是在装配外存在的部件几何模型，其可以被添加到一个装配中，但不能包含下级组件。

6. 自顶向下装配

自顶向下装配是在装配级中创建与其他部件相关的部件模型，即在装配部件的顶级向下产生子装配和部件（零件）的装配方法。

7. 自底向上装配

自底向上装配是先创建部件几何模型，然后组合成子装配，最后生成装配部件的装配方法。

8. 混合装配

混合装配是将自顶向下装配和自底向上装配结合在一起的装配方法。例如，先创建几个主要部件模型，然后将这些模型装配在一起，最后在装配过程中设计其他部件。在实际设计中，可以根据需要在两种模式之间切换。

9. 主模型

主模型是供 NX 模块共同引用的部件模型。同一主模型，可以同时被工程图、装配、加工、机构分析和有限元分析等模块引用，当修改主模型时，这些模块会根据部件主模型的改变自动更新。

步骤 4：熟悉装配工具栏

在装配过程中，要熟练掌握装配命令。如图 4-1-5 所示为装配功能区。

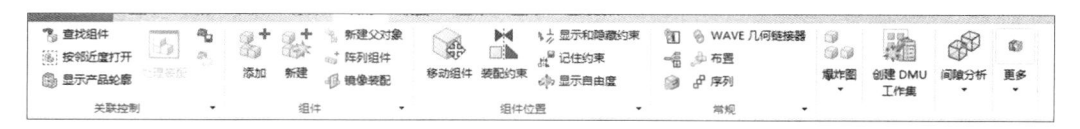

图 4-1-5　装配功能区

（1）常用的装配命令。

"添加" 图标：通过选择已加载的部件或从磁盘选择部件，将组件添加到装配中。

"新建" 图标：通过选择几何体将其保存为组件，在装配中用于新建组件。

"移动组件" 图标：移动装配中的组件。

"装配约束" 图标：通过指定约束关系，将装配中的其他组件进行重定位。

"显示或隐藏约束" 图标：显示或隐藏约束及使用其关系的组件。

"镜像装配" 图标：创建整个装配或选定组件的镜像版本。

"阵列组件" 图标：将一个组件复制到指定的阵列中。

"布置" 图标：创建或编辑装配布置，定义备选组件位置。

"序列" 图标：打开"装配序列"任务环境以控制组件装配或拆卸的顺序，并仿真组件运动。

"WAVE 几何链接器" 图标：将几何体从装配中的其他部件复制到工作部件中。

（2）添加组件命令的方法。

① 单击"装配"选项卡下的"添加"图标。

② 选择"菜单"→"装配"→"组件"→"添加组件"命令。

（3）"添加组件"对话框，如图 4-1-6 所示。

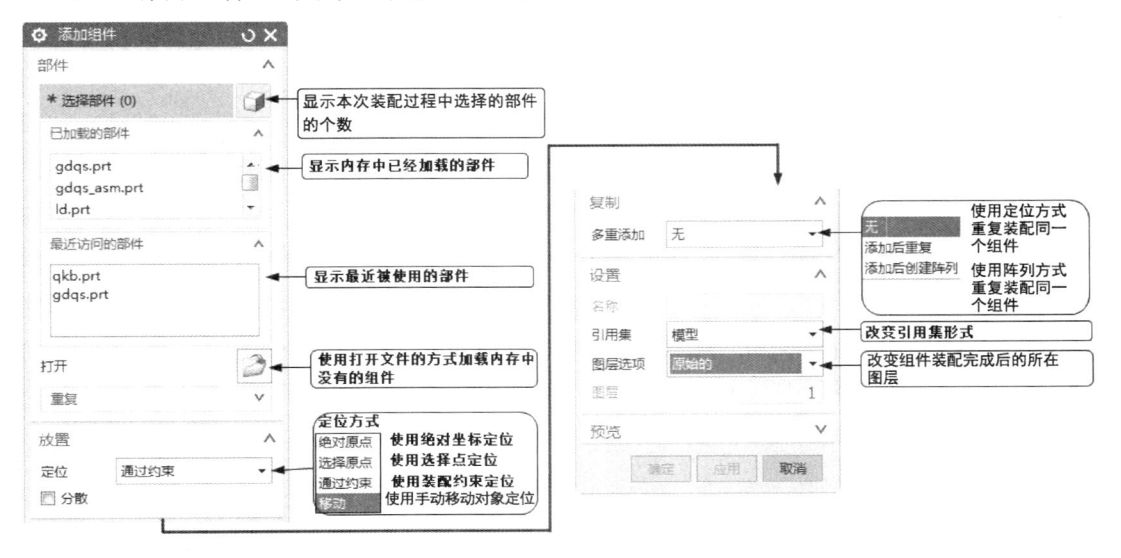

图 4-1-6 "添加组件"对话框

任务 4.2 自动滑移切削机构的三维装配

任务简介

自动滑移切削机构的各个零件的三维建模在前面项目中已经完成，接下来利用 NX 的装配功能，把各个零件根据一定的顺序合理装配。在装配过程中，合理运用装配约束，把各个零件之间的装配约束构建好。如图 4-2-1 所示为自动滑移切削机构的三维装配。

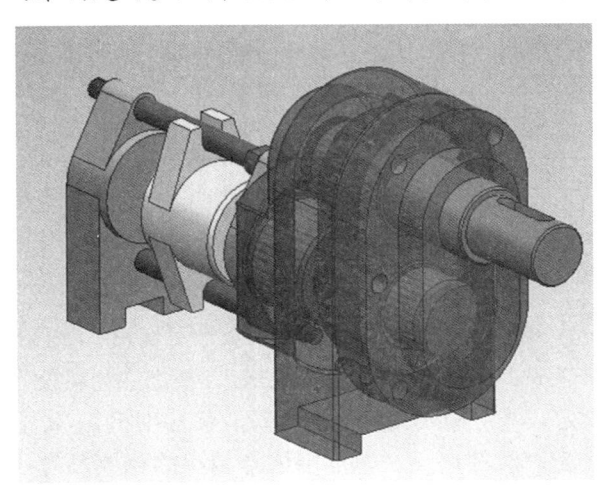

图 4-2-1 自动滑移切削机构的三维装配

任务内容

（1）正确进入装配模式。
（2）熟练使用添加组件、装配约束等功能。
（3）正确约束组件之间的装配。
（4）掌握装配的技巧。

装配思路

自动滑移切削机构主要由箱体、输入齿轮轴、箱盖、输出齿轮轴、端盖、导杆、移动滑块、支撑座组成。在装配过程中，箱体作为基础组件，应首先装配，从而确定好自动滑移切削机构的基本位置，然后根据合理的顺序装配输入齿轮轴、箱盖、输出齿轮轴等零件。自动滑移切削机构的装配思路如表 4-2-1 所示。

表 4-2-1 自动滑移切削机构的装配思路表

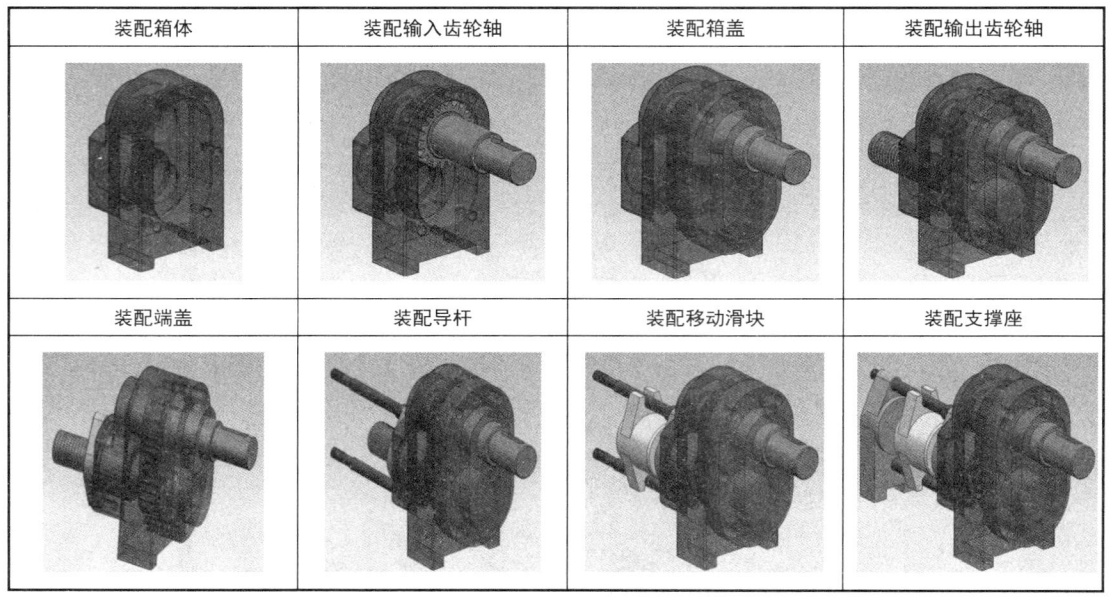

装配箱体	装配输入齿轮轴	装配箱盖	装配输出齿轮轴
装配端盖	装配导杆	装配移动滑块	装配支撑座

装配过程

步骤 1：新建文件

启动 NX 12.0，单击"新建"按钮，弹出"新建"对话框，如图 4-2-2 所示。选择"模型"选项卡中的"装配"选项，单位默认是"毫米"，否则在"单位"下拉列表中选择"毫米"选项；在"名称"文本框中输入文件名"自动滑移切削机构"（不要改后缀名_asm.prt，此后缀代表装配体），在"文件夹"文本框中选择相应的存放目录，单击"确定"按钮，进入 NX 12.0 的装配模式，如图 4-2-3 所示。

项目 4
装配设计

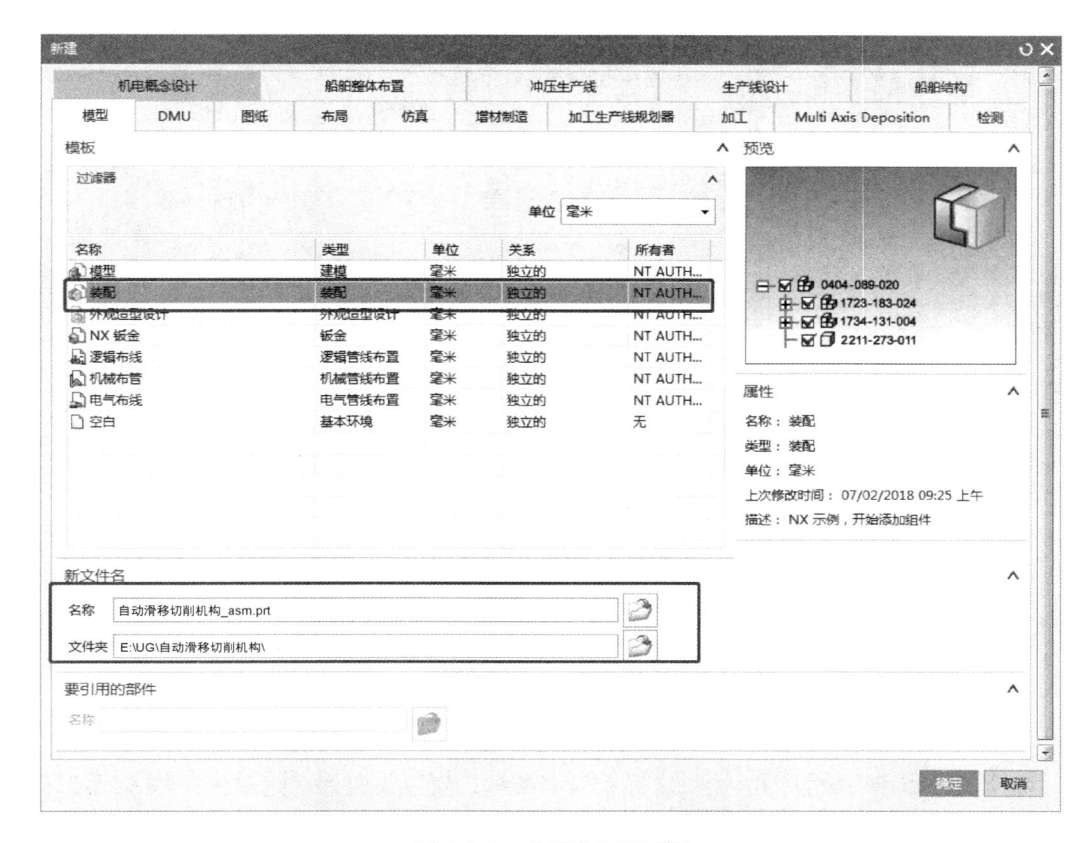

图 4-2-2 "新建"对话框

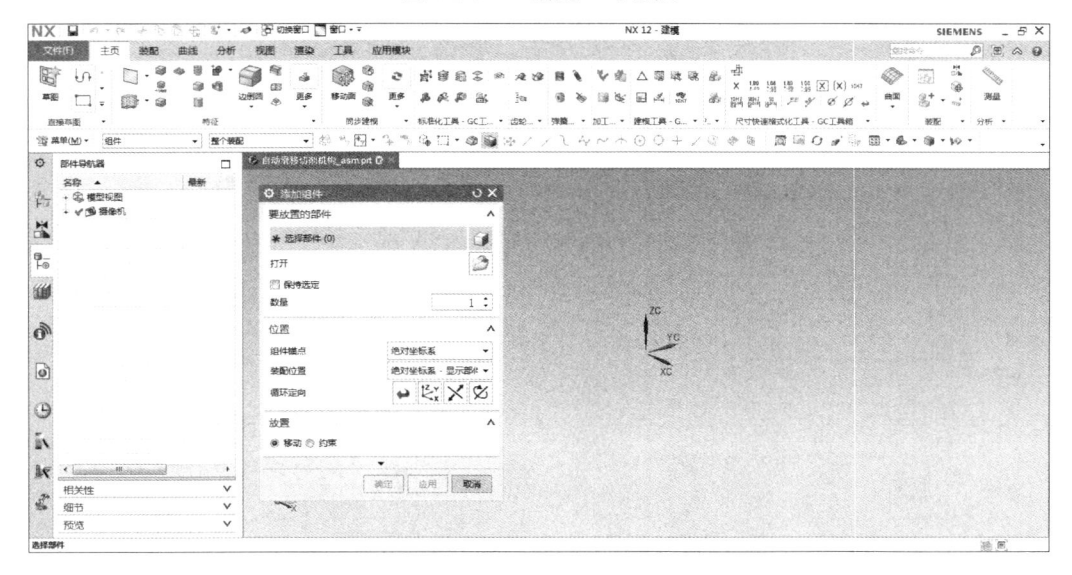

图 4-2-3 装配模式

步骤 2：装配箱体

进入装配模式后，单击"装配"选项卡中的"添加"图标，弹出"添加组件"对话框（见图 4-2-4）；单击"打开"图标，弹出"部件名"对话框（见图 4-2-5）；选择"箱体"选项，单击"OK"按钮，返回"添加组件"对话框。

图 4-2-4　"添加组件"对话框 1

图 4-2-5　"部件名"对话框 1

将"组件锚点"设置为"绝对坐标系"，"装配位置"设置为"绝对坐标系-显示部件"，选中"移动"单选按钮（见图 4-2-6）；单击"确定"按钮，弹出"创建固定约束"对话框（见图 4-2-7）；单击"是"按钮，为第一个零件（箱体）创建一个固定约束，箱体就装配完成了，如图 4-2-8 所示。

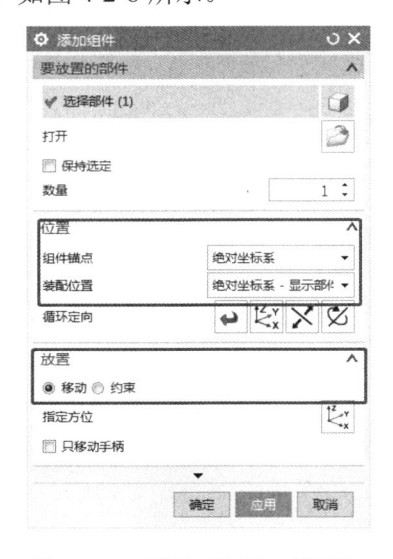

图 4-2-6　"添加组件"对话框 2

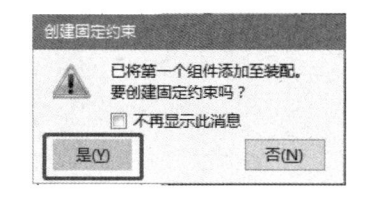

图 4-2-7　"创建固定约束"对话框

项目 4
装配设计

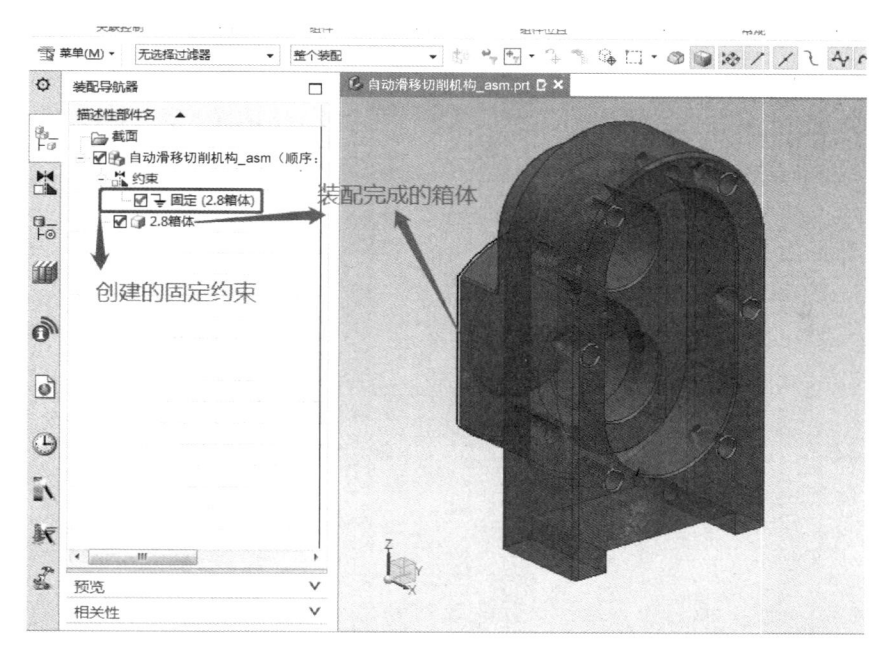

图 4-2-8 箱体装配完成

步骤 3：装配输入齿轮轴

单击"装配"选项卡中的"添加"图标，弹出"添加组件"对话框（见图 4-2-9）；单击"打开"图标，弹出"部件名"对话框（见图 4-2-10）；选择"输入齿轮轴"选项，单击"OK"按钮，返回"添加组件"对话框。

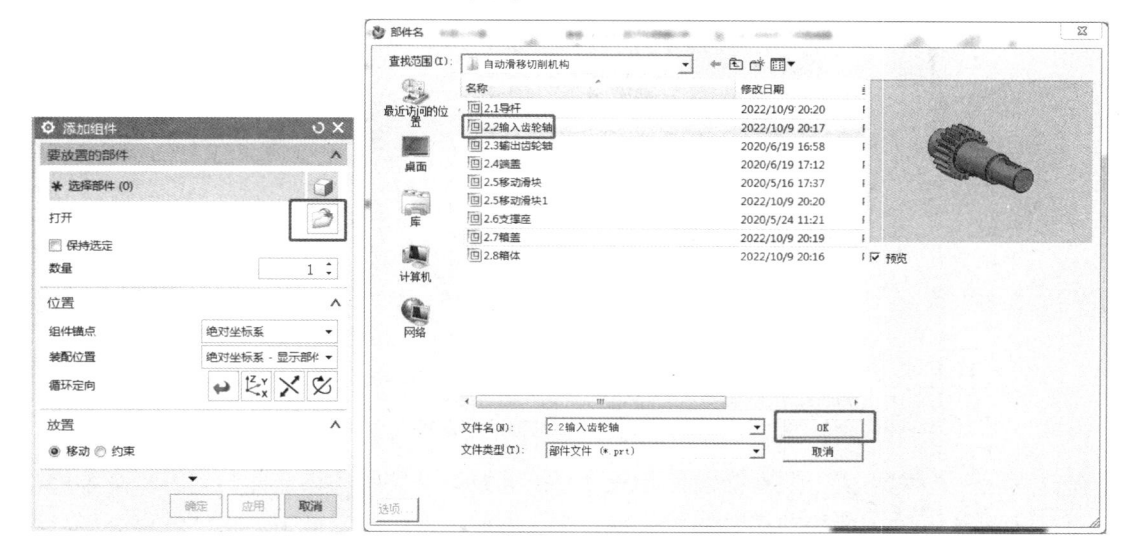

图 4-2-9　"添加组件"对话框 3　　　　图 4-2-10　"部件名"对话框 2

将"组件锚点"设置为"绝对坐标系"，选中"约束"单选按钮，将"约束类型"设置为"接触对齐"，"方位"设置为"接触"，如图 4-2-11。

在箱体和输入齿轮轴中选择需要接触的两个平面，如图 4-2-12 所示。这两个平面一个

173

是箱体的内平面，另一个是输入齿轮轴的端面。

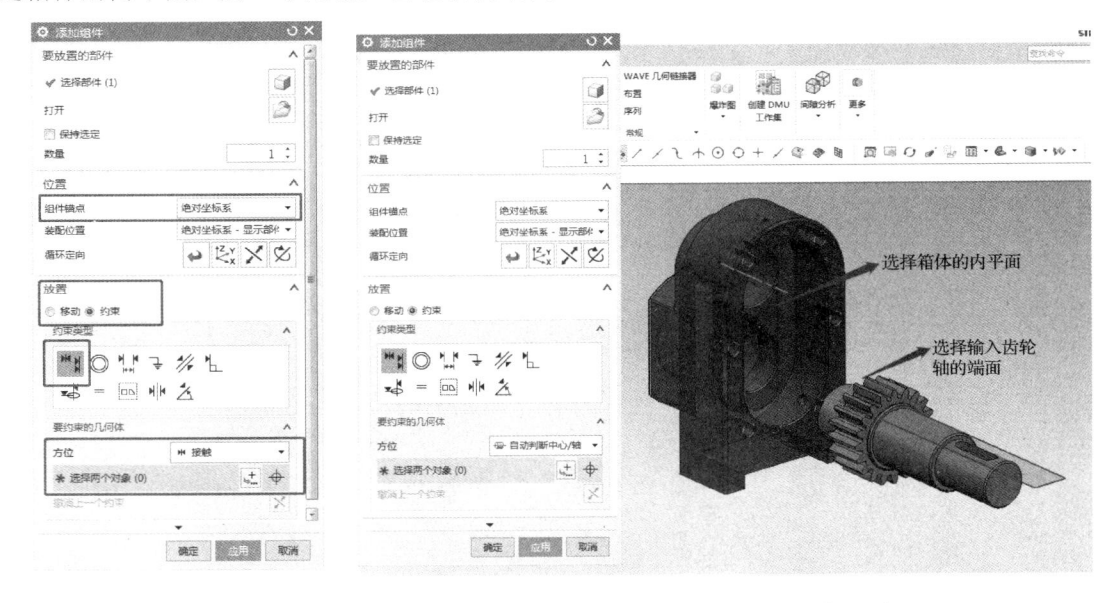

图 4-2-11 "添加组件"对话框 4　　　图 4-2-12 选择接触的两个平面 1

设置完成后，输入齿轮轴的端面会自动贴合到箱体的内平面处，如图 4-2-13 所示。箱体和输入齿轮轴的第 1 个装配约束完成。

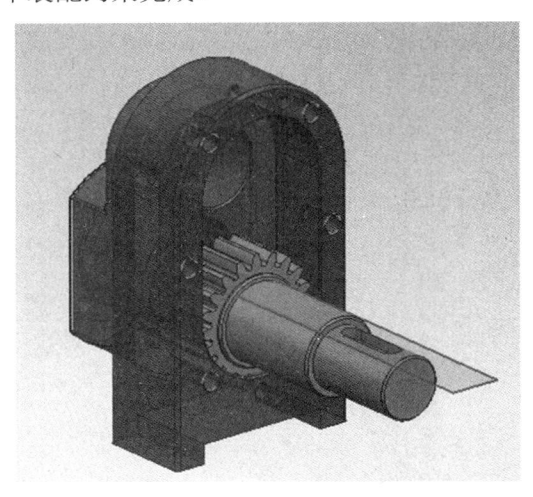

图 4-2-13 箱体的内平面和输入齿轮轴的端面的接触贴合装配约束

因为一个装配约束无法准确定位，一般至少需要两个装配约束才能装配好一个零件，所以需要继续给输入齿轮轴添加装配约束。在"添加组件"对话框中，将"约束类型"设置为"接触对齐"，"方位"设置为"自动判断中心/轴"，如图 4-2-14 所示。

在箱体和输入齿轮轴中选择需要中心对齐的两个圆柱面，如图 4-2-15 所示。这两个圆柱面一个是箱体的孔中心，另一个是输入齿轮轴的中心。

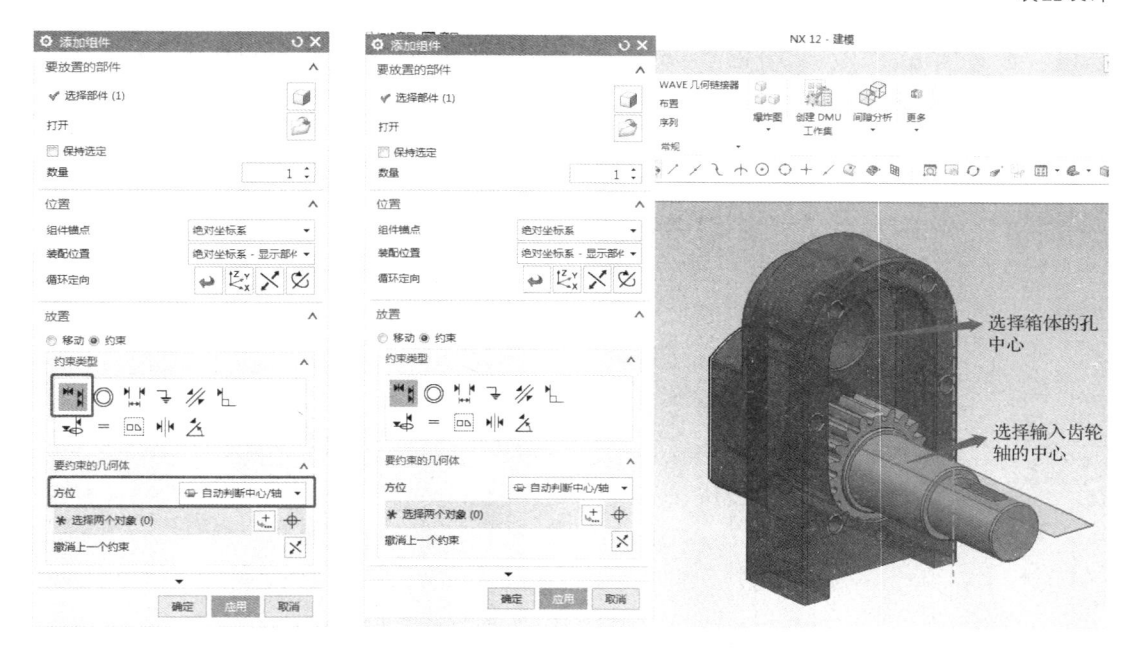

图 4-2-14 "添加组件"对话框 5　　　　　图 4-2-15 选择中心对齐的两个圆柱面 1

设置完成后，输入齿轮轴会自动对齐到箱体的孔中心处，如图 4-2-16 所示。箱体和输入齿轮轴的第 2 个装配约束完成。

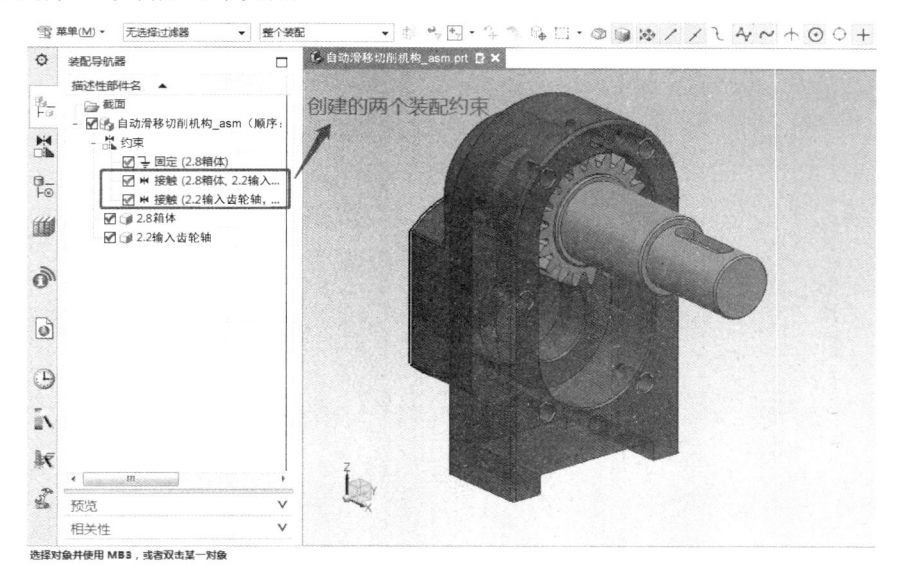

图 4-2-16 箱体的孔中心和输入齿轮轴的中心的对齐装配约束

创建完成 2 个装配约束后，输入齿轮轴就装配完成了，如图 4-2-17 所示。

步骤 4：装配箱盖

单击"装配"选项卡中的"添加"图标，弹出"添加组件"对话框（见图 4-2-18）；单击"打开"图标，弹出"部件名"对话框（见图 4-2-19）；选择"箱盖"选项，单击"OK"

按钮，返回"添加组件"对话框。

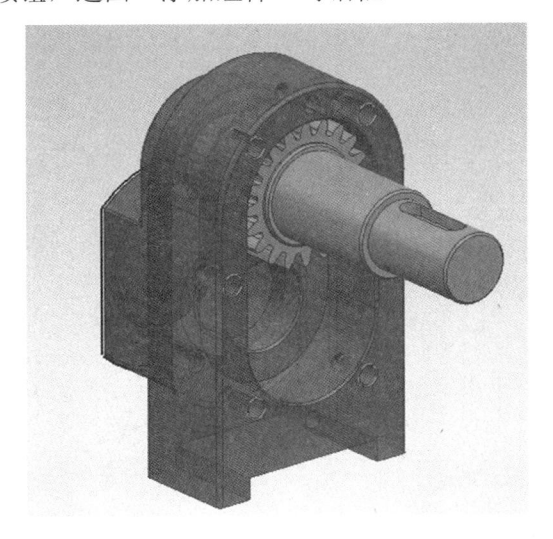

图 4-2-17　输入齿轮轴装配完成

图 4-2-18　"添加组件"对话框 6

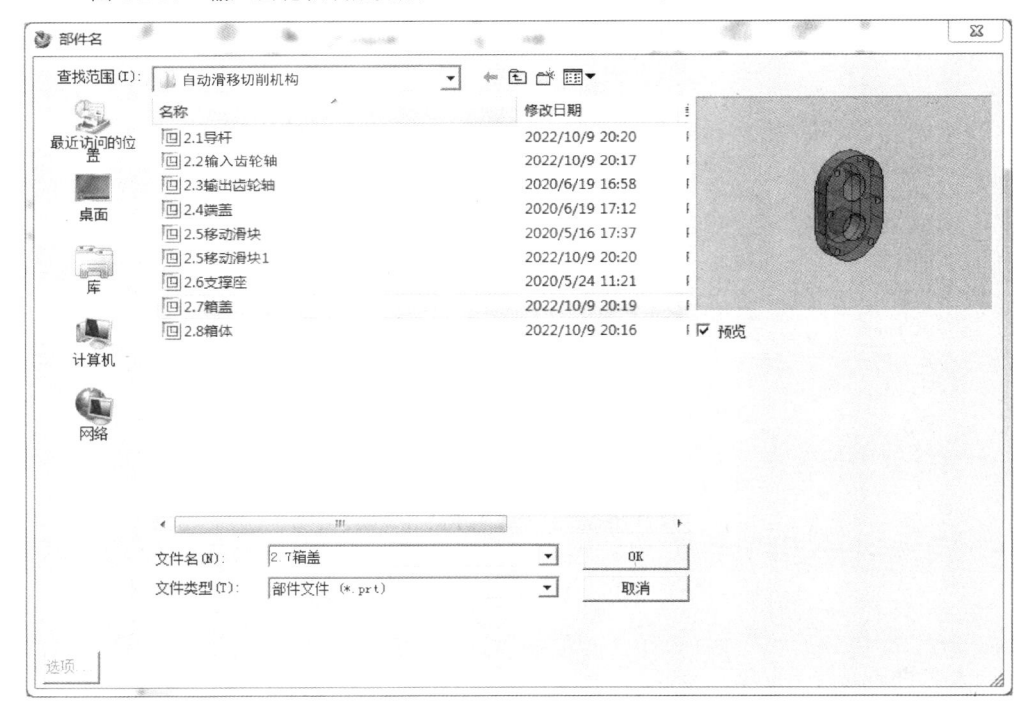

图 4-2-19　"部件名"对话框 3

将"组件锚点"设置为"绝对坐标系"，选中"约束"单选按钮，将"约束类型"设置为"接触对齐"，"方位"设置为"接触"，如图 4-2-20 所示。

在箱体和箱盖中选择需要接触的两个平面，如图 4-2-21 所示。这两个平面一个是箱体的外平面，另一个是箱盖的外平面。

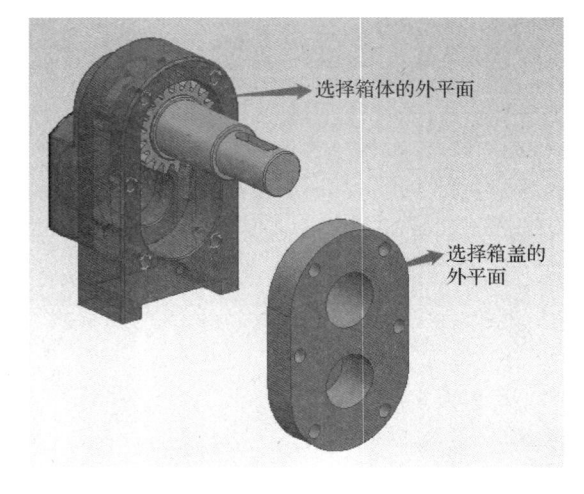

图 4-2-20 "添加组件"对话框 7　　　　图 4-2-21 选择接触的两个平面 2

设置完成后，箱盖会自动对齐到箱体的外平面处，如图 4-2-22 所示。箱体和箱盖的第 1 个装配约束完成。

图 4-2-22　箱体的外平面和箱盖的外平面的接触贴合装配约束

在"添加组件"对话框中，将"约束类型"设置为"接触对齐"，"方位"设置为"自动判断中心/轴"，如图 4-2-23 所示。

在箱体和箱盖中选择需要中心对齐的两个圆柱面，如图 4-2-24 所示。这两个圆柱面一个是箱体的半圆面，另一个是箱盖的孔面。

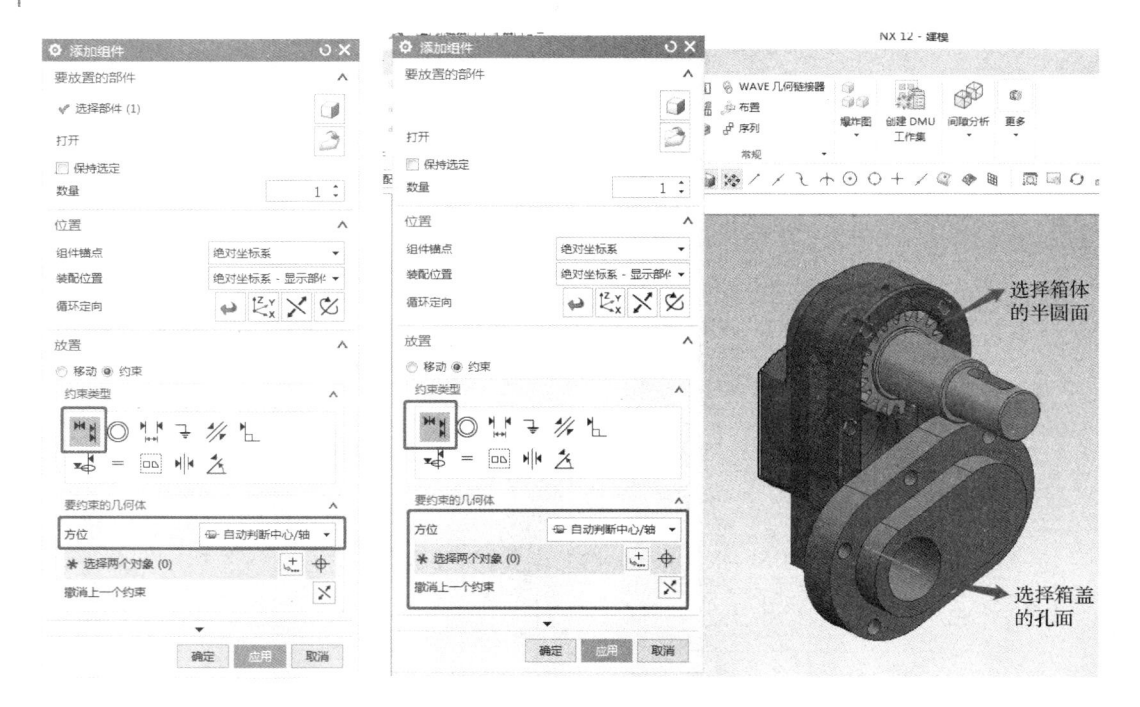

图 4-2-23 "添加组件"对话框 8　　　图 4-2-24 选择中心对齐的两个圆柱面 2

设置完成后，箱盖会自动对齐到箱体的中心处，如图 4-2-25 所示。箱体和箱盖的第 2 个装配约束完成。

图 4-2-25 箱体的中心和箱盖的中心的对齐装配约束

在"添加组件"对话框中，将"约束类型"设置为"接触对齐"，"方位"设置为"对齐"，如图 4-2-26 所示。

在箱体和箱盖中选择需要对齐的两个平面，如图 4-2-27 所示。这两个平面一个是箱体的外侧平面，另一个是箱盖的外侧平面。

项目 4
装配设计

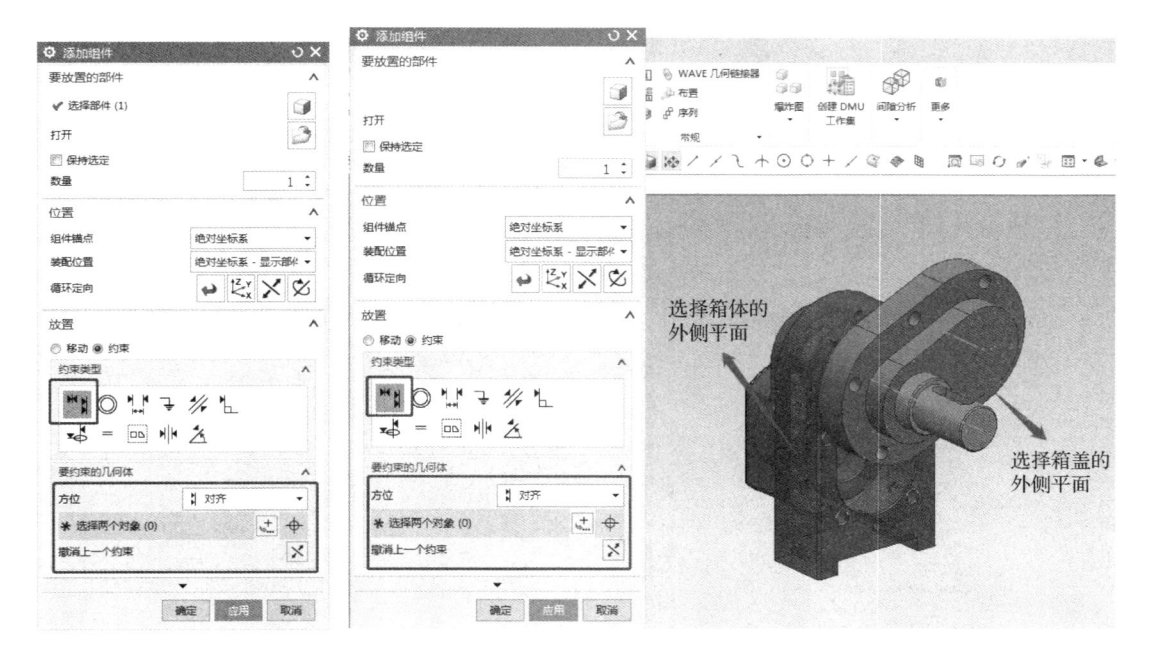

图 4-2-26 "添加组件"对话框 9　　　　图 4-2-27 选择对齐的两个平面

设置完成后，箱盖会自动对齐到箱体的外侧平面处，如图 4-2-28 所示。箱体和箱盖的第 3 个装配约束完成，箱盖就装配完成了，如图 4-2-29 所示。

图 4-2-28 箱体的外侧平面和箱盖的外侧平面的对齐装配约束

步骤 5：装配输出齿轮轴

单击"装配"选项卡中的"添加"图标，弹出"添加组件"对话框；单击"打开"图标，弹出"部件名"对话框；选择"输出齿轮轴"选项，单击"OK"按钮，返回"添加组件"对话框。为了方便选择，可以把箱体隐藏起来。

NX 三维造型与装配项目教程

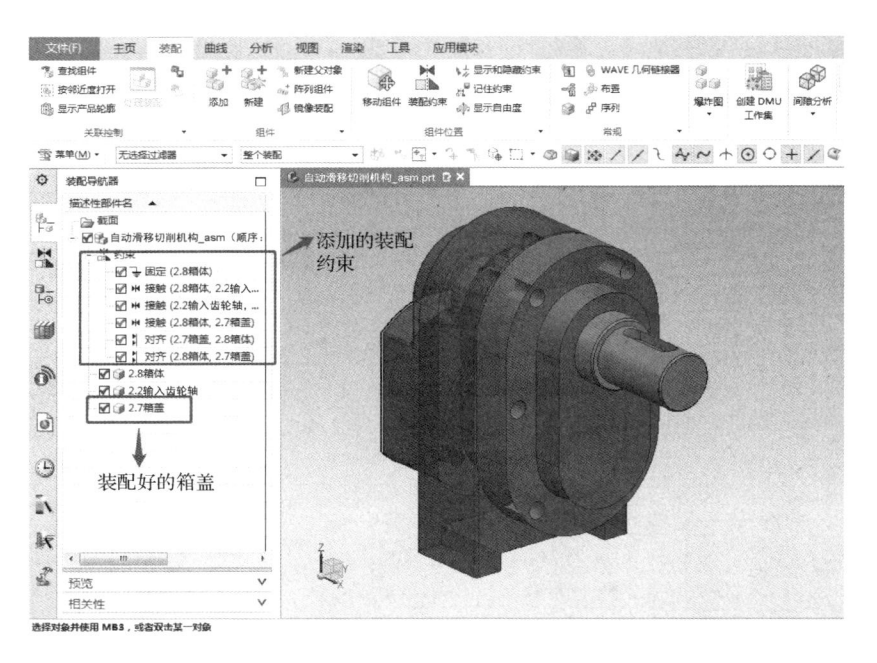

图 4-2-29 箱盖装配完成

在"添加组件"对话框中,将"组件锚点"设置为"绝对坐标系",选中"约束"单选按钮;将"约束类型"设置为"接触对齐","方位"设置为"接触",并在箱盖和输出齿轮轴中选择需要接触的两个平面,如图 4-2-30 所示。这两个平面一个是箱盖的外侧平面,另一个是输出齿轮轴的平面。

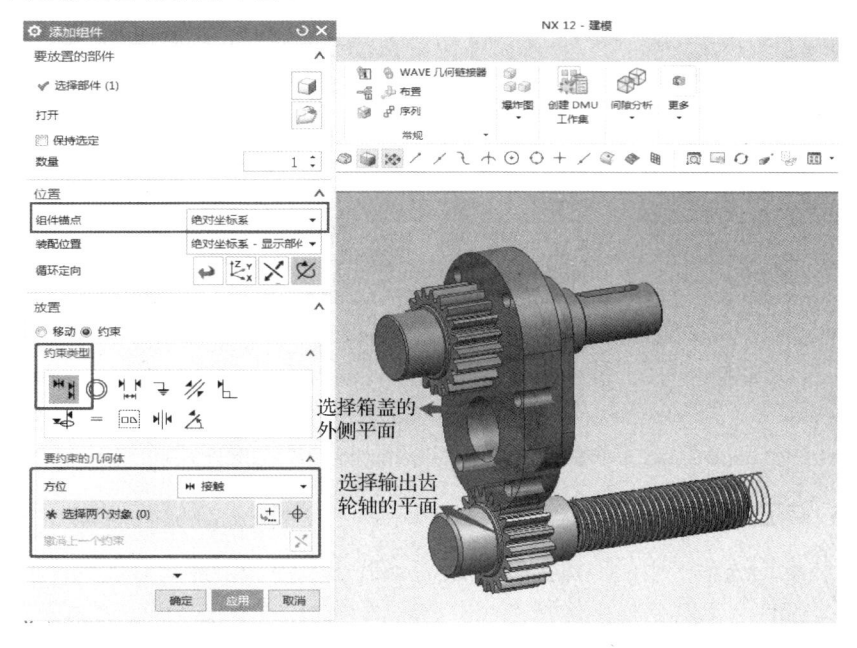

图 4-2-30 "添加组件"对话框 10

设置完成后,输出齿轮轴的平面会自动贴合到箱盖的外侧平面处,如图 4-2-31 所示。

箱盖和输出齿轮轴的第 1 个装配约束完成。

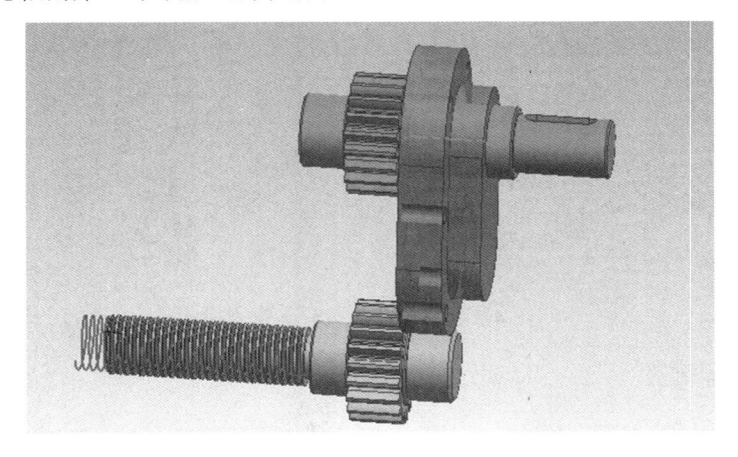

图 4-2-31　箱盖的外侧平面和输出齿轮轴的平面的接触装配约束

继续给输出齿轮轴添加装配约束。在"添加组件"对话框中，将"约束类型"设置为"接触对齐"；"方位"设置为"自动判断中心/轴"，并在箱盖和输出齿轮轴中选择需要中心重合的两个圆柱面，如图 4-2-32 所示。这两个圆柱面一个是箱盖的孔的圆柱面，另一个是输出齿轮轴的圆柱面。

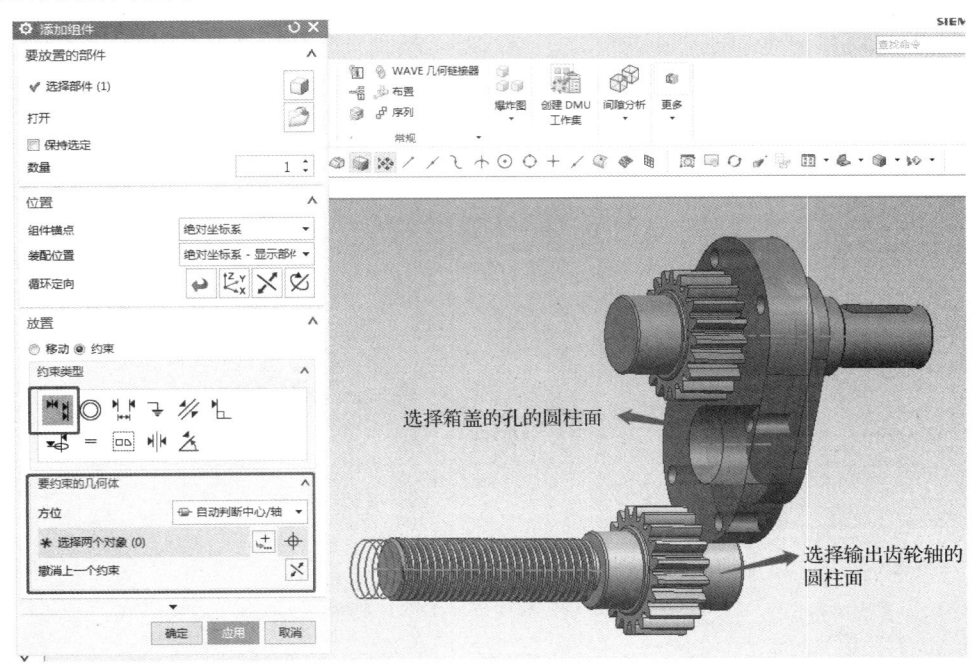

图 4-2-32　箱盖的孔的圆柱面和输出齿轮轴的圆柱面的中心装配约束

设置完成后，输出齿轮轴会自动对齐到箱盖的孔中心处，如图 4-2-33 所示。箱盖和输出齿轮轴的第 2 个装配约束完成。输出齿轮轴装配完成后，可以把隐藏的箱体显示出来。

图 4-2-33　输出齿轮轴装配完成

步骤 6：装配端盖

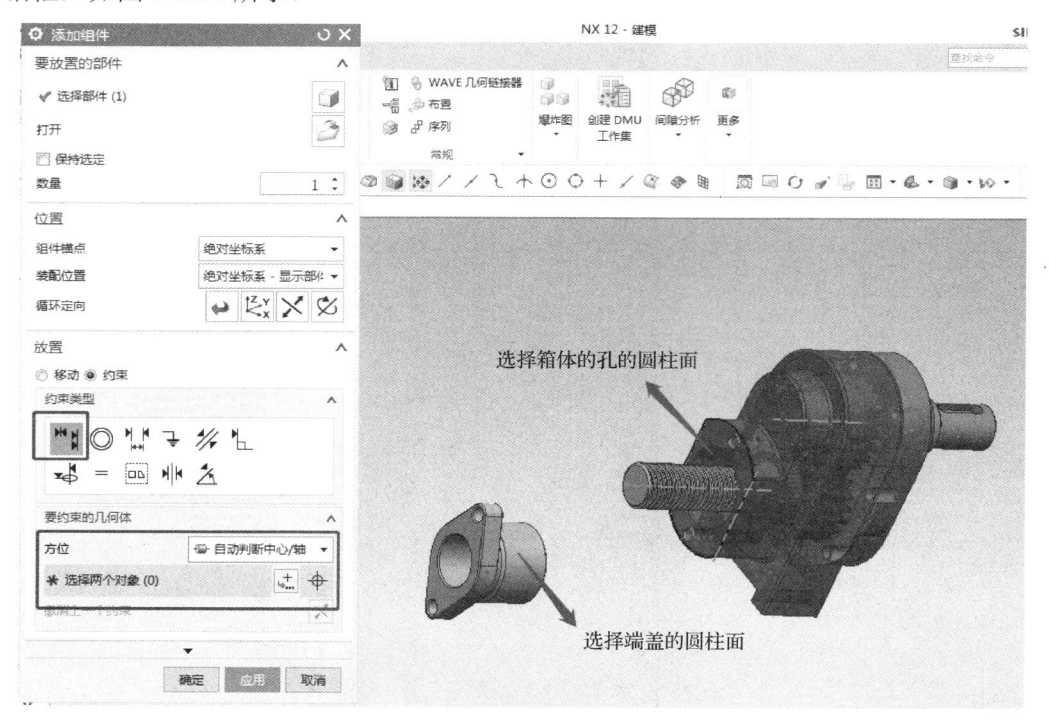

单击"装配"选项卡中的"添加"图标，弹出"添加组件"对话框；单击的"打开"图标，弹出"部件名"对话框；选择"端盖"选项，单击"OK"按钮，返回"添加组件"对话框，如图 4-2-34 所示。

图 4-2-34　端盖的中心装配约束

将"组件锚点"设置为"绝对坐标系"，选中"约束"单选按钮，将"约束类型"设置为"接触对齐"；"方位"设置为"自动判断中心/轴"，并在箱体和端盖中选择需要中心对齐的两个圆柱面。这两个圆柱面一个是箱体的孔的圆柱面，另一个是端盖的圆柱面。设置完成后，端盖的中心会自动对齐到箱体的孔中心处，如图 4-2-35 所示。箱体和端盖的第 1 个装配约束完成。

用同样的方法选择端体的小孔的圆柱面和箱盖的小孔的圆柱面，使端体和箱盖的小孔中心对齐，为箱体和端盖添加第 2 个中心装配约束，如图 4-2-36 所示。

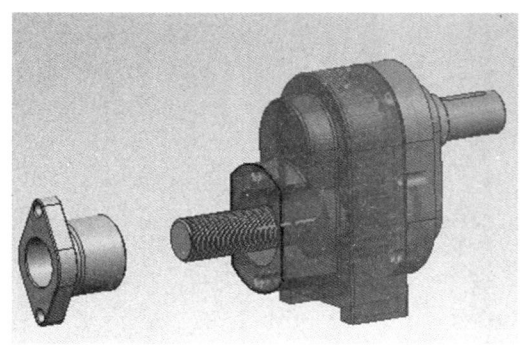

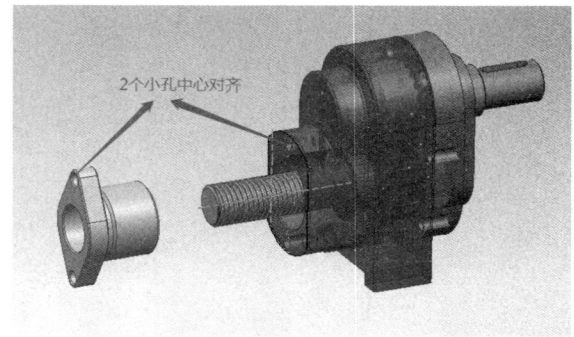

图 4-2-35　箱体的孔的圆柱面和
端盖的圆柱面的中心装配约束

图 4-2-36　端体的小孔的圆柱面和箱盖的小孔的
圆柱面的中心装配约束

继续给端盖添加装配约束。在"添加组件"对话框中，将"约束类型"设置为"接触对齐"；"方位"设置为"接触"，并在箱体和端盖中选择需要接触的两个平面，如图 4-2-37 所示。这两个平面一个是箱体的孔的底部平面，另一个是端盖的外侧平面。

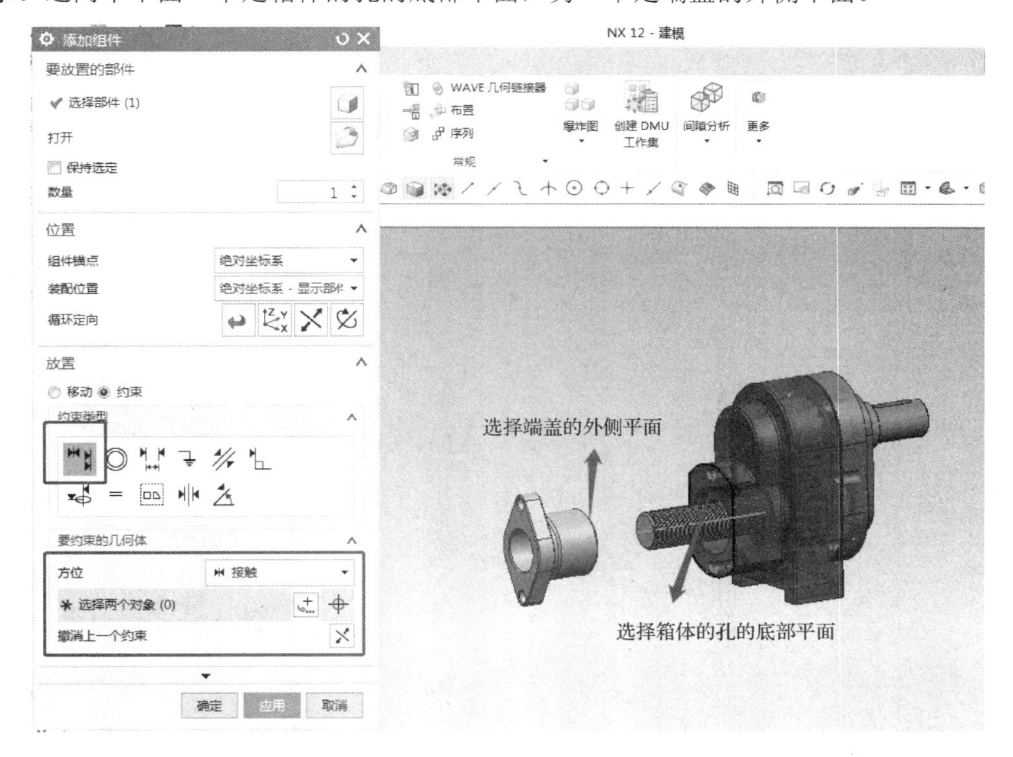

图 4-2-37　端盖的接触装配约束

设置完成后，端盖的外侧平面会自动贴合到箱体的孔的底部平面处，如图 4-2-38 所示。箱体和端盖的第 3 个装配约束完成。

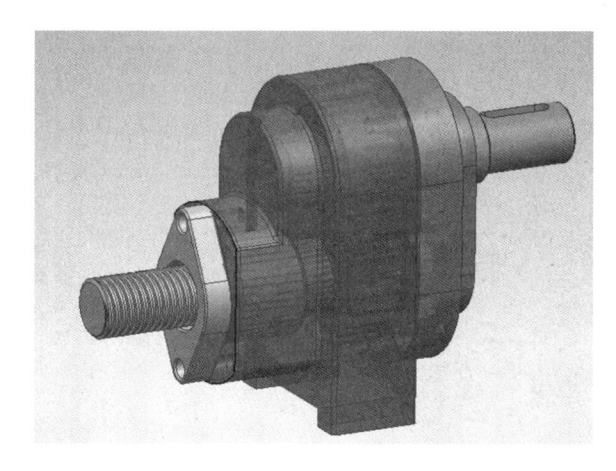

图 4-2-38 箱体和端盖的接触装配约束

步骤 7：装配导杆

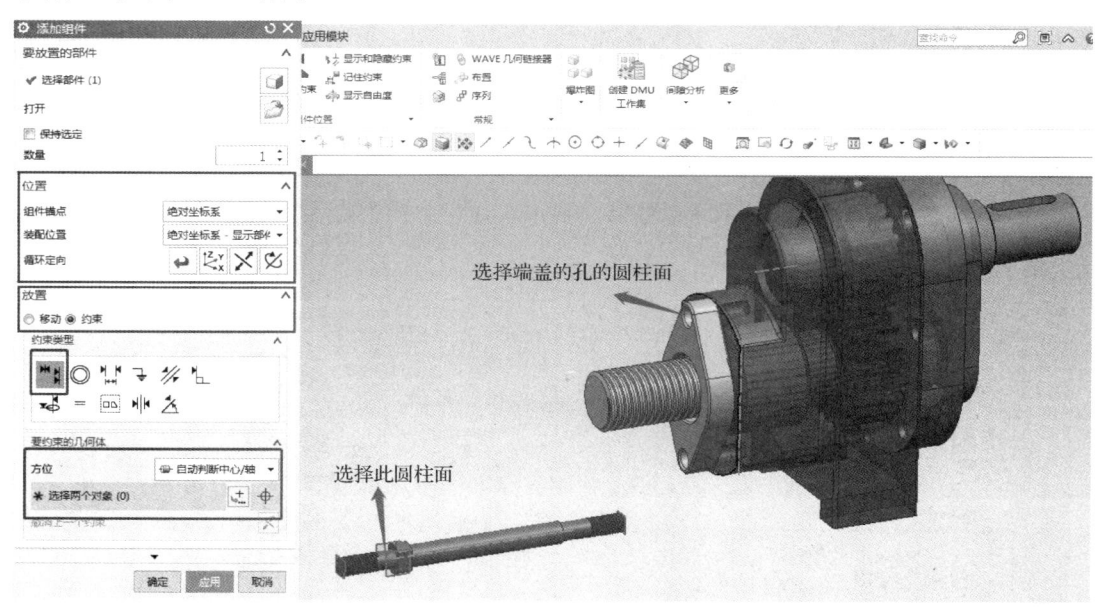

单击"装配"选项卡中的"添加"图标，弹出"添加组件"对话框；单击"打开"图标，弹出"部件名"对话框；选择"导杆"选项，单击"OK"按钮，返回"添加组件"对话框，如图 4-2-39 所示。

图 4-2-39 "添加组件"对话框 11

将"组件锚点"设置为"绝对坐标系"，选中"约束"单选按钮，将"约束类型"设置为"接触对齐"；"方位"设置为"自动判断中心/轴"，并在端盖和导杆中选择两个需要中心重合的圆柱面。这两个圆柱面一个是端盖的孔的圆柱面，另一个是导杆的圆柱面。设置完成后，导杆的中心会自动对齐到端盖的孔中心处，如图 4-2-40 所示。导杆的第 1 个装配约束完成。

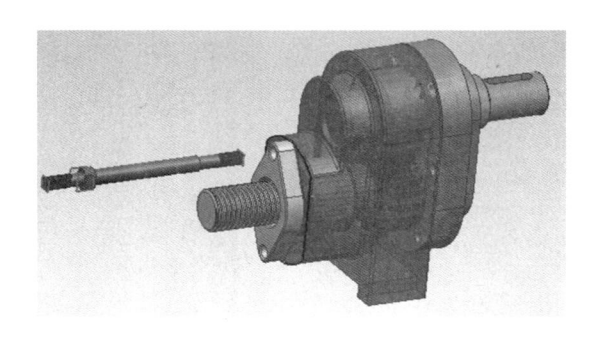

图 4-2-40　导杆的孔的圆柱面和端盖的圆柱面的中心装配约束

继续给导杆添加装配约束。在"添加组件"对话框中，将"约束类型"设置为"接触对齐"；"方位"设置为"接触"，并在导杆和端盖中选择两个需要接触的平面，如图 4-2-41 所示。这两个平面一个是导杆的阶梯端面，另一个是端盖的外侧平面。

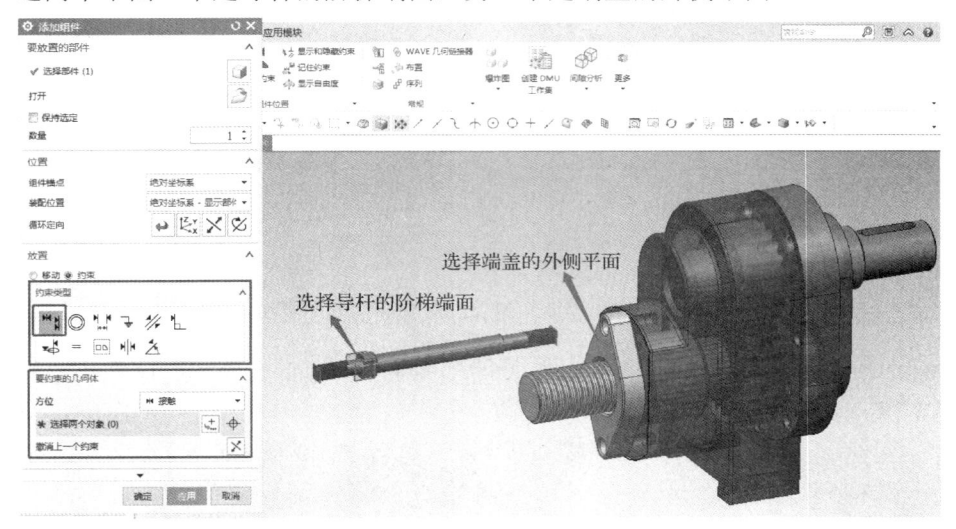

图 4-2-41　导杆的阶梯端面和端盖的外侧平面的接触装配约束

设置完成后，导杆的阶梯端面会自动贴合到端盖的外侧平面处，如图 4-2-42 所示。导杆的第 2 个装配约束完成。

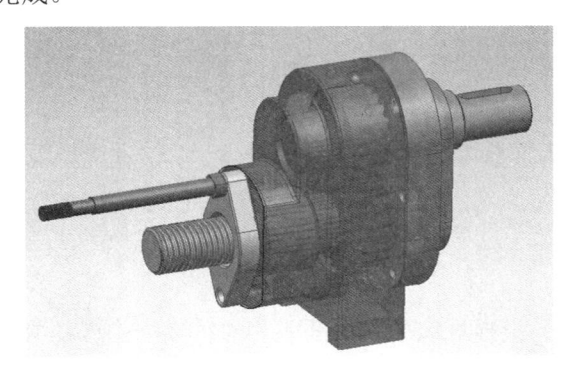

图 4-2-42　端盖和导杆的接触装配约束

继续给导杆添加装配约束：对齐约束。在"添加组件"对话框中，将"约束类型"设置为"平行"，并在导杆和箱体中选择两个需要平行的平面，如图 4-2-43 所示。这两个平面一个是导杆的平面，另一个是箱体的底部平面。

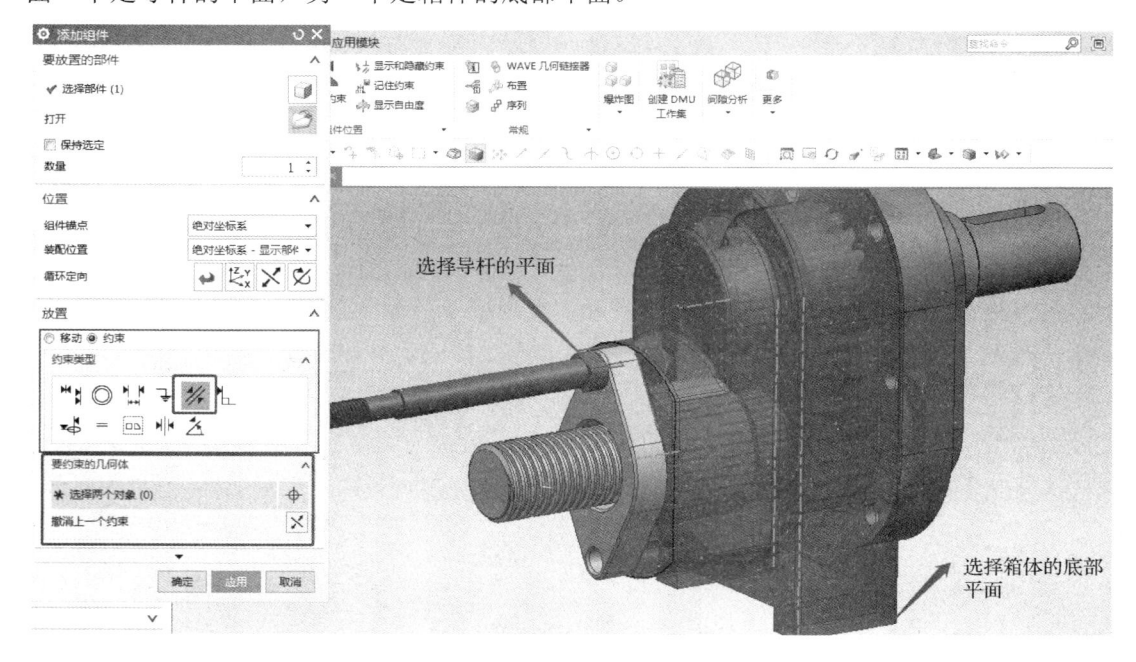

图 4-2-43　导杆的平面和箱体的底部平面的平行装配约束

设置完成后，导杆的平面会自动与箱体的底部平面平行，如图 4-2-44 所示。导杆的第 3 个装配约束完成。

图 4-2-44　导杆装配完成

用同样的方法将另一根导杆装配到下面的孔中，具体的过程上述步骤类似，此处不再赘述。两根导杆装配完成后，如图 4-2-45 所示。

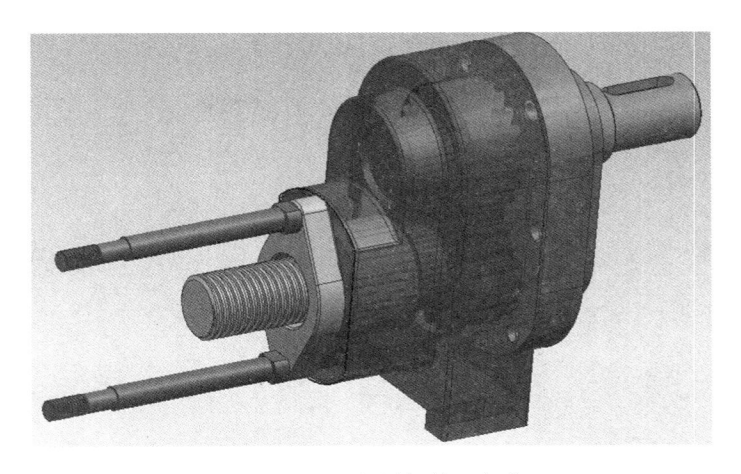

图 4-2-45　2 根导杆装配完成

步骤 8：装配移动滑块

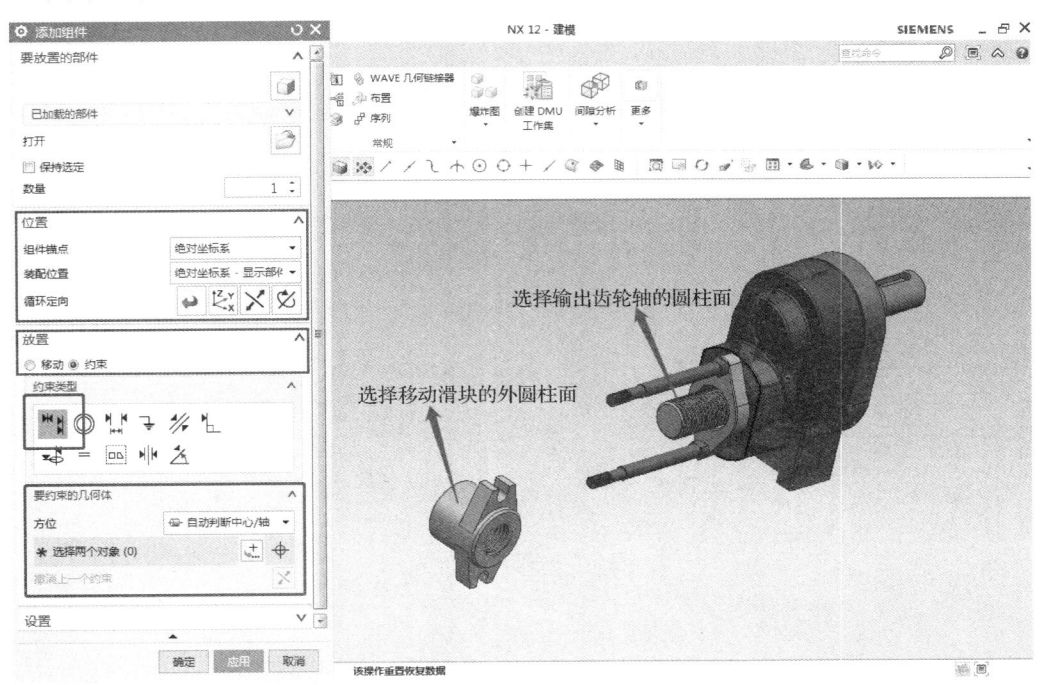

单击"装配"选项卡中的"添加"图标，弹出"添加组件"对话框；单击"打开"图标，弹出"部件名"对话框，选择"移动滑块"选项，单击"OK"按钮，返回"添加组件"对话框，如图 4-2-46 所示。

图 4-2-46　"添加组件"对话框 12

将"组件锚点"设置为"绝对坐标系"，选中"约束"单选按钮，将"约束类型"设置为"接触对齐"；"方位"设置为"自动判断中心/轴"，并在移动滑块和导杆中选择两个需要中心重合的圆柱面。这两个圆柱面一个是移动滑块的外圆柱面，另一个是输出齿轮轴的圆柱面。设置完成后，移动滑块的中心会自动对齐到输出齿轮轴的中心处，如图 4-2-47 所示。移动滑块的第 1 个装配约束完成。

图 4-2-47　移动滑块的外圆柱面和输出齿轮轴的圆柱面的中心装配约束

用同样的方法选择移动滑块的半圆柱面和导杆的圆柱面，使移动滑块与导杆中心对齐，为移动滑块添加第 2 个装配约束，如图 4-2-48 所示。

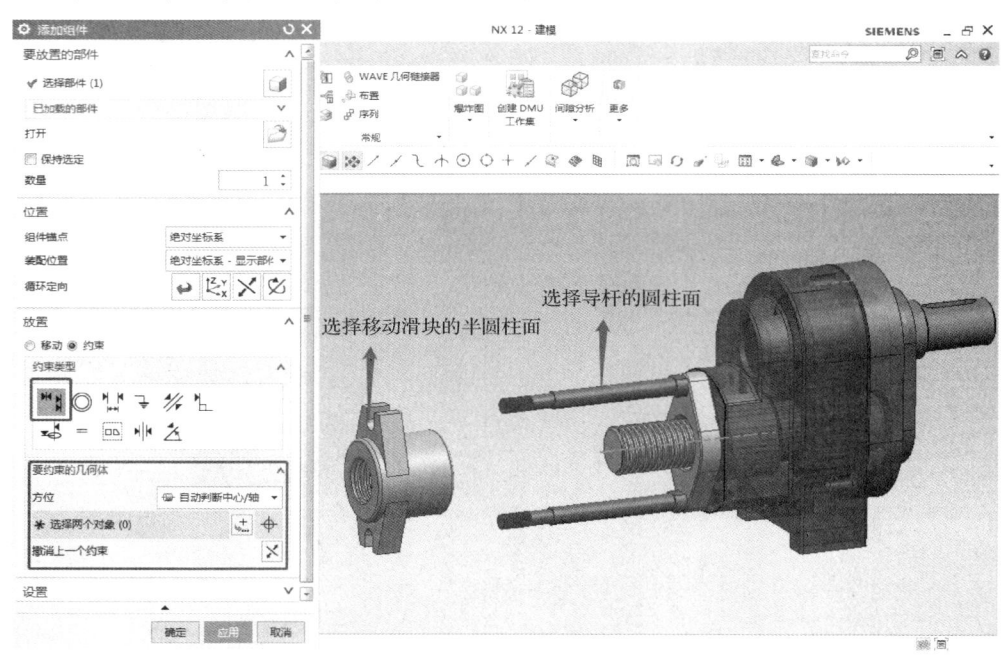

图 4-2-48　移动滑块的半圆柱面和导杆的圆柱面的中心装配约束

继续给移动滑块添加装配约束。在"添加组件"对话框中，将"约束类型"设置为"距离"，并选择两个需要保持距离的平面，距离可以设置为 10，如图 4-2-49 所示。这两个平面一个是移动滑块的端面，另一个是端盖的外平面。移动滑块的第 3 个装配约束完成。

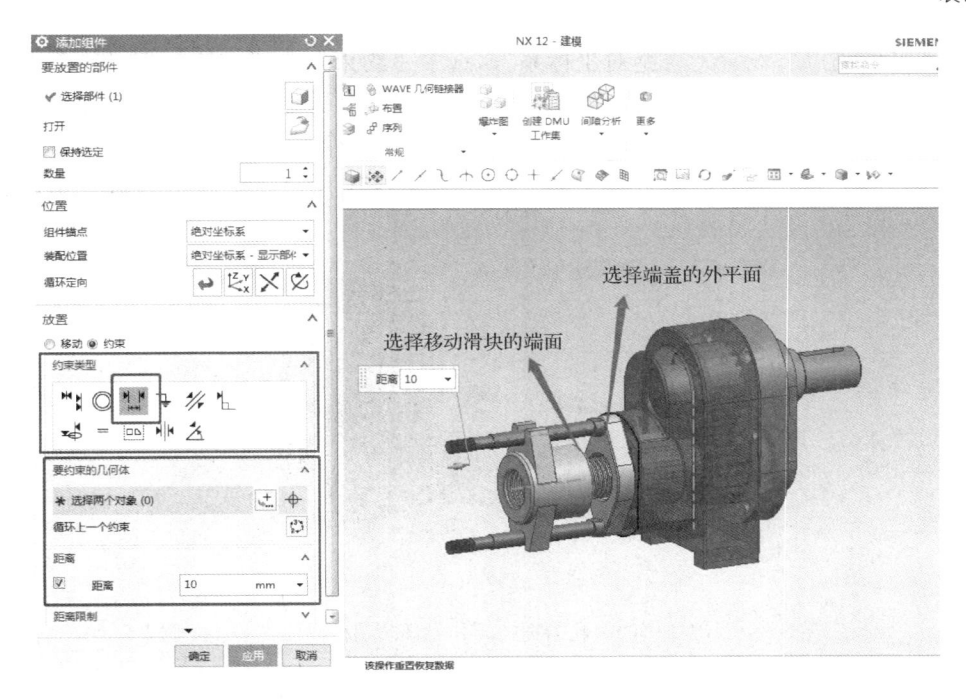

图 4-2-49　移动滑块的端面和端盖的外平面的距离装配约束

步骤 9：装配支撑座

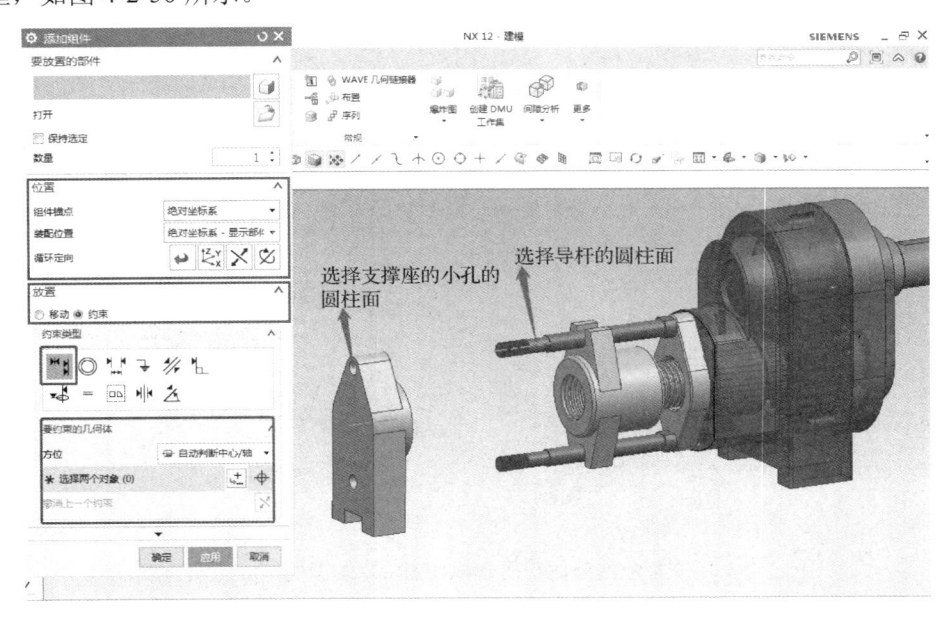

单击"装配"选项卡中的"添加"图标，弹出"添加组件"对话框；单击"打开"图标，弹出"部件名"对话框；选择"支撑座"选项，单击"OK"按钮，返回"添加组件"对话框，如图 4-2-50 所示。

图 4-2-50　"添加组件"对话框 13

将"组件锚点"设置为"绝对坐标系",选中"约束"单选按钮,将"约束类型"设置为"接触对齐";"方位"设置为"自动判断中心/轴",并选择两个需要中心重合的圆柱面。这两个圆柱面一个是支撑座的小孔的圆柱面,另一个是导杆的圆柱面。设置完成后,支撑座的中心会自动对齐到导杆的中心处,如图 4-2-51 所示。支撑座的第 1 个装配约束完成。

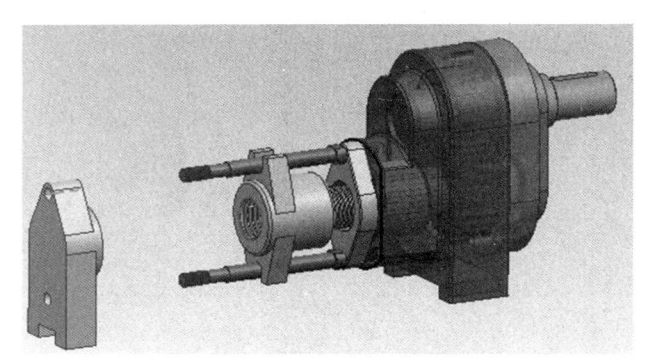

图 4-2-51　支撑座的小孔的圆柱面和导杆的圆柱面的中心装配约束

用同样的方法让支撑座的另一个小孔的圆柱面与另一根导杆的圆柱面中心对齐,具体操作与上述步骤类似,此处不再赘述。

继续给支撑座添加装配约束。在"添加组件"对话框中,将"约束类型"设置为"接触对齐";"方位"设置为"接触",并在支撑座和导杆中选择两个需要接触的平面,如图 4-2-52 所示。这两个平面一个是支撑座的外侧平面,另一个是导杆的阶梯端面。

图 4-2-52　支撑座的外侧平面和导杆的阶梯端面的接触装配约束

设置完成后,支撑座的外侧平面会自动与导杆的阶梯端面接触装配,如图 4-2-53 所示。支撑座的第 2 个装配约束完成。

项目 4
装配设计

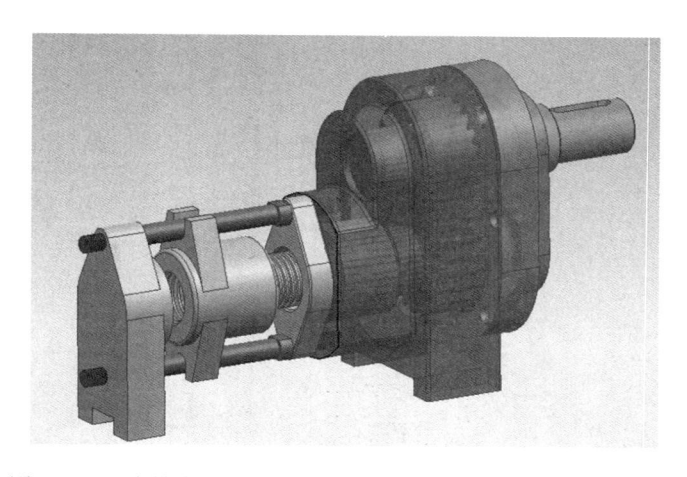

图 4-2-53　支撑座的外侧平面和导杆的阶梯端面的接触装配约束

装配完支撑座后，自动滑移切削机构的全部零件就装配完成了，如图 4-2-54 所示。

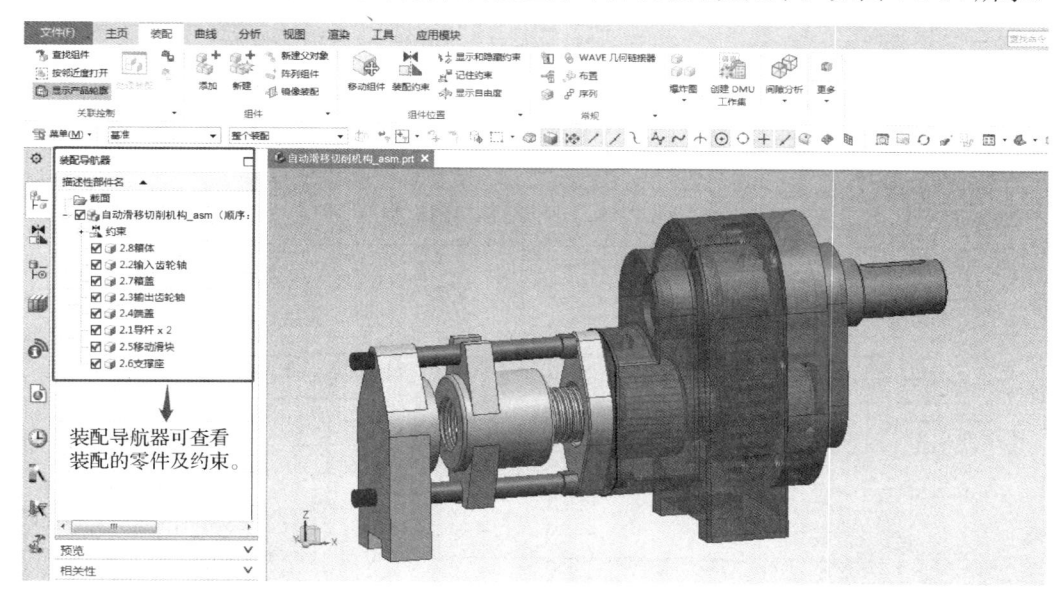

图 4-2-54　装配完成的自动滑移切削机构

步骤 10：保存文件

装配完成并检查无误后，保存文件。选择"文件"→"保存"→"保存"命令（或直接单击"保存" 图标）保存文件。单击界面右上角的"关闭" 按钮关闭 NX 12.0。

课后技能提升训练

李明通过完成项目 1、项目 2、项目 3、项目 4 中的任务，基本上掌握了 NX 建模与装配的方法。公司要求李明根据图 4-2-55 至图 4-2-72，单独完成自动滑移切削机构的建模与装配。

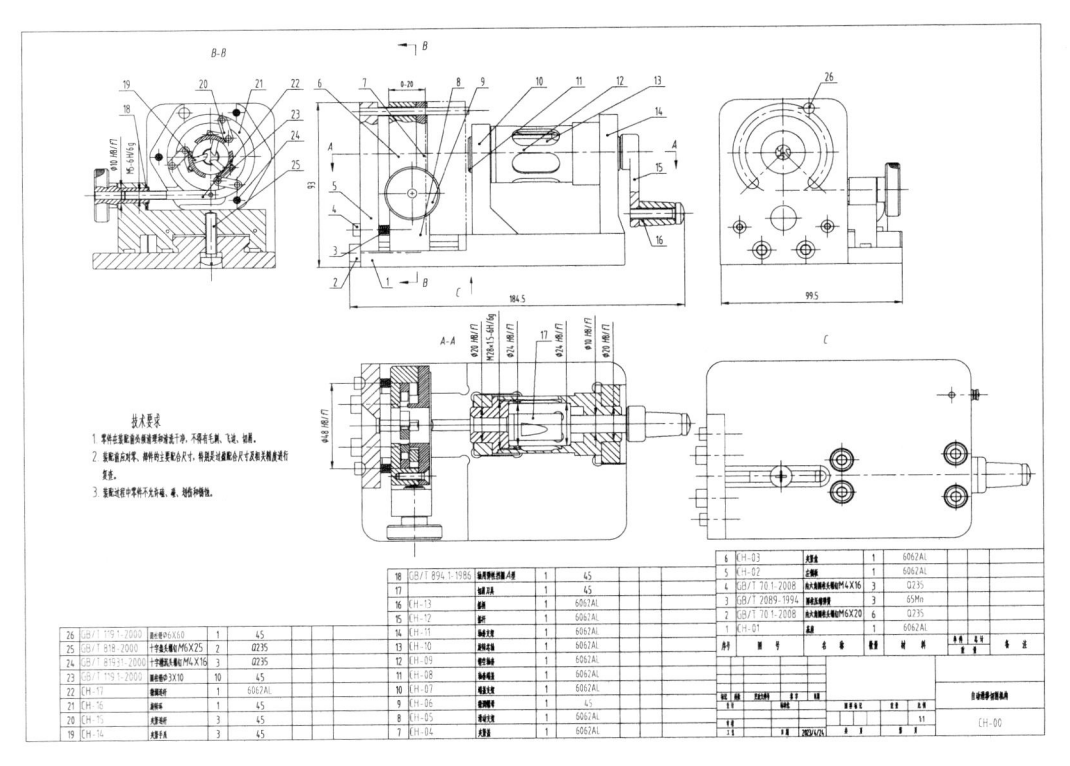

图 4-2-55 自动滑移切削机构

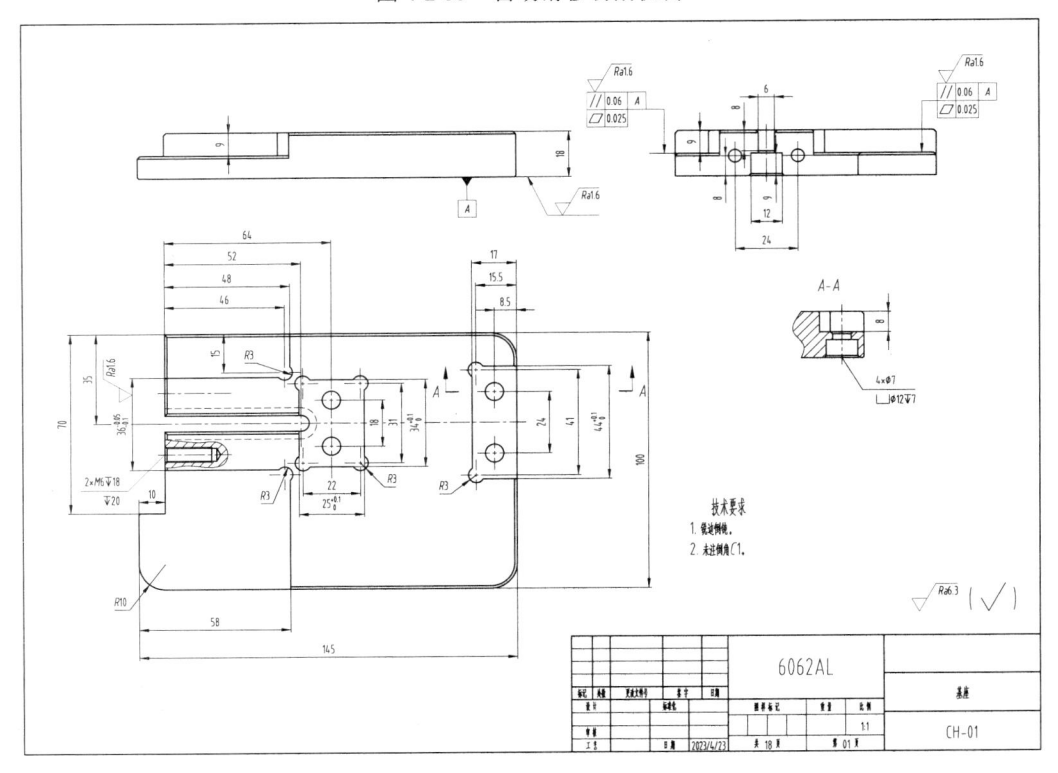

图 4-2-56 基座

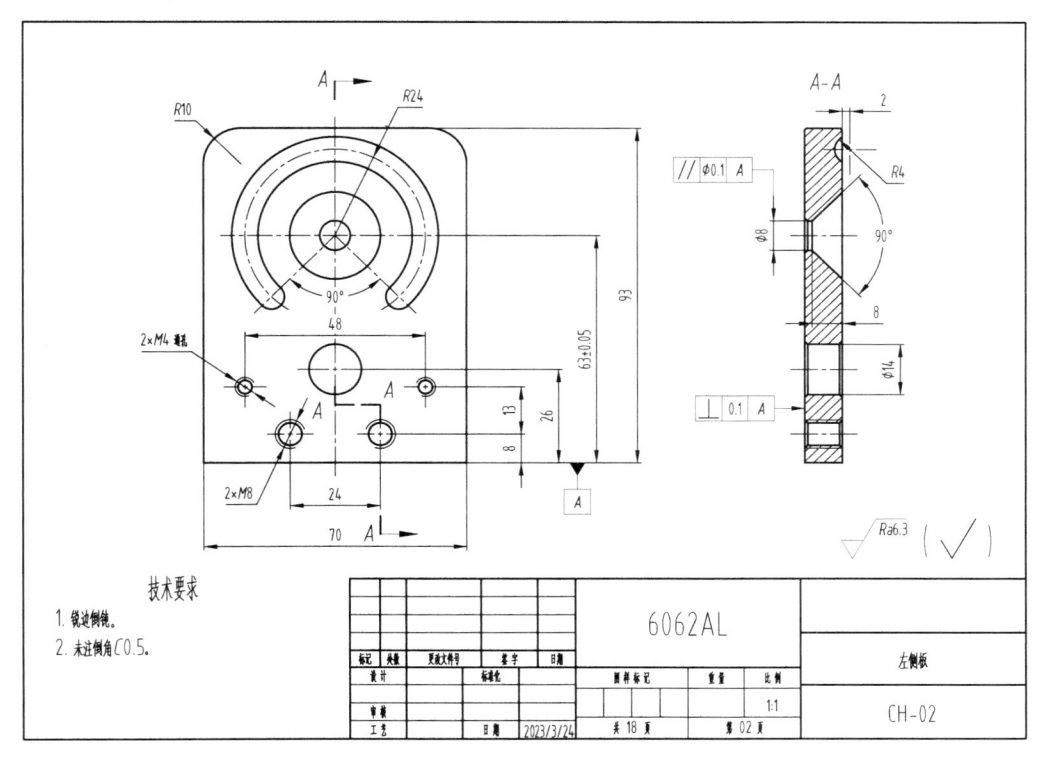

图 4-2-57 左侧板

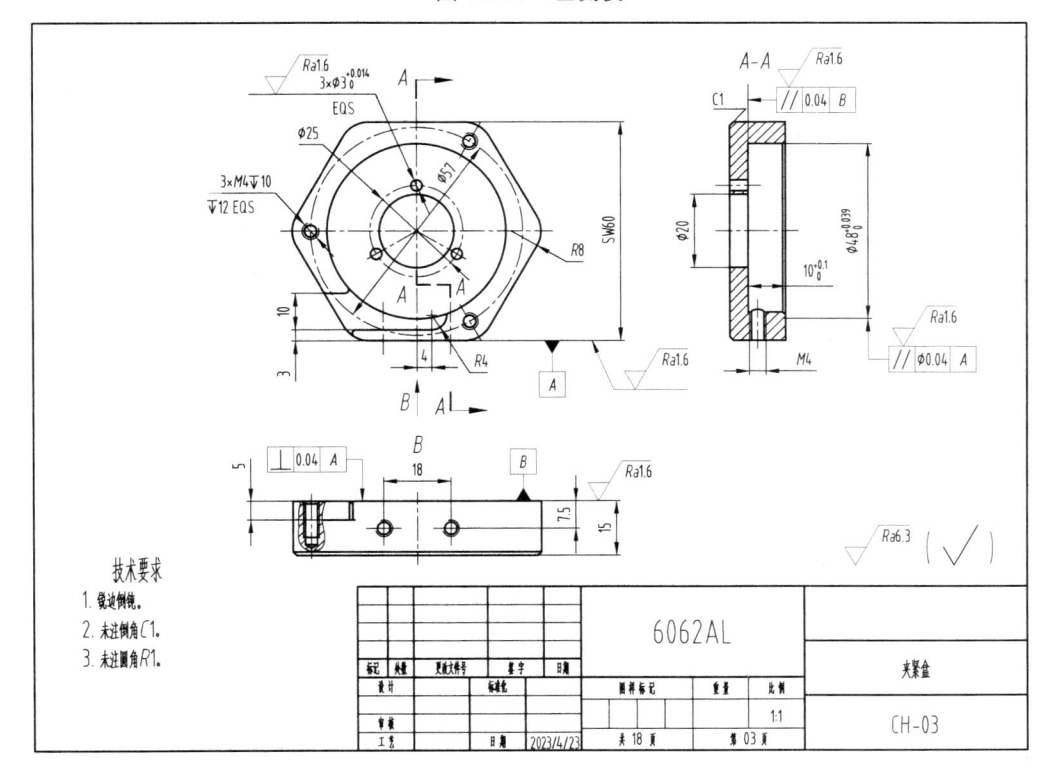

图 4-2-58 夹紧盒

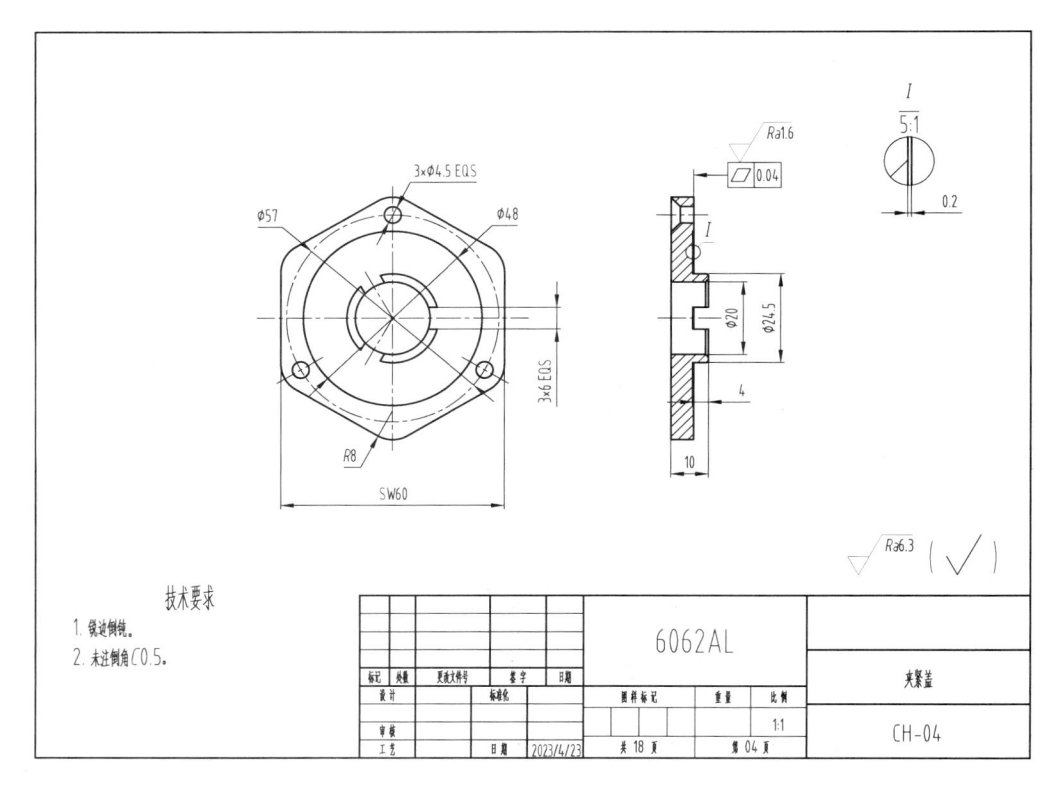

图 4-2-59 夹紧盖

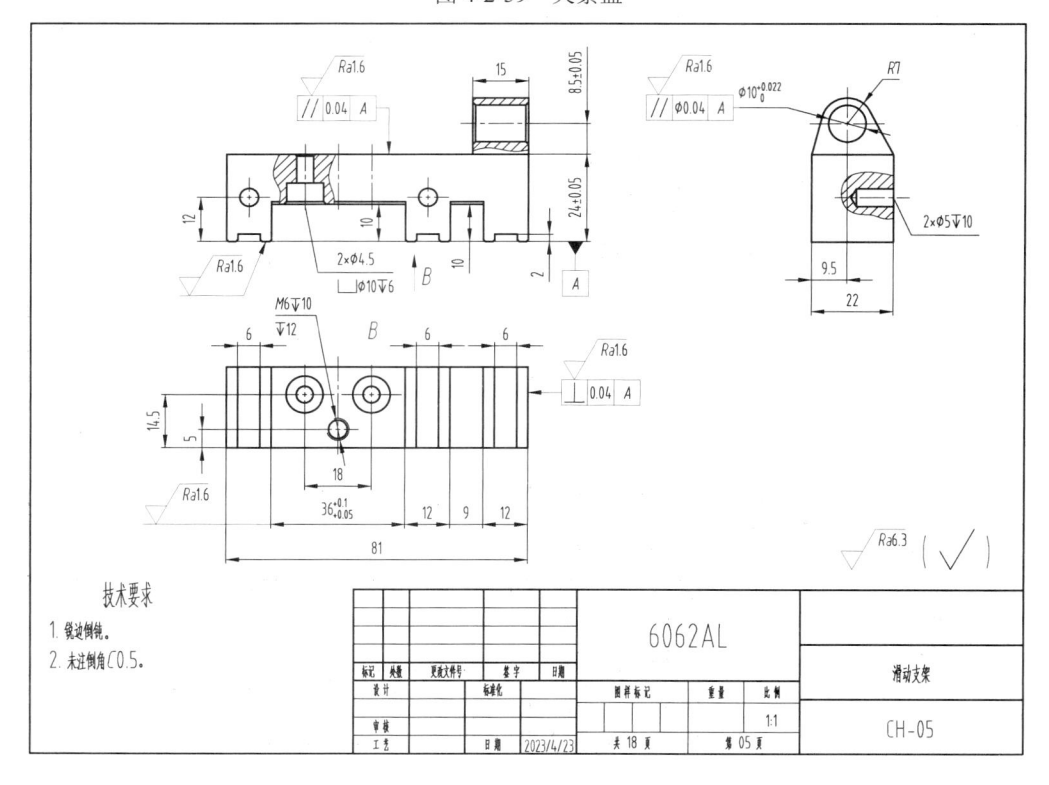

图 4-2-60 滑动支架

项目 4
装配设计

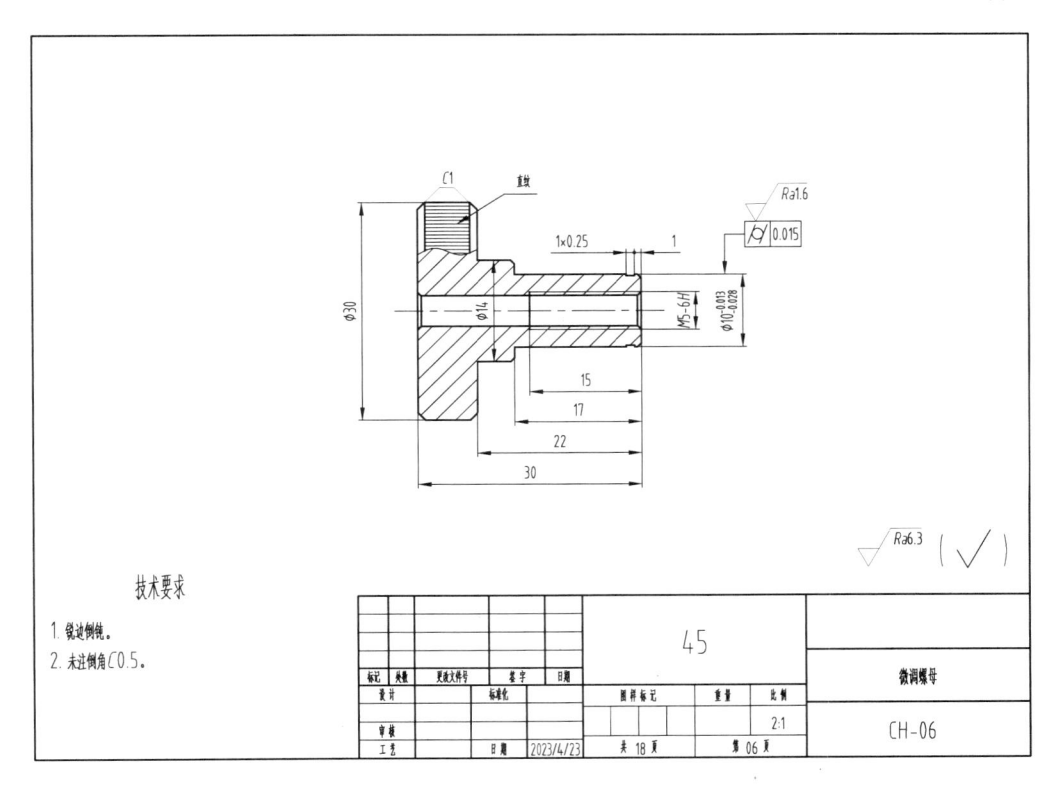

图 4-2-61　微调螺母

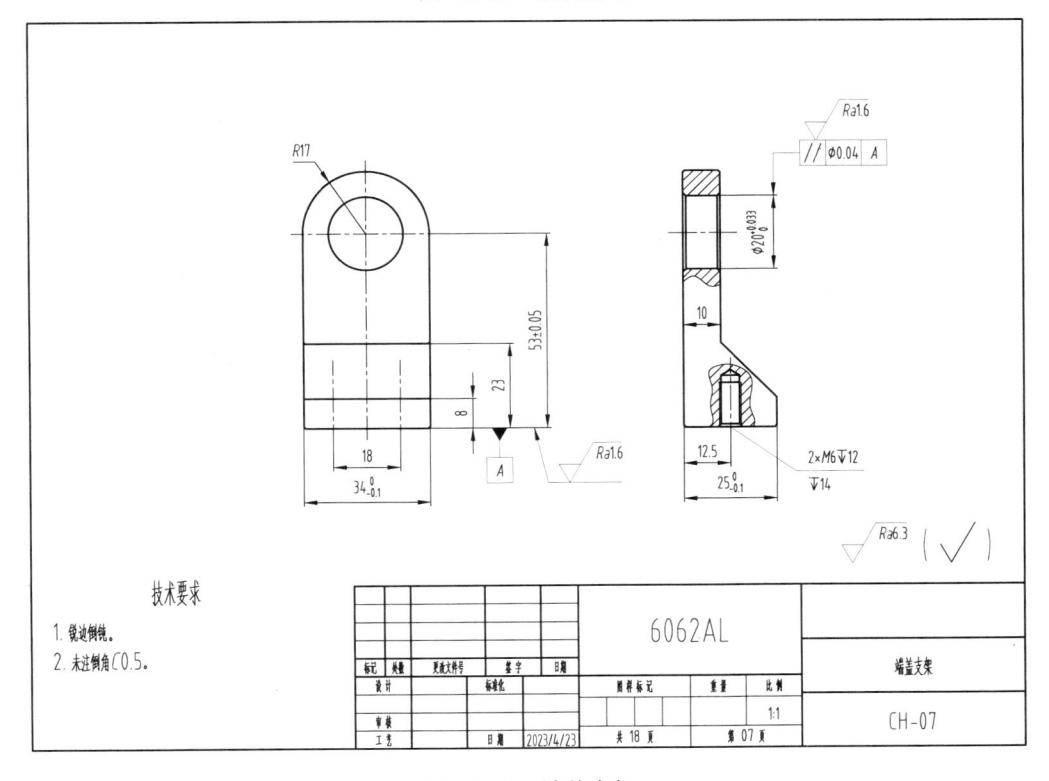

图 4-2-62　端盖支架

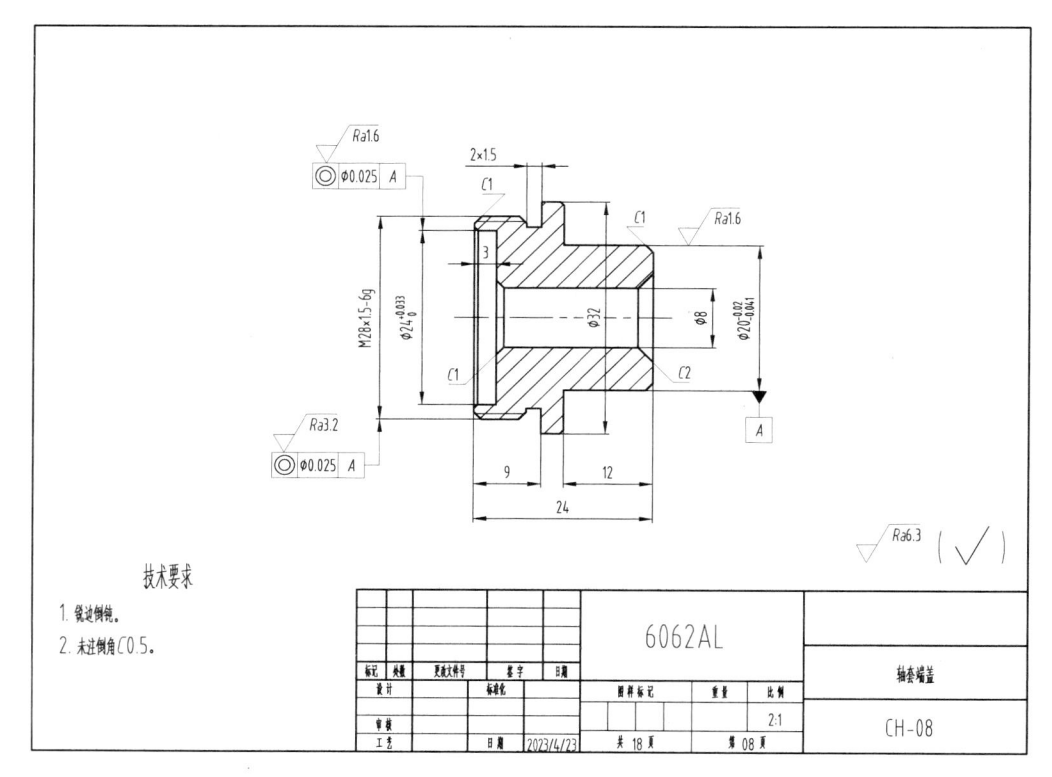

图 4-2-63　轴套端盖

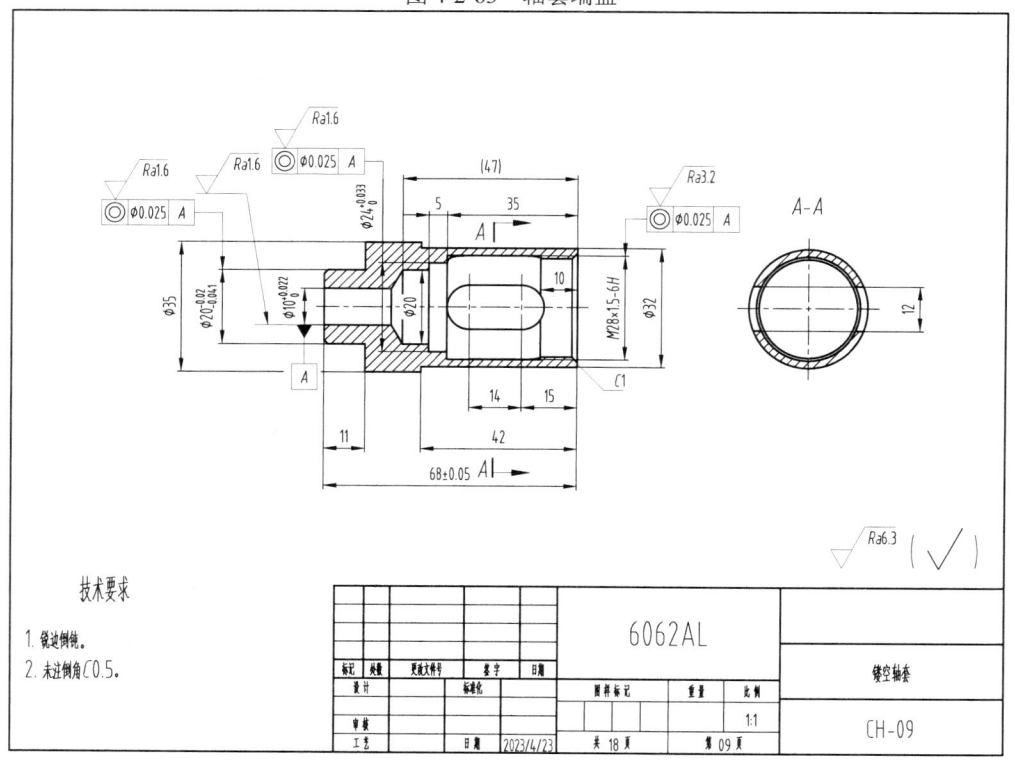

图 4-2-64　镂空轴套

项目 4

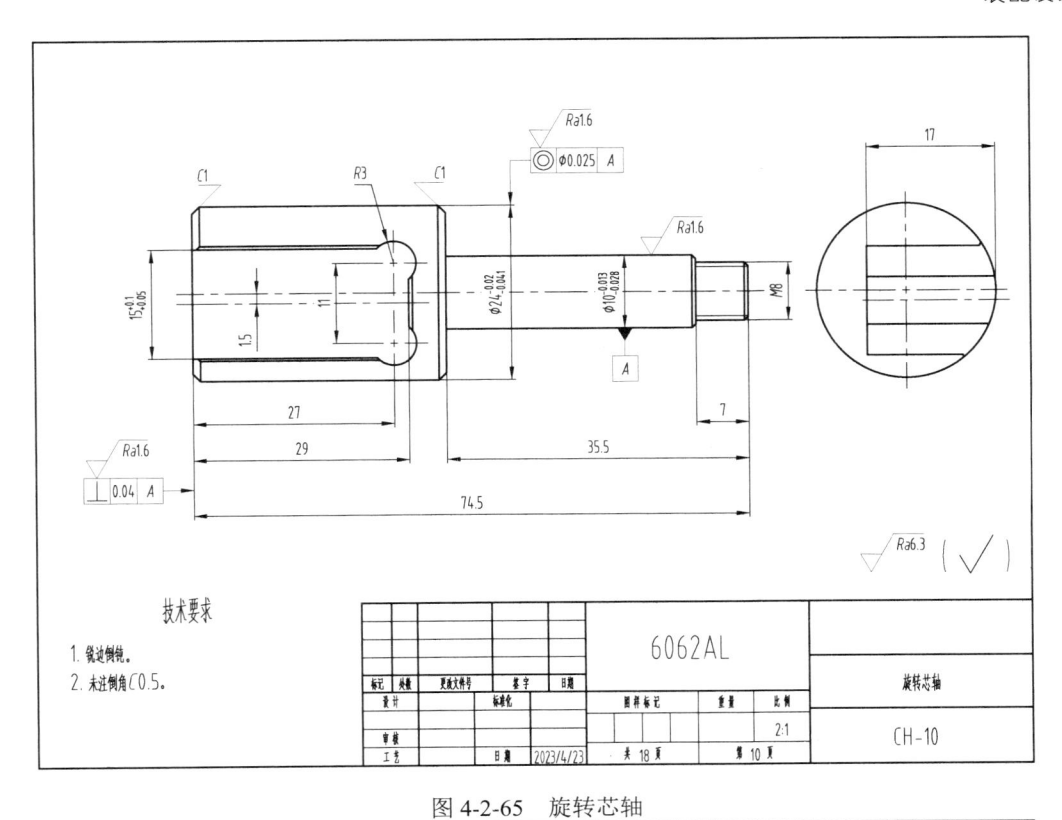

装配设计

图 4-2-65 旋转芯轴

图 4-2-66 轴套支架

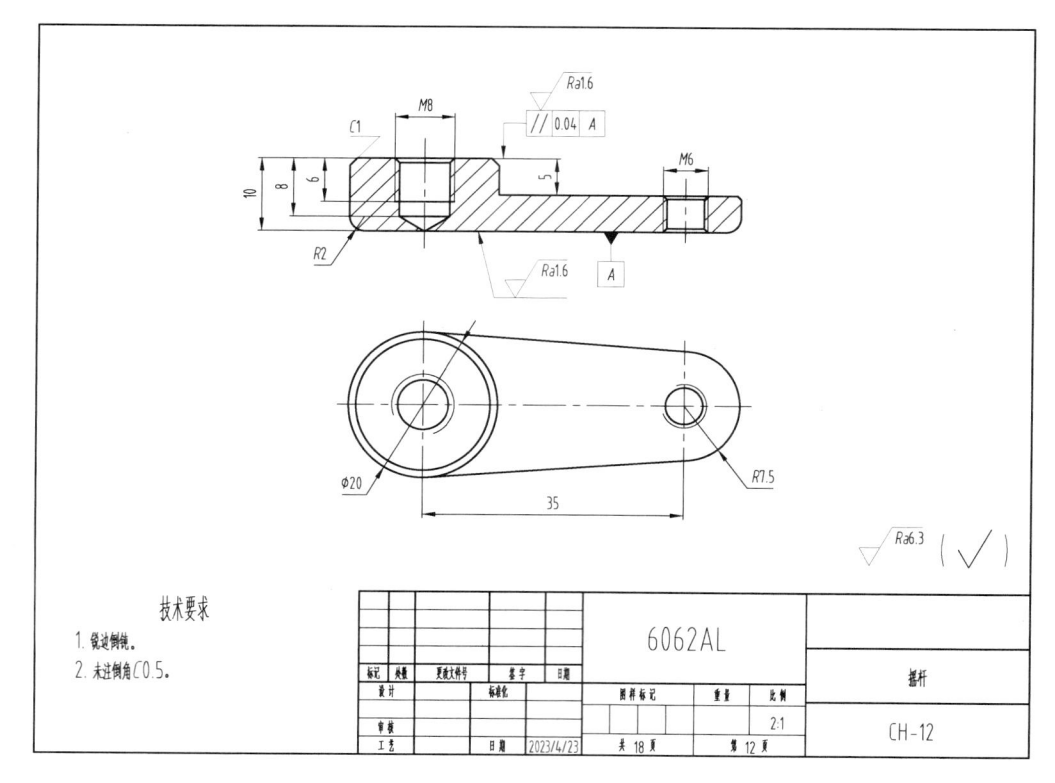

图 4-2-67 摇杆

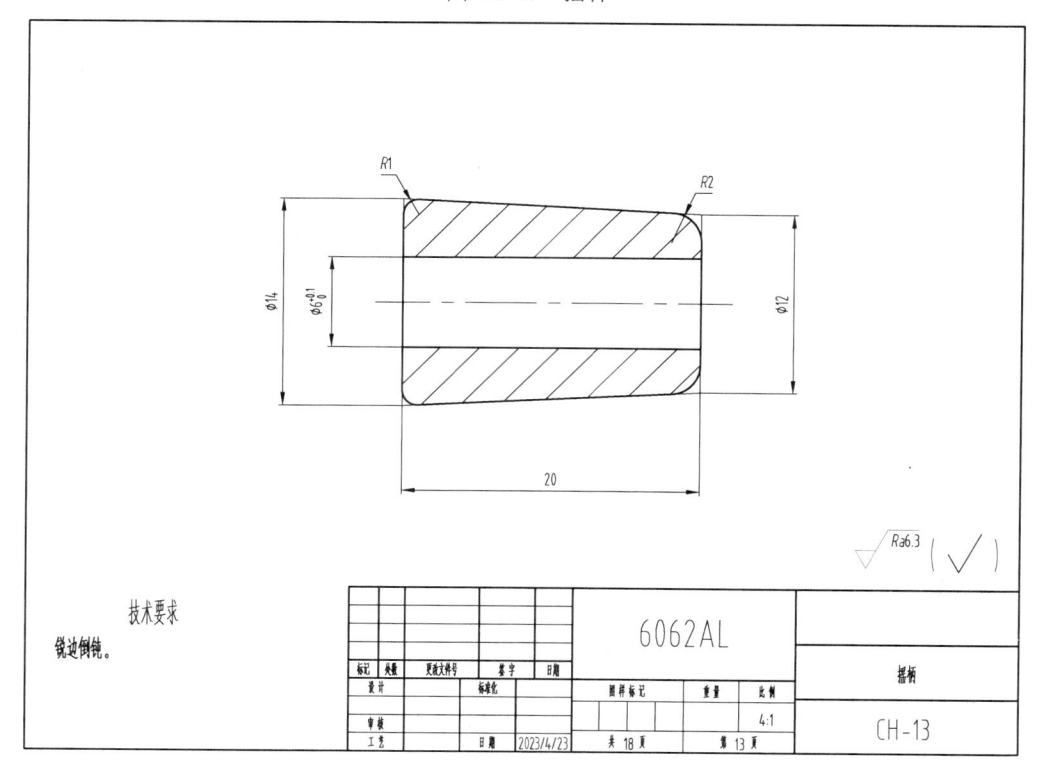

图 4-2-68 摇柄

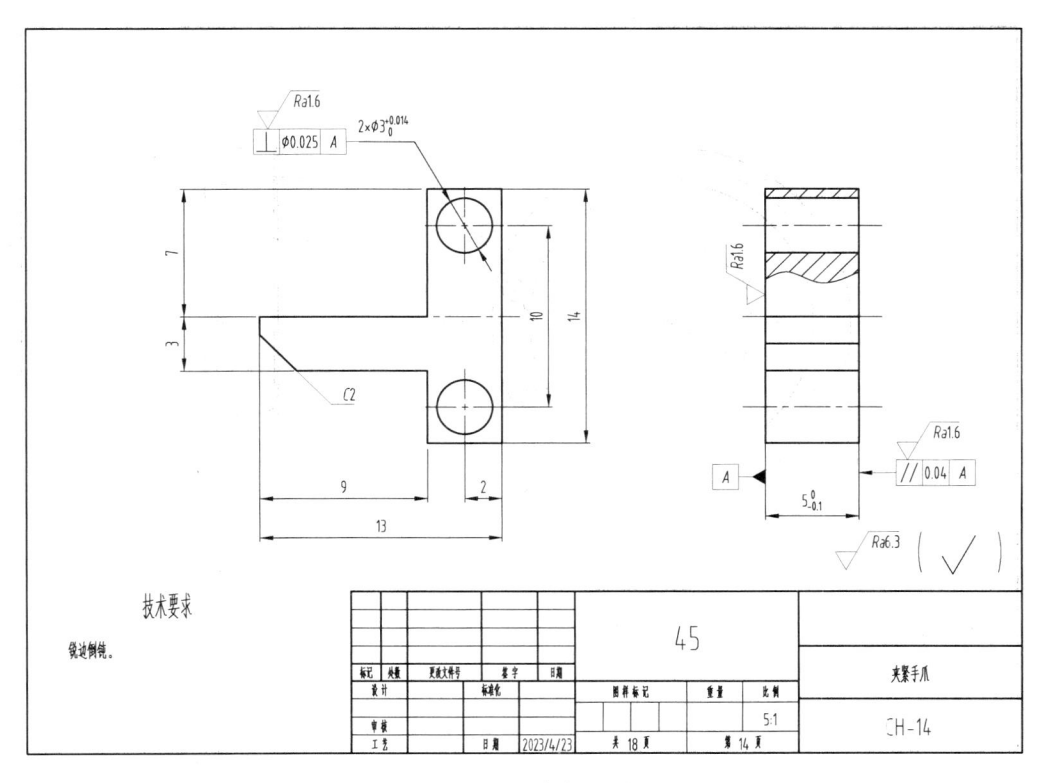

图 4-2-69　夹紧手爪

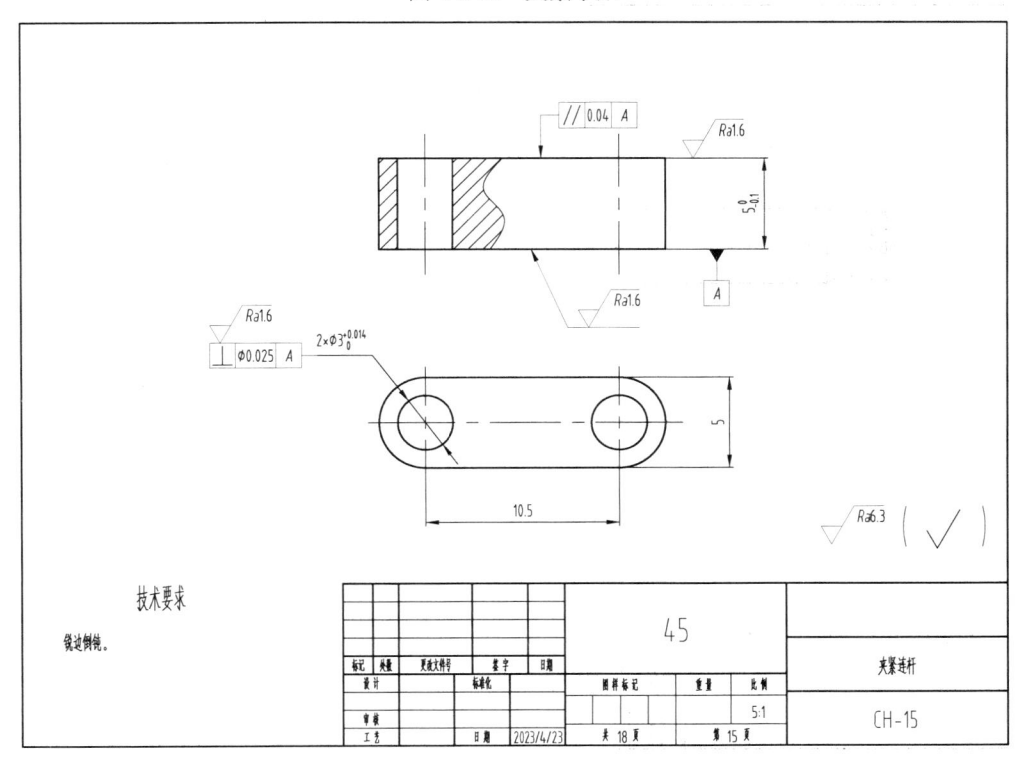

图 4-2-70　夹紧连杆

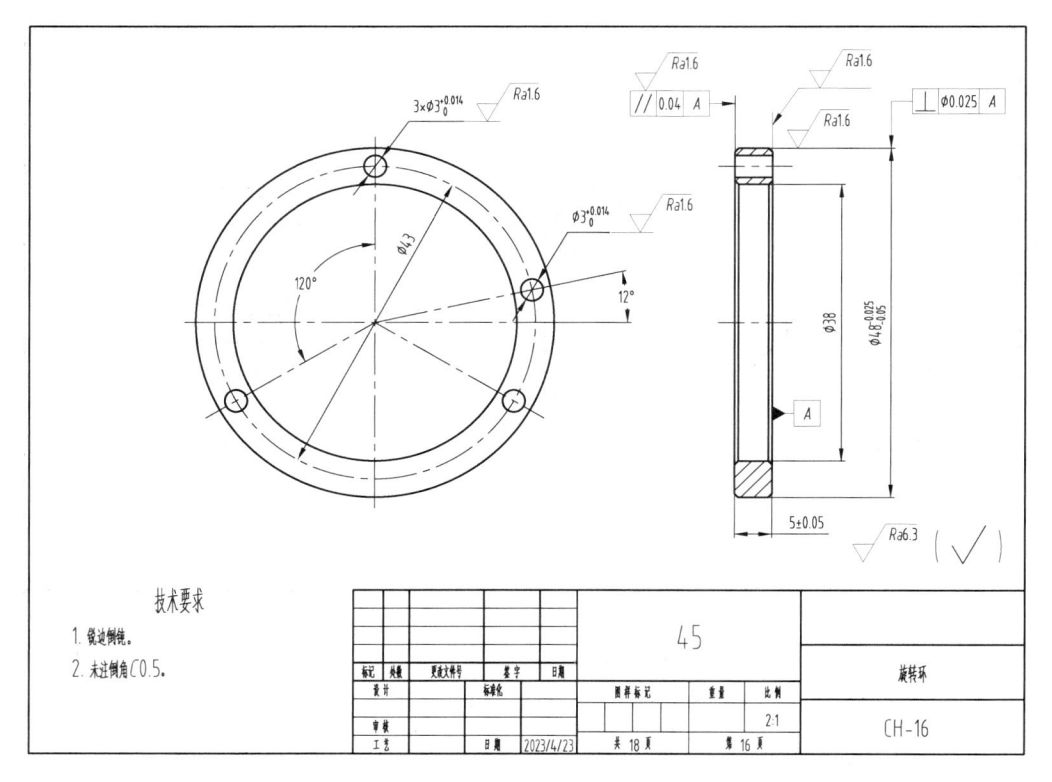

图 4-2-71 旋转环

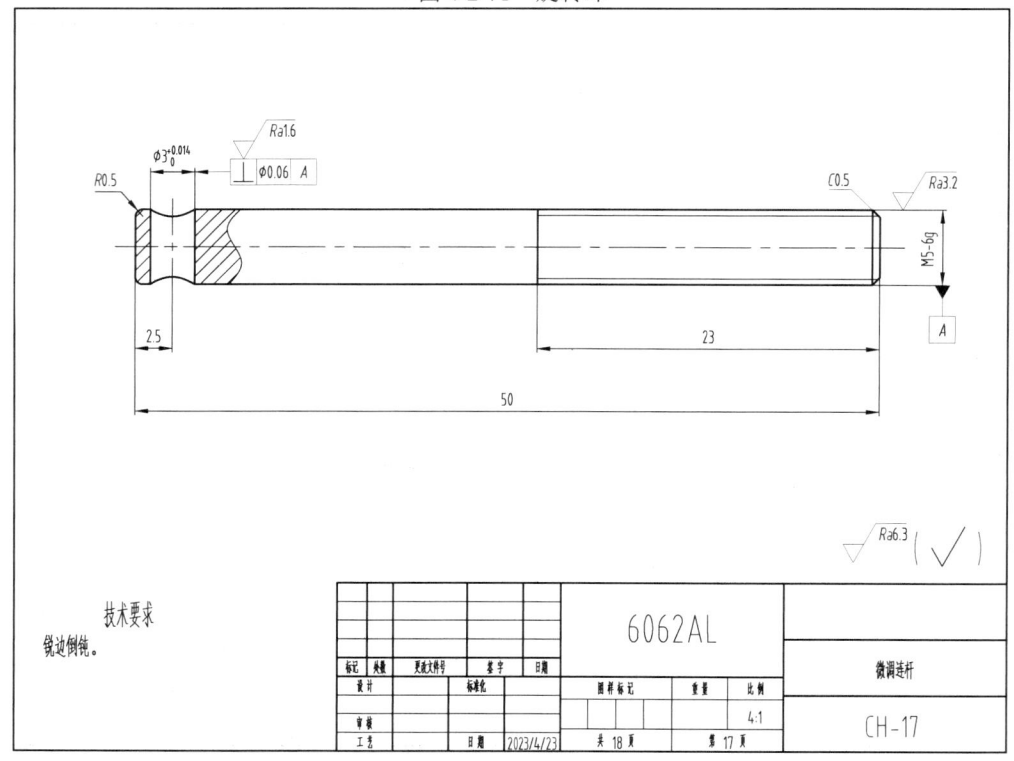

图 4-2-72 微调连杆